内 容 提 要

本书是中国工程院 2010 年 12 月～2013 年 6 月组织开展的"国家工程科技思想库建设研究"重大咨询研究项目的研究成果。全书围绕为什么要建设国家工程科技思想库、建设什么样的国家工程科技思想库以及怎样建设国家工程科技思想库三个重大问题，全面总结中国工程院在战略咨询、科技合作、学术活动和人才培养方面取得的成绩和经验，并认真借鉴国内外著名思想库建设经验，结合中国工程院的实际情况和特点，提出中国工程院建设国家工程科学技术思想库的顶层设计方案，明确建设目标、任务体系、组织体系、运行机制以及具体的建设措施和相关政策建议。本研究成果对于探索中国特色新型智库的建设模式，以科学咨询支撑科学决策，以科学决策引领科学发展，具有积极借鉴意义。

中国工程院咨询研究报告

国家工程科技思想库建设研究

GUO JIA GONG CHENG KE JI SI XIANG KU JIAN SHE YAN JIU

国家工程科技思想库建设研究项目组

中国科学技术出版社

·北 京·

图书在版编目（CIP）数据

国家工程科技思想库建设研究 / 国家工程科技思想库建设研究项目组编 .
—北京 : 中国科学技术出版社 , 2013. 10
ISBN 978-7-5046-6451-8

Ⅰ . ①国… Ⅱ . ①国… Ⅲ . ①科学技术—思想库—研究—中国 Ⅳ . ①G322

中国版本图书馆 CIP 数据核字（2013）第 248375 号

责任编辑 沈国峰
责任校对 凌红岩
责任印制 王 沛
封面设计 青鸟意讯艺术设计

出 版 中国科学技术出版社
发 行 科学普及出版社
地 址 北京市海淀区中关村南大街 16 号
邮 编 100081
发行电话 010 – 62173865
传 真 010 – 62179148
投稿电话 010 – 62176522
网 址 http://www.cspbooks.com.cn

开 本 787 毫米 ×1092 毫米 1/16
字 数 335 千字
印 张 22.25
版 次 2013 年 10 月第 1 版
印 次 2013 年 10 月第 1 次
印 刷 北京凯鑫彩色印刷有限公司

书 号 ISBN 978-7-5046-6451-8/G · 628
定 价 68.00 元

项目组成员名单

一、项目综合组

顾　问： 徐匡迪　宋　健　钱正英

组　长： 周　济

副组长： 潘云鹤　旭日干

成　员： 王玉普　谢克昌　干　勇　樊代明　朱高峰
王淀佐　沈国舫　邬贺铨　刘德培　杜祥琬
王礼恒　吴　澄　屠海令　杨胜利　殷瑞钰
邱贵兴　钱清泉　韦　钰　何继善　柳百成
钟志华　彭苏萍

工作组： 白玉良　康金城　谢冰玉　王振海　阮宝君
李仁涵　华尔天　徐　进　安耀辉　程家怡
郑晓光　董庆九　谷　珏　易　建　韩　雪
丁　宁　延建林　金　言　郗振宇

二、中国工程院咨询工作发展研究课题组

组　长： 潘云鹤

副组长： 邬贺铨　王礼恒　吴　澄

成　员： 冯培德　邱定蕃　袁晴棠　黄其励　朱建士
雷志栋　王景全　陈克复　魏复盛　尹伟伦
石玉林　张伯礼　程书钧　王基铭　宋秋玲
张秀东　周小谦　周大地　姚愉芳　刘佩成
王崑声

工作组：谢冰玉　安耀辉　王振海　屈贤明　王崑声
　　　　姜树凯　李　清　黄　琳　宗玉生　杨　波
　　　　张　宇

三、中国工程院科技合作发展研究课题组

组　　长：干　勇

副组长：屠海令　杨胜利

成　　员：钱清泉　王兴治　刘友梅　孙永福　刘人怀
　　　　刘韵洁　曹湘洪　袁　亮　孙传尧　翁史烈
　　　　薛群基　叶可明　方智远　唐启升　郝吉明
　　　　樊春良　冷　民　温　珂　杨晓秋　顾锡新
　　　　王钟伟　祝恩元　李少斌　陈　玮

工作组：阮宝君　华尔天　李仁涵　宋德雄　杨　丽
　　　　高战军　潘　刚　石会营　李　光　李燕红
　　　　石会营　赵文成　刘　源

四、中国工程院学术与出版发展课题组

顾　　问：干　勇　邬贺铨　殷瑞钰　张彦仲　李国杰
　　　　钟南山

组　　长：樊代明

副组长：邱贵兴　李朋义

成　　员：李伯虎　王哲荣　吴以成　唐启升　崔俊芝
　　　　侯保荣　韩英铎　王　安　赵　宇　张　霖
　　　　刘志鸿

工作组：谢冰玉　李仁涵　安耀辉　高战军　徐　进
　　　　王国祥　刘　静　左家和　李冬梅　王爱红
　　　　罗莎莎　丁养兵　王晓俊　范桂梅　张　健
　　　　于泽华　姬　学

五、中国工程院在工程科技人才培养中的作用研究课题组

组　　长：潘云鹤

副组长：刘德培　韦　钰

成　　员：李培根　钟志华　黄伯云　徐德龙　谢和平
　　　　　欧进萍　张全兴　徐　洵　付智贤　张祖勋
　　　　　沈倍奋　王陇德　林蕙青　邹晓东

工作组：王振海　谢冰玉　谷　珏　华尔天　杨　丽
　　　　　陈　劲　王孙禺　雷　庆　陈　敏　孔寒冰
　　　　　朱　凌　吴　伟　刘　玮　延建林

六、国外主要国家工程科技思想库研究课题组

组　　长：谢克昌

副组长：何继善

成　　员：陈清泉　彭苏萍　王　安　王玉普　巴德年
　　　　　谢礼立　张少雄

工作组：程家怡　郑晓光　康金城　徐　进　曾山金
　　　　　王　进　庞青山　姜国钧　郝精明　刘　鸿
　　　　　瓮晶波　王小文　丁养兵　袁　敏

（以上各课题组成员排名不分先后）

目　　录

国家工程科技思想库建设研究报告

第一分报告：中国工程院咨询工作发展研究

第二分报告：中国工程院科技合作发展研究

第五分报告：国外著名工程科技思想库概况研究

附件：关于水资源系列战略咨询研究的回顾与思考

国家工程科技思想库建设

研究报告

序

为中国工程科技及产业发展服务，为中国现代化事业做贡献，是中国工程院肩负的神圣使命。

《中国工程院章程》规定："中国工程院是中国工程科学技术界的最高荣誉性、咨询性学术机构。"建设好院士队伍，履行的是最高荣誉性学术机构的任务；发挥好国家工程科技思想库作用，履行的是最高咨询性学术机构的任务。

在2008年两院院士大会上，胡锦涛同志指出："中国科学院学部、中国工程院是国家科学技术和工程方面的最高咨询机构，是国家的科学技术思想库。"

国家工程科技思想库的主要任务是，围绕国家经济社会发展的战略问题和工程科技与产业发展的重大问题，开展战略研究，为各级政府、行业和企业决策提供科学论证、咨询意见和政策建议。

中国工程院于2010~2012年组织开展了"国家工程科技思想库建设研究"重大咨询研究项目。项目研究过程中组织召开一系列院士座谈会、中央部委及地方和企业调研座谈会，开展院士问卷调查，组织赴欧美及亚太国家和地区考察；2012年年初，在总结分课题研究报告的基础上，反复征集院士意见，形成综合报告（初稿）；2012年5月至2013年年初，提交院士大会和两次主席团会议讨论修改形成综合报告（讨论稿）；2013年4月3日，主席团会议听取项目综合报告（审议稿）汇报，并审议通过。

各位院士对项目研究给予了积极支持，有100多位院士参与项目研究，450多位院士反馈调查问卷，各学部都组织了专题研讨，许多院士反馈了书面意见和建议。项目研究成果凝聚了广大院士的集体智慧。

报告共有五部分：第一部分，阐述建设国家工程科技思想库的战略意义与现实意义，回答"为什么要建设国家工程科技思想库"；第二部分，总结中国工程院推进国家工程科技思想库建设取得的成绩和经验，分析国内外思想库建设的可借鉴之处和启示，明确国家工程科技思想库建设面临的挑战和要求；第三部分，提出建设国家工程科技思想库的总体思路，回答"建设什么样的国家工程科技思想库"；第四部分，提出建设国家工程科技思想库的主要措施，回答"怎样建设国家工程科技思想库"；第五部分，概括基本结论并提出相关政策建议。

本报告是中国工程院建设国家工程科技思想库的全面总结和系统谋划，将对今后按照中央提出的服务决策、适度超前的原则，更好地建设国家工程科技思想库并进一步发挥其作用具有重要指导意义。

一、建设国家工程科技思想库的战略意义和现实意义

（一）思想库在现代社会发展中发挥了重要作用

党的十八大提出："要坚持科学决策、民主决策、依法决策，健全决策机制和程序，发挥思想库的作用。"

思想库（Think Tank，又称"智库"）是从事战略研究和咨询服务的学术机构。它将各方面专家学者聚集起来，运用他们的智慧和才能，为决策者提供战略咨询以促进决策科学化，并影响公众舆论以改善决策制定与执行环境。

由于社会的系统性特征越来越凸显，专家知识在解决日趋复杂的政策问题中发挥的作用越来越重要。政府的决策更多地依赖专业力量进行获取及分析信息，寻求不同参考方案，以作出优化选择。在此背景下，为政府及其他机构决策提供专业咨询服务的思想库应运而生。

当今时代，思想库在社会中发挥着越来越重要的作用。在西方发达国家，思想库是政府政策的重要策源地，如：兰德公司广泛参与军事、科技、能源、教育、国际关系等方面的咨询，成为影响美国重大事务决策的重要智囊机构；思想库也是新思想和新理念的积极倡导者，如：罗马俱乐部1972年发布《增长的极限》，引发人类关于发展问题的反思，为"可持续发展"思想的提出奠定基础；思想库还是不同观念沟通碰撞和交流传播的平台，如：伦敦国际战略研究所每年举办系列国际学术论坛，邀请各国政要、商界高管、专家学者开展全球地区安全的战略对话，在国际事务中发挥着独特的作用。

（二）工程科技思想库是国家现代化建设的重要推动力量

科学技术是第一生产力，是经济社会发展的重要驱动力量。工程科技作为改变世界最直接、最现实的工具，与经济社会发展紧密相联。从机械化到电气化，再到信息化，每一次工程科技领域取得的重大突破，都会带来人类社会深刻变革和全面进步。新世纪以来，尤其是国际金融危机之后，实体经济的战略意义更加凸显，工程科技在推动经济社会发展、提升综合国力、保障国家安全、实现人民生活幸福中的地位和作用更加突出。

工程科技战略咨询在推动工程科技进步及经济社会发展中发挥着关键作用。历史证明，工程科技战略咨询支撑的重大决策，往往会引发国家之间科技与产业竞争格局的巨大变化，助推各国现代化发展进程。例如：在"曼哈顿工程"、"登月计划"、"星球大战计划"、"尤里卡计划"等具有时代影响力的重大工程计划执行中，以及在我国"两弹一星"、"载人航天"、国家科技重大专项、"863"计划、"973"计划等重大决策制定中，科技专家们的咨询意见发挥了至关重要的作用。

工程科技思想库为国家工程科技发展战略和重大问题的决策提供咨询服务，引领科技及产业发展，在推动工程科技服务国家及民众需求方面，发挥着关键作用。如：美国国家科学研究理事会，是美国科学院、美国工程院、美国医学研究院开展战略咨询的主要支撑机构，是美国重要的科技思想库，为美国政府和大众提供科技战略咨询服务。又如：奥地利的国际应用系统分析研究所，采用跨学科、跨部门、跨国界的研究组织方式，研究环境、生态、都市、能源、交通和人口等全球性问题，为各国政府提供政策建议或行动策略。

（三）我国实现科学发展迫切需要工程科技思想库支撑

我国经济社会发展已经进入新的历史时期，必须以科学发展为主题，以加快转变经济发展方式为主线，这是关系我国发展全局的战略抉择。实现科学发展、加快转变经济发展方式，最根本的是要依靠科技的力量，最关键的是要大幅度提高自主创新能力。

党的十八大提出，科技创新是提高社会生产力和综合国力的战略支撑，必须摆在国家发展的核心位置，要实施创新驱动发展战略。习近平同志强调指出，实施创新驱动发展战略，是立足全局、面向未来的重大战略，是加快转变经济发展方式、破解经济发展深层次矛盾和问题、增强经济发展内生动力和活力的根本措施。

在 2012 年两院院士大会上，胡锦涛同志明确指出："实现创新驱动发展需要科学决策，科学决策需要科学咨询。两院要发挥国家科学技术思想库作用，紧紧围绕应对全球性重大挑战、突破我国现代化进程中的发展瓶颈、破解科学技术发展中的重大问题，深入开展咨询研究，客观独立发表意见，坦率真诚提出建议。"

中国工程院要按照服务决策、适度超前的原则，建设高质量的国家工程科技思想库，加强战略性、前瞻性、综合性研究，为国家科学决策建言献策、提供高质量的智力支持，推动我国经济社会发展走上创新驱动的轨道，为实现中华民族的伟大复兴做出新的更大的贡献。

二、国家工程科技思想库建设的基本现状

（一）中国工程院建设国家工程科技思想库的重要实践

中国工程院从 1994 年成立以来，主动发挥国家工程科技界最高咨询性学术机构的重要作用，组织开展战略研究和咨询服务，取得了显著成绩。2008年以来，按照中央要求，中国工程院进一步明确了建设国家工程科技思想库的战略目标，配合国家重大战略需求，以战略咨询为中心，统筹兼顾科技服务、学术引领和人才培养各方面工作，为党和国家科学决策提供了重要依据，为实施科教兴国、人才强国和可持续发展战略做出了积极贡献。

1. 开展战略咨询，为国家科学决策提供科技支持

从 1994 年至 2012 年年底，中国工程院累计开展了 498 项具有综合性、战略性和前瞻性的工程科技咨询研究，其中有 2/3 的研究成果已上报国务院或政府相关部门，为国家经济社会和科技发展方面的科学决策提供了有力的科技支持。

第一，围绕事关国计民生的全局性问题和经济社会发展的关键性问题，开展战略咨询，相关政策建议得到党中央、国务院及时采纳，为国家现代化建设

做出了重要贡献。

提升生态文明，建设资源节约型和环境友好型社会，实现经济社会可持续发展，是关系中华民族生存与发展的根本大计。由钱正英院士牵头的项目团队连续开展"中国可持续发展水资源战略研究"（1999）、"西北地区水资源配置、生态环境建设和可持续发展战略研究"（2001）、"东北地区有关水土资源配置、生态与环境保护和可持续发展的若干战略问题研究"（2004）、"新疆可持续发展中有关水资源的战略研究"（2007）等系列咨询研究，以及近期组织开展的"淮河流域环境和发展问题研究"（2011）等咨询项目，确立了人与自然和谐共存、"人水和谐"的指导思想，提出了以水资源可持续利用支撑我国经济社会可持续发展的总体战略；中国工程院与环境保护部共同组织开展的"中国环境宏观战略研究"（2007），提出了"以人为本，优化发展，环境安全，生态文明"的环保战略思想；围绕应对气候变化问题，中国工程院开展"应对气候变化的科学技术问题研究"（2011）等系列咨询研究项目，为国家参与应对气候变化的国际谈判赢得主动、为国内相关政策的制定和完善提供科技支持。这些战略咨询研究共同倡导的"资源节约型、环境友好型社会建设"、"生态文明建设"等理念和政策建议，受到中央高度重视，为建设美丽中国、实现中华民族永续发展做出了贡献。

为应对我国油气资源供应面临的严峻挑战，受温家宝同志委托，侯祥麟院士牵头的项目团队在 2003 年开展"中国可持续发展油气资源战略研究"，明确提出 2020 年之前我国石油消费量要控制在 4.5 亿吨之内，由于国内石油供给的上限只有 2 亿吨，因此，必须坚持节约与提效并重，利用国内国际两个渠道保证油气资源供给。相关建议为我国制定油气资源总体开发利用战略及相关政策提供了重要支持。此外，中国工程院还组织开展"中国可持续发展能源战略研究"（1995）、"中国水电能源开发战略研究"（2002）、"我国矿产资源可持续发展战略研究"（2003）、"中国可再生能源发展战略研究"（2006）、"中国能源中长期 [2030、2050] 发展战略研究"（2008）、"中国煤炭清洁高效可持续开发利用战略研究"（2011）、"我国非常规天然气开发利用战略研究"（2011）等重大咨询研究项目，为国家制定能源和资源政策提供重要依据。

工业化是实现我国现代化的核心和基础，制造业是实现工业化的核心和基础。在中国制造业发展的关键时期，中国工程院连续组织开展了"新世纪如何提高和发展我国制造业"（2001）、"装备制造业自主创新战略研究"（2006）、"中国制造业企业国际化战略研究"（2006）、"提高我国制造业产品质量途径研究"（2008）、"中国制造业可持续发展战略研究"（2008）等重大咨询研究项目，并受国务院中长期科技规划领导小组委托，专门开展"我国制造业科技问题研究"（2004），提出我国要实现工业化和现代化，必须要在今后10到20年中采取有力措施提升自主创新能力，建立强大的制造业。项目研究中提出的相关政策建议，为国家坚定发展实体经济提供了科学依据，为我国制造业抓住机遇加快发展提供了重要指导。

城镇化是工业化发展的必然趋势，也是实现国家现代化的必由之路。我国人口规模巨大，城乡与区域差距明显，城镇化高速发展中面临着许多难以预料的矛盾和问题。中国工程院组织开展"我国城市化进程中可持续发展战略研究"（2003）、"建设节约型社会战略研究"（2005）、"中国特色城镇化道路的发展战略研究"（2011）、"中国智能城市建设和推进战略研究"（2012）等重大咨询研究项目，为加快推进中国城镇化发展、科学谋划中国特色的城镇化道路提供重要的科学依据和政策建议。

第二，围绕国民经济建设中的重大工程科技决策问题，特别是行业发展中的重大工程科技问题，开展战略咨询研究，提出科学论证和解决方案，支持政府科学决策。

新世纪以来，为推动国家科技规划和重大科技专项的科学制定，中国工程院积极组织院士参与重大项目的咨询评议，为国家相关部门科技决策提供独立咨询意见。2004年，中国工程院组织院士参加《国家中长期科学和技术发展规划纲要（2006—2020）》中16个科技重大专项的论证；2012年，会同有关单位又组织开展一系列专题研究，提出了设立航空发动机、非常规天然气、新材料、载人登月以及深空探测等科技重大专项的政策建议，受到了国家相关部门的高度重视；2008年，受国务院委托，组织开展了"三峡工程论证及可行性研究结论的阶段性评估"重大咨询研究，就三峡工程前期论证工作及可行性研究作出的结论及相关重大问题，进行独立评价，从工程科技角度积极回应社会公众关切。

为我国工业产业的健康发展提供工程科技支撑，是中国工程院的一项重要职责。多年以来，中国工程院充分发挥院士在工程科技领域中的学术优势，连续组织开展了"九五"、"十五"、"十一五"高技术产业计划和"十二五"战略性新兴产业发展规划咨询论证，就相关领域的产业布局、技术路线、工程项目等提出针对性建议，为国家制订各个时期战略性新兴产业发展规划提供了重要支持。同时，针对我国钢铁、有色金属、电力、汽车、化工、材料、电子信息、交通运输、建筑、轻工、纺织等诸多行业领域工程科技发展中的重大问题，持续开展300多项战略咨询研究，为传统产业转型升级和战略性新兴产业培育发展提供了战略指导，为相关产业政策的制定提供了重要科技支持。

推进农业现代化，保障粮食安全和食品安全，是关系全面建设小康社会和现代化建设全局的重大任务。多年来，中国工程院连续组织开展"关于我国农产品加工与农业结构调整战略研究"（2002）、"中国区域农业资源合理配置、环境综合治理和农业协调发展战略研究"（2005）、"中国农业机械化发展战略研究"（2005）、"2020年中国粮食和食物安全发展战略研究"（2005）、"中国养殖业可持续发展战略研究"（2009）等咨询研究项目，提出建设以节水和防污为中心的资源节约、环境友好型现代农业，加大反哺农业力度，强化科教兴农战略，实施可持续的粮食和食物安全保障战略，实施国际国内"两种资源、两个市场"的农业发展战略等政策建议，为国家推动农业可持续发展及农业现代化、保障粮食及食品安全等相关政策的制定提供重要支持。

医药卫生事业关系亿万人民的健康，关系千家万户的幸福，是重大民生问题。多年来，中国工程院组织开展了"中药产业可持续发展战略研究"（2000）、"我国重大传染病预防与控制战略研究"（2006）、"新时期我国生物安全战略与法规研究"（2008）、"生物防御工业的国际发展态势与我国发展战略研究"（2009）、"特大城市人口老龄化与提高老年人口生活质量对策研究"（2010）等30多项咨询研究项目，为国家医药卫生政策制定以及相关领域的医药科技发展提供重要科学支持。

21 世纪是海洋的世纪，发展海洋产业正在成为世界各国高科技竞争的重要焦点。我国是海洋大国，党的十八大报告明确提出建设海洋强国的战略目标和战略部署。2011 年，中国工程院启动"中国海洋工程与科技发展战略研究"重大咨询研究项目，组织多学科跨部门跨行业的技术力量，对海洋工程与科技领域进行系统研究，为国家和地方制定和实施海洋发展战略提供科学的政策建议和咨询意见。

第三，围绕突发性重大事件处置问题，及时组织开展相应对策咨询研究，向国家或有关部门提出具有可操作性的政策建议，对国家相关政策的制定起到了支持作用。

2003 年，应对"非典"疫情突发事件，中国工程院成立了突发性疾病防治咨询小组，针对防治非典型肺炎的应急措施及相关传染病中长期防治计划等，向国务院和有关部门提出具体措施和建议，并组织院士针对北京市非典型肺炎应急预案和首都公共卫生体系建设进行咨询，为国家非典防治工作提供了关键的科技支持。

2008 年，我国南方雨雪冰冻灾害以及汶川特大地震发生之后，中国工程院紧急启动"我国抗灾救灾能力建设和灾后重建策略研究"重大咨询研究项目，并在第一时间将包含 35 条建议的《汶川地震灾后重建对策与建议》报送国家汶川地震灾后重建规划组，为及时有效地应对自然灾害和灾后重建做出了重要贡献。

2011 年，日本福岛核事故发生之后，中国工程院及时启动"我国核能发展的再研究"，深入论证我国核电发展及其安全性，提出"战略必争、确保安全、稳步高效"的发展方针，并专门向国务院常务会议做了汇报，受到中央领导同志和能源领域专家的高度评价，为国家持续推进核电事业科学发展提供了重要咨询建议。

此外，针对经济建设和社会发展中的突出问题，中国工程院院士们主动向国务院和有关部门提交《院士建议》240 多份，内容涉及科教兴国、技术创新、节能减排、防震减灾、桥梁设计、资源勘探、三农问题、工程教育等方方面面，有效地推动了相关问题的解决。如：2012 年，宋健同志等 27 位院士向中央提出了"把海洋渔业提升为战略产业和加快推进海洋渔业装备升级更新"的建议，受到中央领导的高度重视，相关建议被纳入 2013 年 2 月国务院常务会议讨论通过的《关于促进海洋渔业持续健康发展的若干意见》中，成为指导今后我国海洋渔业发展的重要政策。

多年以来，中国工程院组织开展的战略咨询，得到党和政府、社会各界的积极肯定和高度评价。胡锦涛同志指出："长期以来，两院院士团结带领全国科技界，围绕国家经济社会发展中的战略问题、世界和我国科技发展中的重大问题等积极建言献策，提出了许多重要咨询意见，为中央决策提供了科学依据。"温家宝同志指出："中国工程院抓住经济社会发展中的重大战略问题，组织各方面专家，开展跨部门、多学科的综合研究，为各级政府提供决策服务，是推进决策科学化、民主化的有效形式，希望院士和专家们今后结合我国国情，继续就重大经济社会问题开展研究。"

2. 推进科技合作，服务地方、行业及企业的创新与发展

中国工程院从成立伊始，主动面向现代化建设主战场，通过战略咨询和科技服务，带动地方、行业及企业的创新与发展。到 2012 年年底，中国工程院与全国 30 个省（区、市）、5 个部委、4 个军队单位和 6 家大型国企签署合作协议，基本形成广泛涵盖部委、地方、军队和企业，服务国家与区域经济社会发展、推动企业创新驱动发展的合作格局。

第一，面向地方经济社会发展中的重大战略问题，开展咨询服务，推动具有全局性的地方发展战略上升为国家战略。

1999 年，中国工程院会同有关单位向国务院提出"关于建立黄河三角洲国家高效生态经济区的建议"。2009 年，黄河三角洲高效生态经济区发展规划得到国务院批复，上升为国家战略。

2006 年，中国工程院开展"江苏省沿海地区综合开发战略研究"，建议将该地区设为国家重点开发区域，得到国务院高度重视。2009 年，江苏沿海地区发展战略在上升为国家战略，成为我国东部地区新的经济增长点。

2007 年，中国工程院"新疆可持续发展中有关水资源的战略研究"项目组在实地调研基础上，建议要加快城镇化和工业化步伐，实现水资源配置的重大战略转变，进而建议新疆生产建设兵团将发展战略重大次序从"农业现代化、工业化和城镇化"转变为"新型城镇化、工业化和农业现代化"，这些建议为新形势下我国"屯垦戍边"战略的调整和发展提供了重要支持。

2010年，中国工程院开展"浙江沿海及海岛综合开发战略研究"，提出"设立舟山群岛新区"的建议得到国务院同意。2011年舟山群岛新区正式获批，成为我国首个以海洋经济为主题的国家级新区。

第二，面向地方特色行业产业发展中的重大工程科技问题，开展战略咨询服务，推动地方行业产业科学发展。

2000年，中国工程院组织院士针对"武汉·中国光谷"建设进行咨询论证，为武汉东湖高新区国家光电子信息产业基地的建设和发展，发挥了关键的支撑引领作用。2010年，中国工程院再次组织院士对东湖国家自主创新示范区发展规划和产业规划进行咨询论证和科学指导。

配合国家西部大开发战略实施，中国工程院组织开展了新疆、青海、甘肃、宁夏等地的院士咨询服务活动，2011年启动开展"三江源生态补偿机制研究"、"能源金三角发展战略研究"、"青海盐湖资源综合开发利用及可持续发展战略研究"、"甘肃省新能源发展战略研究"等一系列咨询研究项目，为地方经济社会及行业发展积极出谋划策。

配合国家振兴东北老工业基地战略的实施，中国工程院与黑龙江省人民政府在2011年联合举办"院士专家龙江行暨石墨产业发展论坛"，积极推动黑龙江省建立国家高新石墨产品开发、产业化与交易基地，打造国际石墨谷，相关建议得到国务院有关部门采纳。

配合海峡西岸经济区发展战略实施，中国工程院连续十年在福建海西地区组织开展"院士专家海西行"活动，取得了积极成效。2011年，又启动开展"海西经济区（闽江、九龙江等流域）生态环境安全与可持续发展研究"，为海西经济区生态文明建设和可持续发展建言献策。

第三，面向企业技术创新体系建设，开展形式多样的战略咨询，带动高科技资源与企业发展的紧密结合。

从1999年以来，中国工程院与国家有关部委联合组织70多次科技创新院士行活动，开展现场调研、咨询论证、学术报告及技术创新指导，涉及钢铁、煤炭、石化、信息、医药、电力、电子、机械、制造等多个具有代表性的重点行业企业，有力地带动了企业创新能力的提升。

近年来，中国工程院与中钢集团、神华集团、南车集团、中海油、第一汽车集团等中央大型骨干企业签署科技合作协议，组织院士专家，参与企业的重大战略决策、重大工程建设、重点产业发展、战略性新兴产业和高技术产业发展战略的研究、咨询和评估，为企业技术创新体系建设、产业技术创新发展方向重大问题提供咨询服务。

此外，广大院士通过建立企业院士工作站等方式，积极推动高端科技资源与企业技术创新要素的紧密结合，为企业提供战略咨询、科技论证、研发支撑，帮助企业提高自主创新能力，引领企业实现创新驱动发展。

3. 组织学术活动，引领我国工程科技进步与创新

中国工程院密切关注国际工程科技发展趋势，充分发挥学术引领的作用，瞄准工程科技发展前沿，开展工程科技发展战略研究，积极搭建工程科技学术交流平台，大力促进学科发展，促进学科之间、科学与技术之间的交叉融合，推进工程科技事业不断发展。

第一，组织开展前瞻性战略咨询研究，为中国工程科技实现跨越式发展指引方向。

2009年以来，中国工程院与国家自然科学基金委员会共同设立联合基金，组织开展"中国工程科技中长期发展战略研究"，谋划未来20年中国工程科技发展的重大战略方向。目前，项目研究已经提出了"生态保护与修复工程"等23项国家重大工程建议和"智能电网"等30项国家重大工程科技专项建议，受到有关部门重视和采纳。

第二，举办"中国工程科技论坛"、"国际工程科技发展战略高端论坛"等系列学术活动，促进工程科技交流合作。

2000年创办中国工程科技论坛，到2012年年底成功举办了150多场次，共有500多位院士、1000多位青年科技专家、2万多名工程技术人员参加，已发展成为中国工程科技界交流学术思想、凝聚集体智慧的重要平台，在孵化新

思想、催生新技术、拓展科学视野、深化科学认识方面发挥了积极作用。

2011 年创办的国际工程科技发展战略高端论坛，主要面向未来 20 年重大工程科技领域发展前沿，汇集国内外顶级专家智慧，共同为推进工程科技发展、经济社会和人类文明进步做出贡献，到 2012 年年底已举办 22 场，邀请了包括诺贝尔奖获得者在内的国际一流学者参加，得到国内外学界积极响应和认可，为中国及世界工程科技界开展学术交流和思想碰撞提供了开放的国际高端平台。

与此同时，中国工程院积极参与推进国际学术交流与合作，成功主持召开国际工程大会、国际水稻大会、国际畜牧发展大会等一系列高端国际学术会议；与美国工程院联合开展"中美工程前沿研讨会"；与日本工程院、韩国工程院联合创办区域性工程科技国际学术论坛——东亚（中日韩）工程院圆桌会议；与瑞典皇家工程科学院合作开展"可再生能源与环境"战略咨询研究等，都产生了积极影响。

第三，创办系列学术出版物，收集、分析、整理国际国内工程科技发展动态，推动工程科技进步与学术交流。

从 1999 年以来，中国工程院陆续创办《中国工程科学》（中英文版）、《中国科学技术前沿》等学术出版物，整理出版《工程科技与发展战略咨询报告集》《工程前沿研讨会丛书》，与美国工程院合作翻译出版《美国工程院"工程前沿"丛书》，为探讨工程科技发展动态、宣传推广中国工程院战略咨询研究成果、促进工程科技进步与交流提供平台。

4. 参与人才培养，积极推动国家工程科技队伍建设

中国工程院坚持人才是第一资源的战略思想，围绕国家工程科技人才培养和队伍建设的战略需求，主动开展咨询研究，积极向相关部门提供咨询意见和政策建议，大力提携和帮助拔尖创新人才成长，受到教育界、科技界、产业界的广泛认同与支持。

第一，针对工程科技人才发展中的重大战略问题，开展战略咨询研究，为相关部门政策制定提供咨询建议。

建院以来，中国工程院围绕我国工程教育改革与发展、工程师制度改革以及工程科技人才继续教育等问题连续组织开展 17 项咨询研究，提出 50 余份研究报告和咨询建议。如：2009 年组织开展的"创新型工程科技人才培养研究"，提出了未来 10 年将是我国工程科技人才发展的重大战略机遇期，受到国务院领导及中央有关部门的高度重视，其中许多建议已经得到相关部门采纳。

为加强新时期创新型工程科技人才培养咨询研究。2010 年以来，中国工程院与教育部联合设立"工程科技人才培养专项"，列入教育部社科基金项目计划并面向社会公开招标，资助高校及相关科研机构长期持续开展工程教育方面的研究工作，推动我国工程科技人才培养事业科学发展。

第二，积极开展与教育界、科技界、企业界的合作，主动推动工程教育改革和发展。

中国工程院积极配合人力资源与社会保障部联合推动工程师继续教育及工程教育专业认证；配合教育部推动开展"卓越工程师培养计划"，推动高校与工程研究院所联合培养博士研究试点工作；积极推进产学研协同创新、融合发展，产生了积极成效。

第三，积极推动科技创新与人才培养的有机结合，大力提携优秀工程科技人才成长。

中国工程院设立"光华工程科技奖"，激励工程科技人才创新，积极推动科技创新与人才培养的有机结合。从 1996 年至 2012 年，光华工程科技奖已举办九届，共奖励 173 位在工程科技领域取得重大成就、做出重要贡献的工程师和科学家，产生了良好的社会效益和积极的社会反响。

（二）中国工程院建设国家工程科技思想库的基本经验

回顾和总结中国工程院建院以来开展战略研究与咨询服务的实践，以下六条基本经验弥足珍贵。

1. 服务国家重大战略需求，是中国工程院组织开展战略咨询的根本出发点

中国工程院凝聚了我国工程科技界顶尖的创新人才，享有崇高的学术地位和社会影响，寄托着党和国家及社会公众的殷切期望。建院以来，中国工程院始终把国家战略目标和战略需求放在首位，把战略研究与国家大政方针结合起来，前瞻把握发展趋势，全局考虑影响因素，主动为国家重大决策提出远期、

近期和应急的咨询方案，成为国家工程科技领域战略决策的重要依托力量。

2. 振兴中华的强烈社会责任感和历史使命感，是激励广大院士以战略咨询服务国家发展的不竭动力

发展科技事业、振兴中华民族，始终是中国工程院院士秉承的理想和信念。院士们不仅在各自专业领域利用科技知识服务国家目标，而且从宏观层面主动参与承担战略咨询，为经济社会和工程科技事业发展贡献力量。调查显示，92.6％的院士愿意参与战略咨询，56.3％的院士参加了战略咨询。温家宝同志在听取水资源系列咨询汇报后指出，"中国工程院紧紧抓住这个关系国计民生的大问题，从民族生存发展和综合国力竞争的高度研究我国的水资源战略，体现了院士们、专家们忧国忧民的责任感和振兴中华的强烈愿望"。

3. 基于科学的调查研究提出客观独立的咨询意见，是中国工程院开展战略咨询的重要特色

中国工程院不具备行政管理和决策职能，相对较少受到条条框框的限制，能够基于国家立场、遵循科学规律提出客观独立的咨询意见。调查显示，超过2/3的院士认为中国工程院战略咨询最主要的特色是保持"客观性"和"相对独立性"。院士们认为，中国工程院在战略咨询中提出的意见和建议，反映了院士群体或者代表工程科技界主流的意见，能够为国家重大决策提供重要参考，也充分体现了中国工程院以战略咨询服务国家发展的重要特点。

4. 战略研究与咨询服务各方面工作综合协调、统筹兼顾，是战略咨询取得成效的重要基础

经过多年的实践，中国工程院在战略研究与咨询服务方面，初步形成了以战略咨询为核心，包括科技服务、学术交流、人才培养等多种工作形式在内的任务体系。在战略咨询活动开展过程中，通过战略研究、学术交流、科技服务等各方面工作的有机衔接与相互配合，综合协调、统筹兼顾，最大限度地发挥院士综合集成的战略优势和巨大潜力，最大程度地提高战略咨询活动的社会效益，为国家经济社会建设提供更好的科技支持。比如：近年来组织开展的"战略性新兴产业"、"海洋工程科技"等重大咨询研究项目，注重为地方发展服务，研究团队先后到各地深入开展调研，形成向国家提交的咨询报告。同时，又为浙江、山东、广东等省制订相关发展规划献计献策，提供战略咨询。再如：2010 年末，能源与矿业学部常委会在安徽马鞍山召开，期间与中钢集团组织了院士行活动，为矿山战略联盟进行咨询论证，成立了马鞍山矿山研究院院士工作站，举办了五场学术报告会，考察企业，等等，为行业、企业和地方的发展提出了积极的意见和建议。

5. 发挥战略科学家的核心作用，组织多种形式的咨询团队，是战略咨询取得成效的关键因素

多年以来，中国工程院形成了一套独具特色的战略咨询研究队伍组织方式。一方面，发挥战略科学家的核心作用，将国家战略意图与咨询研究项目有机结合起来，正确把握研究方向，将不同意见和建议有机整合起来，形成科学的咨询意见。另一方面，利用中国工程院自身学术优势，吸引各方面专家，共同组织多学科交叉、老中青结合的开放式研究队伍开展战略研究。同时，还与国内工程科技相关领域具有突出优势的大学、科研机构、企业开展战略协作，建立开放式战略研究联盟。如与清华大学合作建立中国工程科技发展战略研究院，与北京航空航天大学等单位合作建立中国航空工程科技发展战略研究院，与中国航天科技集团公司等单位合作建立中国航天工程科技发展战略研究院，与上海市人民政府合作建立中国工程科技发展战略研究中心（上海），为战略咨询研究提供基础支撑平台。

6. 注重调查研究、强调科学求真、倡导学术民主，是战略咨询取得成效的重要保障

注重务实求真、强调学术民主，是中国工程院战略咨询的突出特点。在项目研究过程中，许多院士和专家亲自深入实地进行调研考察，体现了科学严谨、求真务实的治学精神；在各项咨询研究工作开展中，来自不同学科领域的专家和研究人员共同提出问题，反复讨论，畅所欲言，通过不断的碰撞和交流，凝炼出具有战略性、前瞻性的见解和思路，从而为国家经济社会和工程科技发展提出真知灼见。

（三）国内外著名思想库建设的经验和启示

根据本项目实际考察调研情况，总结国内外著名思想库建设实践，得出以下六条值得借鉴的重要经验。

1. 政府高度重视和积极依靠，是思想库建设并发挥作用的基本前提

当今时代，各国政府日益认识到专家意见与政府决策相结合产生的巨大效益，更加重视并积极依靠专家咨询来保障决策的科学化和民主化。美国联邦法律规定，政府项目的论证、投资、运作、完成各个阶段，都需要有不同的咨询报告提供支撑。美国国会1863年批准的《国家科学院成立法案》规定，美国科学院应在任何时刻，在任何政府部门提出需求之时，为政府的机构和部门在任何科学和艺术方面的问题进行调查、研究、试验和发表报告；英国政府设立首席科学顾问，直接向首相和内阁报告有关工程与科学方面的建议，政府各部门（财政部除外）也都分别设立部门首席科学顾问；日本政府每年拨给思想库的经费约占日本科研经费的1%；中国国务院在2009年批准成立中国国际经济交流中心，旨在建设具有"政府的背景、民间的形式和市场的运作"特色的高水平智库。政府的高度重视和积极倚重，为思想库建设和发展创造了巨大的空间、提供了强大的动力。

2. 超前的战略眼光和出色的战略谋划，是思想库持续产出战略思想的必要条件

思想库的核心和灵魂是不断产出战略思想，通过战略思想影响政府决策，这是思想库得以生存和发展的根本。战略思想的产生与其超前的战略眼光和出色的战略谋划密不可分。兰德公司重视把握战略研究方向，尤其是对那些能够在未来产生巨大影响的新生事物以及全球热点问题始终保持着高度的敏感性，同时注重宏观层面的系统分析，用科学的方法评估政策的科学性，帮助决策者以目标为导向实现战略决策的最优化，从而持续推出高质量的咨询成果。以超前的战略眼光选对题目，以科学的战略谋划做好题目，确保战略咨询具有针对性和实效性，这是思想库能够产生有影响力的成果的关键所在。

3. 专业化战略研究团队加上合理的人力资源配置模式，是思想库队伍建设的关键

人力资源是第一资源，人才是决定思想库生存与发展的最关键因素，从这个意义上讲，思想库便是人才库。国内外思想库都聚集了一批高水平的战略科学家以及由战略科学家领衔的多学科交叉的专业化战略研究团队开展工作。美国科学研究理事会的咨询团队主要由三部分人员组成，一是来自美国科学院、美国工程院和美国医学研究院三院6000多位院士；二是根据研究需要从全国范围内吸收具有不同学科背景的大批研究志愿者；三是近2000人规模的专业化服务支撑团队。通常情况下，围绕某项研究任务或者研究领域，构建以领军人物为核心的金字塔型专业研究团队，除骨干成员保持相对稳定之外，大部分研究及辅助人员采用合同制、聘任制管理。科学合理的人力资源配置，辅之以高效的人力资源管理机制，成为思想库不断保持活力和持续提高竞争力与影响力的关键因素。

4. 科学的组织架构和规范的运行机制，是思想库高效有序运转的重要制度保障

国际知名思想库一般采取项目方式组织开展研究工作。美国国家科学研究理事会的咨询研究都是以项目方式组织的。每个项目组作为独立单元，由研究人员和管理人员两部分组成；由多学科专家组成的研究人员在项目责任范围内享有充分自主权，以保证项目组更好地完成研究任务。同时，为确保咨询研究质量，高水平思想库还建立了覆盖整个研究工作链条的项目监管机制以及严格的经费管理制度。其中，项目监管主要是抓两头，即：项目规划质量监控和项目成果质量监管。如：兰德公司建有严格的研究报告同行评阅制度，德国工程与科学院设置独立的专家组负责对咨询研究建议进行评估。这种项目式的研究组织架构和有效的运行监管机制，保证了研究人员科研工作的独立性，保证了思想库各项工作高效有序运行。

5. 强大的信息支撑平台和工作网络，是思想库做好咨询研究并发挥作用的基础保障

在信息化日益发达的当今时代，能否获得准确、全面的所需信息，直接影响思想库研究工作能否成功开展。思想库非常重视加强基础资料信息平台建设，同时积极巩固和扩大工作网络，加强与相关机构的协作交流。德国马克斯·普朗克协会设有专门的数字图书馆；日本野村综合研究所在东京总部建有储备咨询研究项目成果及客户需求的"信息银行"，并在欧美及亚太地区主要城市均设立分支机构；韩国产业研究院在本国建立 9 个分院，并在欧洲和亚洲主要城市设立海外事务所，开展国际联络并搜集当地贸易、工业、科技信息。这些独具特色的咨询数据库和强大的工作网络，不但为思想库开展研究工作提供了坚实的信息支撑，同时也大大增强了思想库的战略影响力。

6. 加强国际国内交流合作并构建全方位信息传播机制，是思想库扩大和提升社会影响力的重要渠道

国内外知名思想库普遍重视加强国际交流合作，利用多种渠道建立全方位的信息传播机制，推动研究成果及时得到决策者、学界和公众的理解和接受，提高社会影响力。澳大利亚技术科学与工程院定期举办能源、水、教育、健康与技术、环境建设等专题论坛，把院士专业兴趣、咨询研究以及公共事务有机结合起来，提出有价值的咨询意见；德国工程与科学院创办德国政府工业与科学创新对话平台，吸引科技界、工商界、政界以及社会民众等各方面力量共同参与科技及产业发展问题的沟通解决；中国社会科学院的对外合作遍及 80 多个国家和地区，同国外约 200 多个研究机构、学术团体、高等院校、基金会和政府有关部门建立学术交流关系。多方位的国际交流合作以及多元化的信息传播渠道，极大地提升了思想库在国际和国内的公众认知程度，有助于思想库提高声誉、影响决策、引领学术。

（四）中国工程院建设国家工程科技思想库面临的挑战和要求

当前和今后一个时期，我国仍处在可以大有作为的重要战略机遇期，科技创新在加快转变经济发展方式的支撑作用更加凸显。我国的科学发展迫切要求工程科技发挥更大的作用，迫切要求国家工程科技思想库提供强有力的支撑。中国工程院虽然在过去取得了不少成绩，也积累了许多经验，但是与国家要求相对照，与国内外高水平思想库相对比，仍存在很大差距：一是思想库建设受到的重视程度还不够；二是思想库建设顶层设计不够完善；三是缺乏高水平的咨询研究队伍；四是战略咨询运行管理机制不够完善；五是信息化建设相对滞后；六是国际合作交流有待深化。这六个方面的差距，影响和制约着中国工程院战略咨询质量的提升以及高水平战略思想的产出。面对当前难得的发展机遇以及这些严峻的现实挑战，中国工程院必须要继承优良传统，借鉴先进经验，完善顶层设计，加强基础建设，强化优势，突出特色，持续不断地推进国家工程科技思想库建设更上一层楼。

1. 要把思想库建设摆在更加重要的位置

建设国家工程科技思想库并发挥其作用，是国家交付给中国工程院的重要任务，也是中国工程院履行自身使命、服务国家发展的重要担当。目前，中国工程院的战略咨询尚未纳入国家决策法定程序，国家工程科技思想库建设面临着不少外部的体制机制障碍。院士们在座谈中指出，中国工程院提出的有些政策咨询意见和建议尚未得到政府相关部门的真正重视。同时，院士们实际参加战略咨询的比例也还不够高，有47.2%的院士表示，虽然愿意参与战略咨询，但是存在各方面实际困难。当前，我国实现科学发展对国家工程科技思想库建设提出了更高的要求，也提供了更大的机遇。因此，必须要把建设国家工程科技思想库放在更加突出的战略位置，高度重视、科学谋划，鼓励和动员更多的院士积极主动地参加战略咨询工作，这是做好思想库建设的基本前提。

2. 要进一步加强和优化思想库顶层设计

建设国家工程科技思想库是一项系统工程，需要各方面的整体配合和统筹协调，需要比较长远和稳定的战略谋划，用以指导实践工作开展。目前，中国工程院的思想库建设顶层设计尚不够完善，思想库建设的整体性和系统性安排有待继续强化。院士们在座谈中反映，国家提出建设科学技术思想库的目标已经有四五年时间，但是我们究竟要建设什么样的国家工程科技思想库，尚缺乏系统的规划和明确的愿景。调查显示，48.7%的院士认为中国工程院战略咨询顶层设计"一般"或"不够好"。因此，加强和优化国家工程科技思想库顶层设计，明确未来建设目标任务，科学规划各方面工作，综合协调各方面力量，已成为推动国家工程科技思想库建设科学发展必须要解决的首要问题。

3. 要进一步加强咨询研究和服务支撑体系建设

建设国家工程科技思想库需要将不同领域的院士、专家和学者有效组织起来发挥作用，同时也需要有一支多学科交叉、相对稳定的研究和服务队伍作为支撑。目前，中国工程院还没有专职研究队伍，战略科学家不足，咨询研究项目主要依靠分散在各单位、各部门的院士和专家临时组织起来开展，研究队伍缺乏可持续性，大部分项目缺乏系统、持续和深入的研究，在一定程度上限制了系列的、稳定的、有持续影响力的咨询成果的产出。院士在座谈中指出，这是影响和制约中国工程院战略咨询的突出"短板"。今后，国家工程科技思想库面临更加艰巨和更为繁重的战略咨询任务，建立科学合理的咨询研究和服务支撑体系，从而有效地组织和发挥院士群体和社会各方面专家的智慧与潜力，是推进国家工程科技思想库建设迫切需要解决的关键问题。

4. 要不断完善战略咨询制度建设

国家工程科技思想库战略咨询质量的提升，离不开综合配套、管理规范的运行机制作为基本制度保障。目前，中国工程院战略咨询的运行管理机制还不够完善，缺乏针对咨询研究项目的全过程、全方位、系统化、专业化的质量管理和评价机制。调查显示，58.8%的院士认为经费使用和管理"一般"或"不够好"，60.1%的院士认为项目服务保障"一般"或"不够好"，72.5%的院士认为成果出版宣传"一般"或"不够好"。在目前已经开展的咨询研究项目中，有近半数的项目存在不同程度的结题拖延现象。因此，进一步探索建立适合中国工程院特点的、科学合理的思想库运行机制，实现战略咨询工作制度化和规范化，是思想库建设面临的一项重要任务。

5. 要加快推进思想库信息化建设

国家工程科技思想库的战略咨询研究离不开充分的信息支撑，战略咨询成果的质量在很大程度上取决于研究人员掌握和利用信息资源的能力。目前，中国工程院战略咨询在信息化建设方面仍然不能有效满足国家工程科技思想库战略咨询实际需求，既有的信息资源也未能得到高效利用和共享，与其他机构之间的基础信息沟通渠道也未形成。调查显示，77.4%的院士认为中国工程院信息平台建设"一般"或"不够好"。院士们在座谈中建议，要尽快建立起战略咨询的相关数据库。今后，建设国家工程科技思想库必须要适应战略咨询信息化的迫切需求，率先加快信息化建设步伐，建设信息库和知识库，为战略咨询研究提供即时、系统的信息支撑。

6. 要积极拓展思想库国际交流与合作

当今世界全球化的迅速发展，给各国思想库建设与发展带来了更多的机会和更广的舞台。与世界上高水平思想库相比，中国工程院的国际学术交流与合作有限并缺乏深度，国际合作咨询研究项目少，现有外籍院士的作用也未得到有效发挥，这在很大程度上限制了中国工程院战略咨询研究的国际视野。今后，推进国家工程科技思想库建设必须要以更加开放的姿态走向世界，积极拓宽国际合作空间，持续深化国际交流合作，逐步扩大和提升中国工程院乃至整个中国工程科技界在全球范围内的影响力。

三、建设国家工程科技思想库的总体思路

（一）内涵

国家工程科技思想库要面向现代化、面向世界、面向未来，紧紧依靠全体院士，团结全国广大工程科技专家及相关领域学者，实施"战略咨询、服务决策、创新驱动、引领发展"的方针，以经济社会发展中的重大问题和工程科技领域中的关键问题为主要方向，开展战略研究，产生战略思想，做好战略谋划，为党中央、国务院提出战略建议、为国家相关重大决策提供科学论证、为地方和企业发展提供咨询服务，以科学咨询支持科学决策，以科学决策引领科学发展，为促进工程科技创新、为中华民族的伟大复兴做出更大贡献。

（二）建设目标

积极探索中国特色新型思想库的组织形式和管理方式，建成在国家重大决策中有重要影响力的国家工程科技思想库，即：重大咨询项目产生的研究报告或政策建议能够影响和支持国家相关领域的重大决策，针对国际工程科技前沿领域相关问题提出前瞻性和引领性的观点，以战略咨询为我国工程科技及现代化建设提供高质量的智力支持。

国家工程科技思想库建设目标具体分为两个阶段：

第一阶段：从 2011 年到 2014 年，夯实基础、形成体系。

形成以战略咨询为中心，包括科技服务、学术引领和人才培养在内的任务

体系；构建由决策机构、工作机构和支撑机构形成的组织体系；逐步理顺咨询研究项目的选题立项、团队构建、项目研究及项目成果管理，完善咨询研究项目运行模式；统筹人力资源、信息资源、社会资源和经费资源，保障国家工程科技思想库建设各项工作顺利推进。

第二阶段：从 2015 年到 2020 年，完善机制、提升质量。

进一步优化运行模式，实现战略咨询机制运行顺畅，稳步提升战略咨询研究水平；加大资源统筹力度，逐步建立一支高水平、相对稳定和可持续发展的咨询研究队伍；加快信息化平台建设，为战略咨询提供广泛、便捷、有效的信息保障服务；不断优化国家工程科技思想库任务体系、组织体系和战略咨询业务系统，建成高质量的国家工程科技思想库。

（三）任务体系

国家工程科技思想库的任务是开展战略研究，产生战略思想和提供咨询服务，战略研究和咨询服务融合起来称为"战略咨询"。其中，核心任务是面向党中央、国务院和各部委开展战略咨询，同时还面向其他方面开展战略咨询，包括面向地方及企业的科技服务，面向工程科技未来发展的学术引领，以及面向工程科技人才成长的人才培养（见图 1 - 1）。

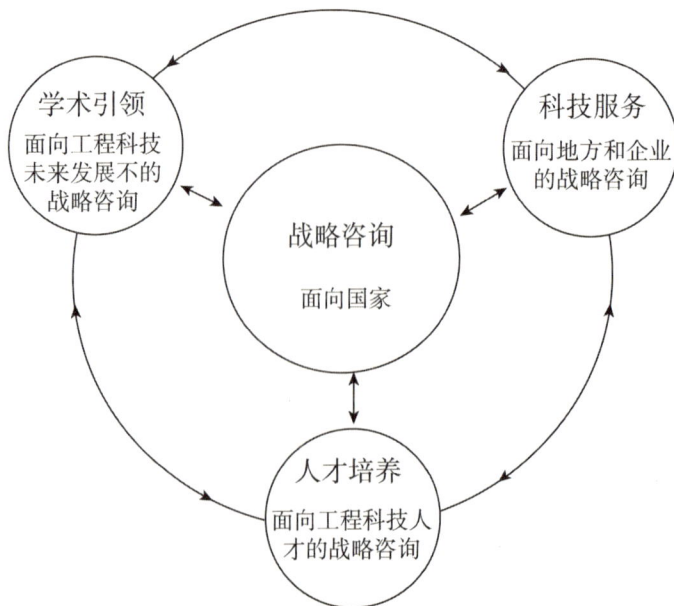

图 1 - 1　国家工程科技思想库任务体系示意图

1. 战略咨询是国家工程科技思想库的核心任务

面向党中央、国务院、各部委及各行业的战略咨询，重点做好以下三个方面工作：

一是围绕全局性重大问题，特别是事关国计民生的全局性问题和经济社会发展中的重大问题，开展战略性、前瞻性和综合性的咨询研究。要针对未来我国工业化、信息化、城镇化、农业现代化同步发展面临的一系列重大问题开展战略咨询，特别是为新型工业化道路和中国特色城镇化发展道路的探索和实践提供科技支持；针对提高资源开发能力、确保能源安全等建设资源节约型社会的重大问题开展战略咨询，支持可持续能源资源体系建设；针对加大生态系统和环境保护力度等建设环境友好型社会的重大问题开展战略咨询，大力推进生态文明建设；针对我国实施创新驱动发展战略、加强技术创新体系建设中的一系列重大问题开展战略咨询，推动科技和经济紧密结合，服务创新型国家建设。

二是围绕国民经济建设中的重大工程科技决策，特别是行业领域的重大科技决策，开展咨询研究，服务创新驱动发展。这是中国工程院最具有优势和特点的方面，是战略咨询工作的重点。要针对国家科技发展规划、重大专项设立等国家工程科技战略布局开展战略咨询；针对发展战略性新兴产业、先进制造业、推进产业结构优化升级中面临的战略问题开展战略咨询；要充分发挥学部的专业优势，针对机械与运载工程、信息与电子工程、化工冶金与材料工程、能源与矿业工程、土木水利与建筑工程、环境与轻纺工程、农业工程、医药卫生工程、工程管理等领域的重大工程科技问题，开展战略咨询；针对空天工程、海洋工程、民生科技等跨领域重大工程科技决策问题开展战略咨询。

三是围绕应对突发性重大事件决策开展应急性咨询研究。要针对重大自然灾害监测与防御、重大公共卫生事件救援、社会安全事件防范与快速处置、重大生产事故预警与救援等，组织开展相关对策研究和咨询服务，并向国家有关部门提出具有可操作性的政策建议。

2. 开展科技服务、学术引领和人才培养等方面的战略咨询

科技服务要面向地方和企业实际，重点做好三个方面工作：一是针对地方经济社会发展中的重大战略问题开展战略咨询，推动具有全局性的地方发展战略上升为国家层面的战略行动；二是针对地方特色行业产业发展中的重大工程科技问题，开展战略咨询，推动地方行业产业实现科学发展；三是针对企业技术创新体系建设中面临的关键问题，组织开展战略咨询，为企业提升核心竞争力提供支撑服务。

学术引领要面向工程科技未来发展趋势，重点做好三个方面工作：一是把握工程科技发展趋势，超前谋划部署，开展长期发展战略研究，引领中国工程科技发展方向；二是搭建学术交流高端平台，办好国际工程科技发展战略高端论坛、中国工程科技论坛、学部学术会议等；三是加强学术出版工作，创办不同工程科技领域战略研究的系列研究报告和学术出版物，努力将中国工程院院刊办成国际一流水平的学术刊物。

人才培养要面向工程科技人才成长需要，重点做好三个方面工作：一是针对工程科技人才队伍建设中的重大战略问题开展研究，为相关部门提供咨询建议；二是搭建教育界、科技界和企业界的合作桥梁，积极推动工程教育的改革与实践；三是鼓励和提携拔尖创新型人才成长。

3. 围绕战略咨询，加强统筹兼顾

在国家工程科技思想库各项工作开展过程中，要紧紧围绕战略咨询这一核心任务，科学谋划、统筹兼顾、协同创新、协调发展，相互衔接配合，形成整体合力，最大限度地发挥好国家工程科技思想库的作用。

要加强国家工程科技思想库各项任务的统筹协调。要通畅战略咨询、科技服务、学术引领和人才培养各项工作之间的联络通道。结合战略咨询任务开展学术活动，为项目研究构筑开放研讨平台，提升咨询研究水平；科技服务依托战略咨询，把中央的战略决策与地方、行业及企业的科学发展有机结合起来，带动咨询成果有效地辐射到地方、行业及企业；学术交流平台汇集智力资源，孵化创新思想，推广咨询成果，引领学术进步。各项工作任务有机整合，提升战略咨询的社会效益，增强国家工程科技思想库影响力。

要加强国家工程科技思想库各类资源的统筹协调。要主动构建服务战略咨询的广泛的社会资源网络，积极统筹院士及各方面专家的人力资源，有效整合战略咨询研究所需的各类数据信息资源，稳步扩充经费资源，实现各类资源的综合集成，共同为国家工程科技思想库提供有力的支撑与保障。

要加强国际国内各方面工作的统筹协调。主动拓展思想库战略合作视野，加强与国际、国内相关机构的交流合作，探索建立战略咨询协同创新的长效机制，将国内外各类资源纳入战略咨询的各个方面，使其更有效地发挥作用。

（四）组织体系

科学合理的组织体系是完成国家工程科技思想库各项任务的重要保证。国家工程科技思想库的组织体系主要包括：决策机构、工作机构和支撑机构。这三类机构统筹协调、协同创新，共同构筑有核心、有协作、网络化、开放式的工作体系，完成国家工程科技思想库的各项工作（见图 1-2）。

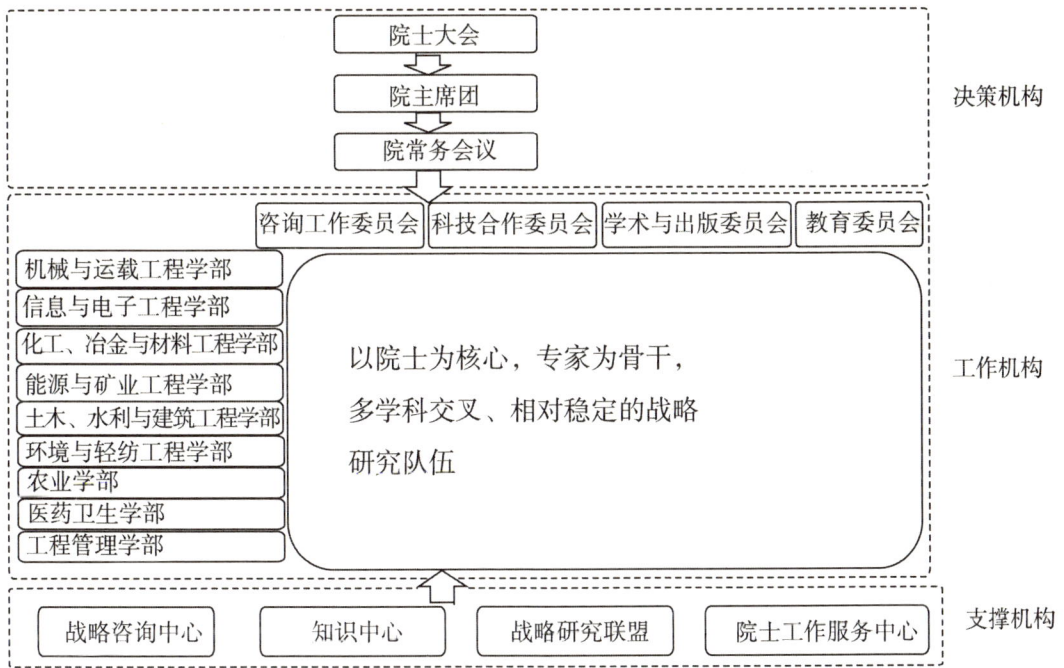

图 1-2　国家工程科技思想库组织体系示意图

1. 决策机构

院士大会、主席团会议和院常务会议是国家工程科技思想库的决策机构，负责建设和运行中不同层面重大问题的决策。院士大会对国家工程科技思想库建设重大事项进行审议表决；主席团负责监督国家工程科技思想库建设各项工作进度，并从整体上对各学部及各专门委员会的工作提出要求；院常务会议负责推动国家工程科技思想库建设各项工作的落实，研究和决定日常工作中的重要事项。

2. 工作机构

中国工程院四个委员会和九个学部是国家工程科技思想库的工作机构，按照矩阵化组织模式运行，负责落实决策机构的各项决策。

四个专门委员会负责组织研究有关问题、调查处理相关事项、承担主席团交办的任务。其中，咨询工作委员会统筹和组织开展战略研究和战略咨询工作；科技合作委员会组织开展科技服务工作；学术与出版委员会组织开展学术引领工作；教育委员会组织开展人才培养工作。四个专门委员会的工作办公室负责日常工作的开展。

咨询工作委员会是国家工程科技思想库战略咨询工作的牵头机构，即总体部，承担咨询研究项目总体规划、战略研究方向征集、分析和筛选，以及咨询研究项目后续评估跟踪等工作。主要是根据国家经济社会及工程科技发展需求，确定战略咨询选题方向；负责向政府、企业、行业协会、科研机构以及相关领域专家征集咨询题目，组织院士专家论证筛选咨询题目，拟定并发布咨询研究项目指南；制定项目验收标准，督查项目执行情况及组织项目外部评估。咨询工作委员会的日常工作由咨询工作办公室承担。

九个学部是战略咨询的主要组织者。重大咨询研究项目通常要有三个及以上学部联合组织开展，重点咨询研究项目要有两个及以上学部联合开展。跨学部的战略咨询，由某一学部为主牵头组织，其他学部推荐相关院士参加。学部之间、学部与专门委员会之间要加强配合，共同做好战略咨询研究。各学部要通过长期持续开展战略研究，不断提升咨询研究质量，逐步成为各专业领域的工程科技思想库。在学部常委会领导下，各学部平均每年立项一个重大咨询研究项目、两个重点咨询研究项目和七个左右学部级咨询研究项目；举办一场国际高端论坛、两场中国工程科技论坛和七次左右学部级学术会议；办好一份学术刊物等工作。九个学部的工作办公室负责日常联络和服务保障工作。

3. 支撑机构

国家工程科技思想库支撑机构主要包括中国工程院战略研究与咨询服务中

心、战略研究联盟机构、中国工程科技知识中心和各地院士工作服务机构等，主要负责为咨询研究项目实施提供基础支撑保障。

中国工程院战略研究与咨询服务中心（简称"战略咨询中心"）是国家工程科技思想库开展战略咨询的研究支撑和基础服务平台。主要职能包括：一是咨询服务，在咨询工作办公室的统一领导下，参与咨询研究项目规划和组织管理，承担重大咨询研究项目联络保障工作；二是咨询研究，集中一批精干的专职研究人员，承担若干重大咨询研究项目研究工作，协助院士开展综合交叉领域发展战略的持续跟踪研究（如：制造业发展战略、现代农业发展战略、海洋工程科技发展战略、医药卫生发展战略、国家技术创新体系建设等）；三是经费管理，配合中国工程院咨询工作办公室及财务部门，组织开展院士科技咨询专项经费监督管理工作。到 2014 年，员工总体规模达到 60 人左右，到 2020 年达到 200 人左右。

战略研究联盟机构是国家工程科技思想库的重要组成部分，是中国工程院联合国内在工程科技相关领域具有优势的高校、科研机构及企业等，共同建立的开放式战略咨询研究平台，旨在有效地将各方面的研究力量凝聚起来，构建相对稳定的战略咨询团队，主要针对相关工程科技领域重大发展战略、重大工程科技问题、重大产业政策等，深入开展战略性、前瞻性、综合性、持续性的咨询研究。到 2014 年，战略研究联盟达到 5 个左右，到 2020 年，达到 15 个左右。

中国工程科技知识中心是国家工程科技思想库重要支撑机构，是战略咨询信息化的重要服务机构。知识中心以汇集和加工我国工程科技领域海量数据为主要建设内容，以深度数据分析和智能获取知识为主要技术手段，以搜索、利用和辅助创新为主要服务内容的工程科技知识整合平台，为国家工程科技思想库提供基础信息保障，为国家工程科技进步与创新提供信息支撑。

地方及企业的院士工作服务机构分布在全国各地，是国家工程科技思想库服务地方和企业的桥梁，负责联络和服务当地院士，并组织院士及相关专家为地方及企业开展战略咨询。

（五）运行模式

国家工程科技思想库的战略咨询以项目形式组织开展。近年来，咨询研究项目的数量和经费都有较大增长，今后要稳定项目数量，强化研究质量。做好战略咨询工作，提升咨询研究项目的研究质量，核心是选好题目、选准题目，关键是组织好研究团队，基础是扎实做好项目研究工作、形成高质量的研究成果并推动其发挥作用。

1. 选题立项

构建相对稳定的咨询研究项目体系。要进一步做好咨询研究项目指南规划，今后，每年立项的咨询研究项目总体规模保持在 100 项左右，即：重大咨询研究项目 10 项左右、重点咨询研究项目 20 项左右、学部级咨询研究项目 70 项左右。

加强持续性和积累性研究。针对事关经济社会发展全局或行业产业发展全局的若干关键领域，如城镇化、战略性新兴产业、制造业、现代农业、矿产资源、能源生产与消费革命、生态文明建设等，要有计划地长期资助，在这些领域形成相对稳定的研究团队，做好持续深入的跟踪性和积累性研究，不断推出高质量的研究成果。

做好突发重大事件应急性咨询研究。针对突发性重大事件或人民群众特别关注的问题，及时组织院士专家，采用座谈会、研讨会和论坛的方式开展应急性咨询研究，并把应急性咨询研究与积累性咨询研究有机结合起来，快速、及时地向中央及相关部门报送研究成果，为国家决策提供科学有效的咨询意见。

2. 团队构建

采用多种形式组织项目团队。一般情况下，咨询研究项目团队横向上按照"1＋N"的模式，即一个综合组加若干课题组，纵向上按照"项目—课题—专题"的层次，组建研究团队。根据咨询研究项目的特点，也可以采取灵活多样的形式组建研究团队，如一个较固定的项目组与若干动态组组成的调研组（或研讨会）相结合等方式。

建立具有综合集成优势的研究团队。研究团队是开展项目研究的主要力量。组建项目研究团队，努力做到涵盖工程科技、经济、社会、人文等学科领域，体现多学科的交叉集成；要充分发挥不同年龄层次的院士和专家的优势，体现老中青的交叉集成；要体现专职和兼职相互结合、形式灵活多样的综合集成特色。

建立精干有力的项目工作组。项目工作组是开展项目研究工作的重要服务支撑力量。咨询研究项目要在项目负责人领导下，组织综合组及各课题组相关人员组成精干的项目工作组（项目办公室）。工作组协助项目负责人按计划组织项目实施工作，为各课题组提供协调联络，组织项目综合报告撰写，保障研究工作的顺利开展。

3. 项目研究

加强项目研究的顶层设计。战略咨询研究项目要做好科学论证和顶层设计，提高咨询研究的针对性和预见性，把握全局、突出重点，重大咨询研究项目要加强预研究工作，为立项及后续研究工作开展奠定科学基础。

扎实做好项目调查研究。项目研究要坚持从实际中来，到实际中去，坚持全面深入了解实际，客观严谨地反映现实，实事求是地分析问题，以微观的调查研究为宏观的战略决策提供可靠的第一手支撑资料。

加强项目研讨和交流。在项目研究中，要倡导科学精神、发扬学术民主，积极采用研讨、论证、务虚等多种形式，鼓励不同学科的专家和研究人员交流碰撞，形成能够解决国家经济社会发展实际问题的战略思想。

运用和发展科学方法。在战略咨询过程中，要重视加强系统谋划和科学分析，重视科学研究方法的运用和推广，重视战略咨询理论、技术和方法的创新，重视数据和知识的积累，不断夯实咨询研究基础，提高咨询研究水平。

4. 项目成果

国家工程科技思想库的项目成果包括：咨询研究报告、政策建议、会议报告、论文集、系列出版物（学术期刊、丛书）等多种形式，其中，咨询研究报告是最基本和最主要的项目成果形式。

项目成果要突出战略性、前瞻性和综合性。要抓住影响战略竞争全局的关键因素，基于科学的研究，全面把握各方面的意见，提出客观独立的见解和有战略意义的思想，形成远期的、近期的，甚至应急的、具有可操作性的咨询方案，供决策参考。

加强项目研究成果报送。要积极拓展渠道，做好咨询研究成果报送工作，原则上每个重大项目都向党中央和国务院领导同志汇报,重点项目都向相关部委及地方主要负责同志汇报。同时,项目在研究过程中要根据实际情况及时报送阶段性政策建议,并扩大《院士建议》报送范围和渠道。

主动向社会公开发布研究成果。在遵守保密规定的前提下,项目研究成果要通过出版物、报刊、网站、学术论坛等各种渠道向社会发布宣传;重大项目的重要观点要形成摘要和评论,在有影响力的报刊上公开发表;学术期刊等固定出版物要扩大发行渠道,向社会更加广泛地公开。

(六) 资源布局

资源是国家工程科技思想库建设和发展的基本保障,也是做好战略咨询各项工作的必要的物质基础。建设国家工程科技思想库,需要持续加强人力、信息、社会和经费四类资源的整体布局和综合协调。

1. 人力资源

为保障战略咨询工作的有效开展,更充分地发挥院士的作用,要积极构建"强核心、大协作、开放式"的战略咨询队伍体系。其中包括三支队伍:以院士为核心的战略咨询领军队伍,主要负责咨询研究项目的总体领导、宏观统筹和战略谋划;以多学科、多部门的专家为骨干的咨询研究队伍,主要承担咨询研究项目的实际研究工作;由项目专管员、经费专管员、信息管理员等组成的专业化支撑服务队伍,主要负责咨询研究项目实施过程中的组织协调和服务保障。

2. 信息资源

强大的信息平台是开展战略咨询的重要基础。要加快战略咨询信息化步伐,以建设中国工程科技知识中心为契机,通过加快组建开放共享的工程科技资源联盟,建设包括咨询研究项目库、院士专家信息库、工程科技领域专业知识库等战略咨询服务系统。同时,通过购买、入会、协作等多种方式与国内外著名咨询机构建立密切联系,丰富国家工程科技思想库信息平台资源,充分利用深度数据分析和智能获取的技术手段为战略咨询和科技创新提供服务支撑。

3. 社会资源

广泛的社会资源,是国家工程科技思想库准确把握经济社会发展需求、充分做好战略咨询调研、更有力地发挥作用的重要依托。中国工程院拥有重要社会资源，要充分利用好这一独特优势，建立更为广泛的社会网络。

要主动加强与国内相关部门的沟通协作。加强与中央及国务院的工作请示汇报，主动征询中央相关部委工作需求，争取形成为政府部门提供战略咨询服务的制度性安排；加强与地方政府及行业企业的战略合作，进一步落实与地方和企业的合作协议，主动服务地方行业及企业的科学发展；加强与高校、研究院所合作建设战略研究联盟，使之成为战略咨询的重要力量。

要积极拓展与国际相关组织的交流合作。持续深化与世界各国工程院的合作，拓展和建立与国外高水平思想库的稳定联系机制；要有计划、有重点地推进战略咨询的国际合作，通过定期举办学术活动和研究人员交流等方式，形成有效的合作互动机制；要搭建好国际工程科技学术交流平台，充分发挥好外籍院士作用；要进一步加强对外宣传推广，稳步提升国家工程科技思想库的国际影响力。

4. 经费资源

加强与财政部沟通协调，积极争取国家财政支持，保障战略咨询研究经费稳步增长，争取到 2014 年，院士科技咨询经费增长到 3 亿元；到 2020 年，增加到 10 亿元。加强与相关机构的战略合作，扩大战略咨询经费来源，实现战略咨询经费构成多元化。加强战略咨询经费管理，帮助院士用好咨询经费。

四、建设国家工程科技思想库的主要措施

（一）队伍建设

国家工程科技思想库队伍建设的主要目标是构筑"强核心、大协作、开放式"战略咨询队伍体系，主要做好以下三方面工作。

1. 建设以院士为核心的战略咨询领军队伍

进一步强化院士参与战略咨询的使命感。《中国工程院章程》赋予院士参与战略咨询的义务和权利。全体院士要在本学科领域中发挥领军作用，更要从国家发展的高度充分认识开展战略咨询的重要意义，提高参加战略咨询的主动性和积极性，并通过参与和承担咨询研究项目，逐步锻炼成为国家工程科技思想库战略咨询的领军人才。

动员和组织全体院士积极参加战略咨询。加大战略咨询立项支持力度，注重咨询研究项目在各领域以及交叉领域间的覆盖面，为各学部院士参加战略咨询研究创造更多的机会；鼓励院士围绕重大战略问题，综合调动和组织多方面力量，大协作、大攻关，持续滚动开展咨询研究项目。

提升院士开展战略咨询的能力。定期邀请相关领域的专家学者以及政府官员举办宏观形势报告、政策分析研讨等活动，拓宽院士开展战略研究的宏观视野；利用各类学术论坛活动，邀请国际著名学者开展学术对话交流，派遣院士到国际学术机构访问交流，提升院士参加咨询研究工作的国际视野；加强院士在战略咨询方面的自主学习。

2. 建立以专家为骨干的咨询研究队伍

建立咨询专家库。加强与政府相关部门、企业、高校和科研机构的联系，利用战略咨询、科技合作、学术论坛等多种渠道，主动了解并遴选相关领域专家，范围包括院士、院士候选人、工程科技和社会科学及其他学科领域的杰出专家等，建立咨询专家库。专家信息资源要分类建档、动态管理、定期更新，逐步建立中国工程院战略咨询专家信息网络。

形成一支强大的兼职专家队伍。依托战略研究联盟以及战略咨询中心，吸引来自政府有关部门、企业、高校和科研机构的知名专家学者参与咨询研究项目，在研究实践中遴选优秀人才，聘请他们担任中国工程院战略咨询兼职专家，并为他们从事战略研究工作创造有利条件。

建立一支精干的专职研究队伍。这支队伍包括两部分：第一部分依托院士所在单位形成的院士研究团队；第二部分是依托战略咨询中心和战略研究联盟，针对若干工程科技综合交叉领域，聘任一批优秀中青年专家、具有丰富战略咨询经验的退休专家从事战略咨询研究，逐步培养形成一支精干得力的、能协助院士开展咨询研究的专职队伍。

吸引大批中青年专家参加战略咨询。利用中国工程院战略研究联盟的科研与人才培养优势，建立博士生研究实践基地，招收博士研究生；设立博士后科研工作站，吸引大批博士后和博士研究生参与中国工程院战略咨询，为国家工程科技思想库战略咨询研究培养后备人才。

建立若干开放稳定的战略咨询团队。以院士所在单位为依托，通过项目支持的方式，鼓励院士推荐本领域的专家学者参与战略咨询，在部分关键领域长期持续开展战略研究，形成若干多学科交叉的、开放且相对稳定的高水平战略咨询研究团队。

3. 建设专业化支撑服务队伍

建设咨询研究项目专管员队伍。以战略咨询中心为依托，建设多学科交叉的专业化项目专管员队伍，在咨询工作办公室统一领导下，参与咨询研究项目的规划、组织和联络协调工作，参与重大战略咨询研究项目的运行保障，包括前期调研、项目申报、组织实施、成果报送及后续跟踪等。

建设咨询经费专管员队伍。适应战略咨询经费管理业务扩大的需求，以战略咨询中心为依托，建设专兼职相结合的战略咨询经费专管员队伍，负责参与战略咨询经费财务预算编制以及经费使用的指导、监督、检查和评估。

建设咨询信息管理员队伍。适应中国工程院战略咨询信息保障需求，以中国工程科技知识中心为依托，建设专业化信息管理员队伍。主要负责承担中国工程院咨询研究项目数据库、院士专家库、工程科技成就库的建设运行及相关信息服务。

（二）制度建设

思想库制度建设的目的，主要是推动战略咨询步入规范化、制度化运行轨道，稳步提升战略咨询成果质量，主要从以下四方面着手。

1. 建立和完善项目选题和立项制度

建立稳定的项目选题渠道。接受党中央、国务院、全国人大、全国政协及国家相关部委委托，形成重大咨询选题；鼓励院士结合国家发展需求和工程科技发展趋势，主动提出咨询选题；加强与地方及行业的联系，切实了解和掌握地方及行业的实际需求，形成有针对性的咨询选题；加强和深化与国内外高水平思想库、高校及科研机构的合作交流，共同提出相关战略咨询选题；面向社会广泛征集咨询选题。

建立咨询研究项目选题指南。在综合政府部门、地方和产业等各方面战略需求的基础上，咨询委员会负责组织院士和相关战略咨询专家对各种备选题目进行评议筛选，建立战略咨询选题储备库，按年度编制战略咨询选题指南，并向全体院士发布；逐步建立根据国家、地方、产业需求命题与院士自由申报相结合的咨询研究项目选题模式。

完善咨询研究项目申报机制。加快制定完善咨询研究项目申报制度，规范项目申报程序及项目申报书编制；实施项目组长负责制，明确项目组长的权责；鼓励院士跨学部联合申报咨询研究项目；逐步探索建立竞争性项目申报制度。

加强咨询立项的科学论证。制定战略咨询立项评审规则，着重评审项目研究的可行性、项目承担单位及研究人员的研究基础和能力、项目经费预算编制的合理性；规范咨询立项评审程序，院士申报的咨询研究项目由所在学部负责初步评审，依托战略研究联盟开展的咨询研究项目由战略研究联盟学术委员会负责初步评审，并报咨询委员会评审立项；探索建立咨询研究项目立项评审与学术论坛对接机制。

建立关键领域持续选题和立项机制。集中围绕工程科技的若干前瞻和关键领域，形成持续稳定的战略咨询研究选题和立项机制，资助相关战略咨询研究团队开展跟踪性和积累性研究，为相关领域的战略决策提供科技支持。

2. 完善咨询研究项目全过程管理制度

完善咨询研究项目启动制度。完善咨询研究项目启动工作管理，规范咨询研究项目任务书编制，明确项目研究计划，并报咨询工作办公室备案，为战略咨询过程管理和项目结题评审提供依据。进一步完善咨询研究项目启动会制度。咨询研究项目要设置项目办公室，负责协调项目研究过程中的组织保障工作，并及时向咨询工作办公室报告咨询研究进展及相关研究成果。

加强咨询研究项目进度管理。建立咨询研究项目进展报告制度，咨询研究项目工作组（项目办公室）或项目联系人要定期采用项目简报、成果要报等形式，向咨询工作委员会提交项目进展报告；咨询工作办公室根据项目论证报告设定的研究目标、成果、经费使用状况等，定期对项目执行情况进行审查。

完善咨询研究项目成果验收。建立咨询研究项目成果评估验收制度，组织相关院士和专家成立项目成果评价组，针对申请结题项目组织项目验收会，就项目研究成果进行全面考核评价；重大咨询研究项目的研究成果要向院常务会议汇报，重点咨询研究项目和学部级咨询研究项目要向学部常委会汇报；咨询工作委员会每年定期分批听取和审议重大战略咨询成果汇报，并反馈相应意见和建议；逐步探索建立咨询研究成果第三方评议制度。

建立项目持续跟踪机制。建立咨询研究项目效益后评估机制，就项目成果在特定周期内进行多方位综合评审，主要听取咨询委托对象或者政府相关部门的反馈意见，并针对新出现的问题进行及时分析，不断收集需要解决的问题，提炼和修正咨询建议，提高咨询研究成果应用的时效性。

健全项目成果归档管理。加快建立和完善国家工程科技思想库咨询项目数据库，及时将已结题咨询研究项目成果录入数据库中，实现项目报告的分类管理和有效利用，为后续咨询研究项目开展提供有益借鉴。做好涉密咨询研究项目的归档保管工作，加强咨询成果知识产权管理。

3. 形成促进咨询成果应用的制度

建立咨询研究成果报送机制。加强向党中央、国务院、全国人大和全国政协的汇报及与有关部委的联系和沟通，多渠道报送咨询成果；加强咨询成果报送管理，利用"重大咨询成果专题报告"、"科技咨询简报"、"院士建议"等形式，将咨询成果及时向国务院及相关部门报送；积极争取每年有若干项重大咨询研究项目成果直接向中央领导汇报，若干项重点咨询研究项目成果向相关部委汇报。

建立咨询研究成果发布机制。充分利用中国工程院网站及《院士通讯》杂志，开辟专栏，及时发布咨询研究项目进展及相关成果；定期发布《中国工程科技发展年度报告》，以系列丛书等形式公开出版非涉密的咨询报告和院士建议；借助国际工程科技发展战略高端论坛、中国工程科技论坛及学部论坛活动形式，宣传推广战略咨询研究成果；借助新闻传媒宣传咨询成果，重大咨询研究项目要在主流媒体上发布成果评论；鼓励重大咨询研究项目采取学术报告、成果发布会等形式向社会各界进行成果宣传推介，积极构建中国工程院战略咨询系列品牌。

4. 完善咨询研究项目经费管理制度

健全咨询经费管理机制。加强战略咨询经费预算编制管理，合理规范战略咨询经费使用，建立战略咨询经费审查评估机制，加强战略咨询经费决算管理，定期公示各项目财务运行状况，保障战略咨询经费的使用透明、支出合规、运行良好。积极探索建立咨询研究项目经费分类管理模式，提高经费使用效率和效益。

（三）中国工程科技知识中心建设

中国工程科技知识中心的建设目标是，用9年左右时间，建成资源丰富、深度挖掘、应用广泛、实用性强、影响力大的工程科技知识整合体（见图1-3），为中国工程院战略咨询提供信息保障，为工程科技进步与创新提供信息支撑，主要做好四方面工作。

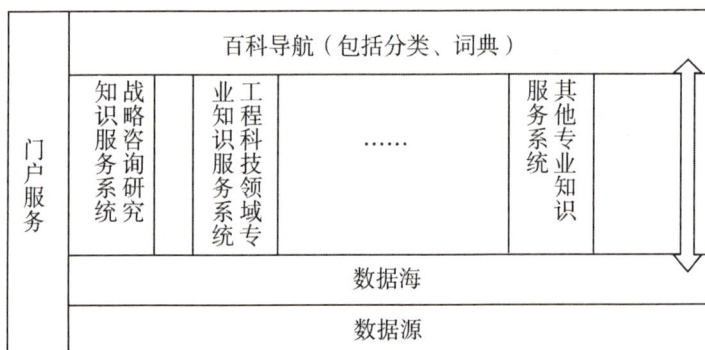

百科导航（包括分类、词典）				
门户服务	战略咨询研究知识服务系统	工程科技领域专业知识服务系统	……	其他专业知识服务系统
	数据海			
	数据源			

图1-3 中国工程科技知识中心总体架构图

1. 建设战略咨询研究知识服务系统

战略咨询研究知识服务系统直接服务于国家工程科技思想库战略咨询研究。系统所需数据与信息资源以联盟和整合方式为主、自建为辅，主要通过整合国家宏观管理部门的科技与经济统计数据、行业学会或协会的学术资料、国内数字图书馆的科技与经济类图书与文献、互联网开放的信息与资源以及中国工程院自建的部分特色数字资源，为工程科技人员开展战略咨询提供智能化、个性化和专业化知识服务。

战略咨询研究知识服务系统的特色数字资源包括咨询研究项目库、学术活动库和院士信息库，由中国工程院自建。咨询研究项目库汇总整理中国工程院咨询研究项目研究成果、相关数据、图片、视频等；学术活动库汇集整理中国工程院各类学术活动的学术报告、出版物、会议资料以及国内外工程科技领域有代表性的学术活动资料；院士信息库收录院士信息，收集整理院士学术资料，如著作、论文、手稿、获奖情况及出席各种活动的音视频资料等，全面存储和展示院士的学术成就。

2. 建设工程科技领域专业知识服务系统

工程科技领域专业知识服务系统主要通过整合现有数字图书馆、档案馆、展览馆、专利和软件、数字媒体、网站等各类数字资源，开发和利用各类数据海技术，融汇海量异构数据源构成的大数据，建立数据之间的语义关联网络，并通过对语义网络知识的查询、计算和推理等，形成深度的结果和生成高度凝练的结论，满足用户的搜索请求，最后结合深度搜索的结果，通过对专业知识网络的匹配、关联、融合等，实现辅助创新。

近期（2012~2014年），以中国工程院为总部，联合浙江大学、钢铁研究总院等有数据及技术基础的相关单位，率先建设咨询研究、中草药、金属材料和工程科教图书四个领域的专业知识服务系统；远期（2014~2020年），按照中国工程院九个学部的学科划分，建立跨行业、跨区域、跨系统、跨平台的专业数据服务平台和协同服务环境，构建工程科技领域各专业知识服务系统，为院士和广大工程科技工作者的咨询研究服务，为高等院校和科研院所的科研及人才培养服务，为企业开展技术创新服务。

3. 建立科技资源开放共享联盟

按照"互惠互利，优势互补，共建共享，共同发展"的思路，通过战略合作协议方式，建立科技资源开放共享联盟。联盟成员间共享数字资源，以共同约定的方式对用户提供统一的知识服务，形成统一的智能型知识服务平台，构筑我国工程科技界数字资源的整体优势。

共享联盟通过整合政府、高校、科研院所、企业等相关机构的数字资源库，从用户需求出发，设计具有实用性、整合性、统一认证、可扩展、可配置，实现为读者用户通过一个统一的服务入口，无缝地访问知识中心的信息资源和服务，使用户能直接从各类资源与应用中获取全文及其他多样化的知识服务。

4. 建设联合国教科文组织国际工程科技知识中心

联合国教科文组织已经投票通过设立的国际工程科技知识中心，是中国工程院与联合国教科文组织合作共建的工程科技知识整合平台。主要依托中国工程科技知识中心建设，挂靠联合国教科文组织。建设联合国教科文组织国际工程科技知识中心，将中国工程科技知识中心建设成为国际工程科技信息的聚集地及工程科技知识的高端服务平台，提高国家工程科技思想库国际地位和影响力。

（四）国际交流与合作

国际交流与合作要立足国内工程科技发展需求，面向国际工程科技发展前沿，提升中国工程科技国际影响力，推进国际工程科技进步与创新，着重做好三方面工作。

1. 加强与国际工程科技组织的交流协作

积极拓展与国际工程科技组织的合作交流。充分利用多边合作机制，加强与国际工程与技术科学院理事会、国际医学科学院组织、东亚工程院圆桌会议以及联合国有关机构的合作交流；建立机构间、人员间的良好沟通和互动，形成全球范围的工程科技交流网络，为国家工程科技思想库创造良好的国际交流与合作环境。

持续深化与主要国家工程院的战略合作。重点加强与美国、瑞典、英国、德国、法国、澳大利亚、日本、韩国、印度等国工程院和工程科技组织的深层次合作交流，建立机构与人员的沟通交流机制，加强双边或多边的实质性战略协作关系，积极推进战略咨询的国际合作。

建立与国外高水平思想库的稳定联系机制。扩大与世界著名思想库、研究机构、国际知名大学和企业的合作交流，建立机构间、人员间的良好沟通和互动，加强与国外信息和人员的交流，有计划地选派研究人员到国外高水平思想库参加合作研究或培训学习，积极借鉴国外思想库先进经验。

2. 进一步做好战略咨询研究的国际合作

有目的、有重点地与国外工程院开展战略咨询合作。近期，重点推动和落实与国外主要工程院就共同关注的领域合作开展战略咨询研究，包括：与英国和瑞典工程院开展战略性新兴产业培育与发展的联合咨询研究，与美国、英国工程院合作开展合成生物学等领域前沿科技的发展研究，与瑞典工程院和瑞典创新署分别在新能源和创新体系建设方面开展合作研究，与德国工程院共同开展智慧城市的战略咨询研究，与法国医科院和德国科学院在新发传染病领域进行合作研究等；远期，结合国际和国内热点、难点和前沿工程科技问题，加强与国外高水平思想库联合开展实质性的战略咨询研究。

加强战略咨询国际调研外事保障工作。国际合作交流的工作重点要放在为战略咨询服务上，尤其是抓好为咨询研究项目团队国际调研的外事服务工作。加大中国工程科技战略咨询研究的对外宣传，办好《中国工程科学》《工程前沿》等刊物，编写出版《中国工程院年报（英文版)》，稳步提高国家工程科技思想库的国际影响。

充分发挥外籍院士在战略咨询中的作用。采取各种方式提高外籍院士在中国工程科技战略咨询研究中的作用和参与度，鼓励外籍院士积极推动所在国与中国工程科技界的战略合作。建立定期邀请外籍院士来华学术交流合作机制，适当资助外籍院士开展人才培养交流合作。

3. 搭建国际工程科技学术交流平台

近期，着力办好 2014 年国际工程科技大会，推动中国工程科技界与全世界同行的广泛交流，提升和扩大国家工程科技思想库国际影响；继续办好中美工程前沿研讨会，建立两国优秀中青年专家长期、稳定的互动机制；积极稳妥推进联合国教科文组织国际工程科技知识中心的申请和建设工作。

远期，加强和完善每年 10 场国际工程科技高端论坛活动，为国内外学者开展学术交流建立国际性的高端平台；建立中美英重大工程挑战等交流论坛；加强统筹规划，有重点、有目的地设计与有关国家和组织的双边、多边国际交流合作活动，强化服务工程科技战略咨询研究的新平台和探索新途径。

五、结论与建议

（一）基本结论

（1）为中国工程科技及产业发展服务，为中国现代化事业做贡献，是中国工程院肩负的神圣使命。多年来，中国工程院组织开展战略研究和咨询服务，为国家经济社会发展和工程科技进步做出了重要贡献，并为今后发展积累了宝贵经验，奠定了良好基础。

（2）我国经济社会发展已进入新的历史时期，以科学发展为主题、以加快转变经济发展方式为主线、实施创新驱动发展战略，需要深入系统的工程科技战略咨询提供支持，这为中国工程院进一步推进国家工程科技思想库建设提出了新的、更高的要求。

（3）国家工程科技思想库的建设目标是，建成在国家重大决策中有重要影响力的国家工程科技思想库。第一阶段从 2011 年到 2014 年，夯实基础，构建国家工程科技思想库的任务体系、组织体系、运行模式和资源体系；第二阶段从 2015 年到 2020 年，持续完善战略咨询运行机制，稳步提升咨询研究质量，建成高质量思想库。

（4）国家工程科技思想库要面向现代化、面向世界、面向未来，实施"战略咨询、服务决策、创新驱动、引领发展"的方针，以经济社会发展中的重大问题和工程科技领域中的关键问题为主要方向，开展战略研究，产生战略思想，提供咨询服务。具体包含战略咨询、科技服务、学术引领和人才培养四方面工作。其中，战略咨询是核心任务。

（5）建设好国家工程科技思想库，要紧紧围绕战略咨询，强化各项工作的综合协调、统筹兼顾，有效整合和利用各方面资源，加强战略咨询队伍建设，持续完善战略咨询制度建设，加快中国工程科技知识中心建设，不断拓展深化国际交流与合作。

（二）相关建议

1. 建立并完善国家工程科技战略咨询工作机制

在国家层面，建立由中国工程院会同相关组织机构共同组成的国家工程科技决策咨询机制，推动国家宏观科技决策科学化；在地方层面，各地政府可因地制宜，结合各地经济社会发展实际需求，利用高等院校、科研机构、工程科技学会等多种机构资源，组织建立公共科技咨询决策机制，通过开展前瞻性、宏观性、战略性研究，为政府工程科技决策提供咨询服务。

2. 将国家工程科技思想库战略咨询纳入国家重大科技决策程序

科技部在 2001 年 11 月颁布《关于加强院士咨询工作的若干意见》，原国家计委在 2002 年 3 月颁布《关于将院士咨询纳入国家重大工程科技问题决策程序的意见》，这两份文件均明确提出，要把院士咨询工作纳入国务院各部委的工作体系之中，有效解决院士在政府科技决策管理中发挥作用的问题。但是，工程科技思想库的战略咨询至今尚未纳入国家重大科技决策程序。为充分发挥国家工程科技思想库的作用，推进重大工程科技问题决策的科学化、民主化，建议将国家工程科技思想库战略咨询纳入国家重大科技决策程序。近期，首先针对国家中长期科技规划、重大产业政策制定、国家重大工程建设开展咨询论证；远期，通过立法形式规范决策咨询工作制度，为国家科技长远发展与重点突破提供强有力的决策支持。同时，建议国务院及相关部委专门研究，建立国家工程科技思想库战略咨询成果汇报机制。

3. 给予国家工程科技思想库更多的政策支持

要进一步强化国家工程科技思想库与各级政府部门、国内外思想库、高校及科研机构的协同创新机制，共同促进科学决策，支撑科学发展；加强与政府相关部门沟通协调，确保国家工程科技思想库在研究经费、人员编制、机构设置等方面得到相应政策支持；要加强与相关主管部门、高校及研究机构的协调，提升国家工程科技思想库战略研究的水平，提升中国工程院战略咨询的学术地位和社会影响，吸引更多研究人员参与，更好地支持国家宏观战略决策。

主要参考文献

［1］胡锦涛. 坚定不移地沿着中国特色社会主义道路前进 为全面建成小康社会而奋斗——在中国共产党第十八次全国代表大会上的报告［M］. 北京：人民出版社，2012

［2］胡锦涛. 在中国科学院第十四次院士大会和中国工程院第九次院士大会上的讲话（2008 年 6 月 23 日）［N］. 人民日报，2008 – 06 – 24

［3］胡锦涛. 在中国科学院第十五次院士大会、中国工程院第十次院士大会上的讲话（2010 年 6 月 7 日）［N］. 人民日报，2010 – 06 – 08

［4］胡锦涛. 在中国科学院第十六次院士大会、中国工程院第十一次院士大会上的讲话（2012 年 6 月 11 日）［N］. 人民日报，2012 – 06 – 12

［5］中国工程院. 中国工程院章程（2008 年修订稿）［Z］. 中国工程院年鉴（2008）. 北京：高等教育出版社，2009

［6］中国工程院．中国工程院 2010 - 2014 年度工作纲要［Z］．中国工程院年鉴（2010）．北京：高等教育出版社，2011

［7］"国家工程科技思想库建设研究"项目综合组．"国家工程科技思想库建设研究"院士座谈及问卷调查报告［R］．内部资料，2011

［8］"国家工程科技思想库建设研究"项目第一课题组．中国工程院咨询工作发展研究［R］．内部资料，2012

［9］"国家工程科技思想库建设研究"项目第二课题组．中国工程院科技合作发展研究［R］．内部资料，2012

［10］"国家工程科技思想库建设研究"项目第三课题组．中国工程院学术与出版发展研究［R］．内部资料，2012

［11］"国家工程科技思想库建设研究"项目第四课题组．中国工程院在国家工程科技人才培养中的作用研究［R］．内部资料，2012

［12］"国家工程科技思想库建设研究"项目第五课题组．国外著名工程科技思想库概况研究［R］．内部资料，2012

［13］"国家工程科技思想库建设研究"项目出访组．"国家工程科技思想库建设研究"项目出访报告［Z］．中国工程院年鉴（2011）．北京：高等教育出版社，2012

［14］中国工程院"水资源系列咨询研究"项目组．水资源系列咨询研究项目回顾与思考［C］．内部资料，2011

［15］李轶海．国际著名智库研究［M］．上海：上海社会科学出版社，2010

［16］布鲁斯·史密斯．科学顾问：政策过程中的科学家［M］．上海：上海交通大学出版社，2010

［17］李安方等．中国智库竞争力建设方略［M］．上海：上海社会科学出版社，2010

［18］朱旭峰．中国思想库：政策过程中的影响力研究［M］．北京：清华大学出版社，2009

第一分报告：中国工程院咨询工作发展研究

一、中国工程院咨询工作的回顾与总结

《中国工程院章程》规定，中国工程院是中国工程科学技术界的最高荣誉性、咨询性学术机构，主要职能之一是对国家重要工程科学技术问题组织开展战略性研究、提供决策咨询，接受政府和有关方面委托，对重大工程科学技术发展规划、计划、方案及其实施提供咨询。建院 18 年来，中国工程院咨询工作从无到有，从小到大，对国家的工程科学技术发展提供了大量有价值的咨询建议，为国家的经济建设、社会进步、人民生活水平提高做出了重要贡献，正逐步发挥着国家工程科技思想库的作用。

（一）咨询工作总体情况概述

1. 咨询立项数量稳步增加，咨询研究工作的重要性日益凸显

从 1994 年至 2012 年年底，中国工程院共立项开展咨询研究项目 498 项。从图 2 - 1 所示年度立项情况可以看出，各年度的咨询项目数量稳步增长。在所有咨询项目中，主动咨询项目约占立项总数的 90%。主动咨询项目一般是由院士提出申请，由咨询工作委员会批准立项。主动咨询项目所占比例大，反映了院士们具有高度的责任感和使命感，主动为国家工程科技发展建言献策。

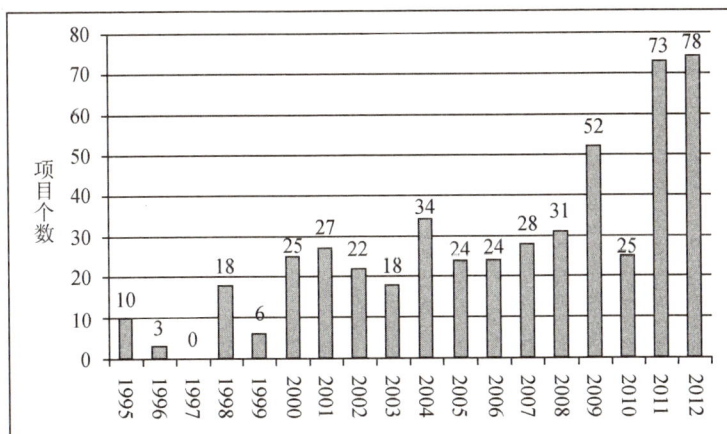

图 2 - 1　1995 ~ 2012 年中国工程院咨询研究项目立项情况

中国工程院主要围绕九个学部领域开展咨询研究，九个学部领域分别是机械与运载、信息与电子、化工冶金与材料、能源与矿业、土木水利与建筑、环

境与轻纺、农业、医药卫生和工程管理。在九个学部领域基础上，中国工程院还组织开展综合性咨询研究，一方面接受国务院或各部委委托对国家工程科技重大战略问题进行咨询与评估，如"十五"、"十一五"高技术产业发展规划研究，"十二五"自主创新及战略性新兴产业研究等；另一方面，中国工程院自身也主动开展综合性研究项目研究，如"中国工程科技中长期发展战略研究"、"战略性新兴产业培育与发展"等。综合类项目涉及大多数学部领域，这类研究通常是在中国工程院各学部院士共同努力下完成，充分体现了中国工程院汇聚工程科技多领域学科的优势。中国工程院还开展了教育类咨询研究项目研究，这些项目主要探讨我国工程教育、工程科技人才培养等问题，在教育项目中除人社部和教育部委托的2个项目外，其余均为主动咨询项目，可见中国工程院一直非常关注工程科技人才培养问题。此外，中国工程院开展了如院士队伍建设、院士增选、咨询工作研究等中国工程院内部建设咨询研究项目研究，表明中国工程院在研究国家宏观工程科技战略的同时，也注重对自身工作的研究和探索。

自1999年起，以"中国可持续发展水资源战略研究"项目为标志，中国工程院首次开展重大项目的咨询研究。重大项目充分体现了中国工程院跨学科优势，在很大程度上反映了中国工程院战略咨询研究水平，得到了国家有关部委和地方的充分认可和重视。近年来，重大项目的立项数量不断增加，经费额度不断提高。2001年至2006年共开展重大项目咨询研究14项；2007年至2010年开展重大项目咨询研究22项；2011年和2012年开展的重大项目咨询研究均为15项。

2. 咨询研究取得显著的效果，咨询项目影响力不断加大

中国工程院的咨询研究紧紧围绕着我国经济建设中的重大问题展开。一批具有战略性、前瞻性、宏观性、全局性和可操作性的咨询研究项目，从工程技术发展和国家可持续发展的角度提出了科学的、符合实际的意见和建议。在已完成项目中，研究成果1/3上报国务院，1/3报送国家相关部委及委托单位，得到国家领导及有关部门的充分肯定。如：国务院领导亲自听取了"水资源"系列战略研究、"中国可持续发展油气资源战略研究"、"新世纪如何提高和发展我国制造业"、"中长期科技发展规划专题之制造业发展科技问题研究"、"中国可持续发展矿产资源战略"、"中国农业可持续发展若干战略问题研究"、"中国环境宏观战略研究"等重大咨询项目的成果汇报；"黄土高原生态环境建设与农业可持续发展战略研究"、"绿色再制造工程及其在我国应用的前景"、"我国环境友好汽车燃料的发展方向"、"装备制造业自主创新战略研究"、"中国制造业可持续发展战略研究"、"中国能源中长期（2030、2050）发展战略研究"等咨询报告也受到国务院有关领导的高度重视，并建议送相关部委研究意见。

经中国工程院"浙江沿海及海岛综合开发"战略咨询研究项目论证，2011年3月国家正式批准设立舟山群岛新区。该新区是我国继上海浦东、天津滨海和重庆两江后又一个国家级新区，也是首个以海洋经济为主题的国家级新区。再如：2011年我国新设立的"航空发动机"重大专项，中国工程院的咨询在其中发挥了重要作用。

除主动咨询项目外，中国工程院还承担了国家部委委托的"中国材料领域高新技术发展和产业技术创新发展战略研究"、"国家中长期科学和技术发展规划纲要"、"十五"、"十一五"、"十二五"高技术产业及战略性新兴产业发展规划、"军用先进材料技术发展战略研究"、"我国工程师制度改革研究"、"三峡工程论证及可行性研究结论的阶段性评估"，地方政府委托的"应县木塔古建筑修缮研究"、"天津市新材料产业规划"、"北京市'十一五'信息化战略规划咨询"、"中国稀土产业发展战略研究"，以及企业委托的"中国船舶工业集团公司中长期发展规划"、"实施金属矿业资源全球战略保障国民经济的可持续发展"、"汽车能源发展战略"、"我国特高压输电研究与工程建设"等咨询项目，这些委托咨询项目的成果受到了原国家计委、国家发改委、国防科工委、人事部等国家部委，北京市、天津市、山西省等地方政府以及中国船舶工业集团、中国五矿集团公司、上海通用汽车公司、国家电网公司等委托单位的高度评价。

此外，中国工程院还针对南方冰雪灾害、汶川和玉树地震灾害以及日本福岛核事故等重大事件，组织开展战略咨询，及时向国家或有关部门提出了具有可操作性的政策建议，对国家相关政策起到了支撑和推动作用，得到党和政府、社会各界和人民群众的充分肯定和高度评价。

3. 近半数院士参加咨询，工程科技工作者广泛参与

根据现有资料统计，每年参与咨询工作的院士约占院士总人数的56%，其中，作为项目负责人的院士人数约为31%。从统计结果来看，有约一半的院士参加过咨询项目，约1/3的院士参与程度较高，曾多次作为项目或课题负责人。

中国工程院咨询研究工作得到了国内广大工程科技工作者的支持。由于中国工程院没有下属研究单位，而中国工程院院士平时都工作在各自单位，因此，中国工程院咨询工作通常由院士所在单位或院士指定研究单位来承担，如高校、研究院所、企业等。同时，咨询过程中还广泛吸纳了国家各有关部委、国有大型企业中具有丰富一线管理和实践经验的研究人员共同参与。

4. 财政拨款的咨询经费显著增加，咨询管理工作不断完善

由国家财政拨付的咨询研究经费逐年递增（见图2-2）。建院初期，咨询经费仅为几十万元至几百万元，2008~2010年基本稳定在4000万元左右，2011年增加到5800万元，2012年达到1.5亿元。

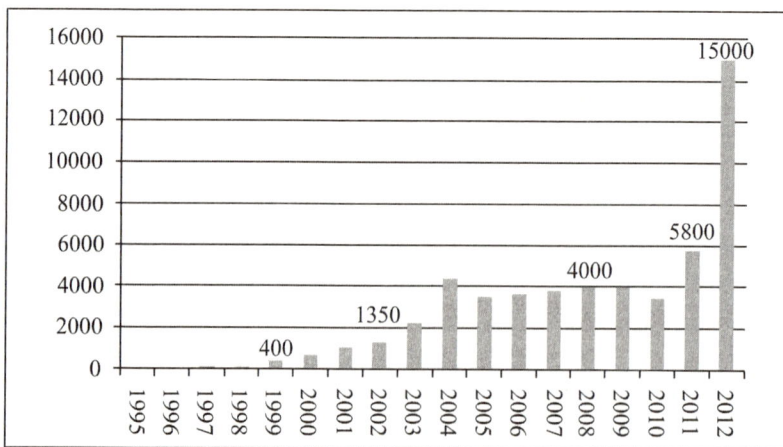

图2-2 1995~2012年咨询经费拨款情况（万元）

中国工程院咨询管理工作不断完善。1998年12月，中国工程院咨询工作委员会成立之后，起草制定《中国工程院咨询研究项目管理办法》（试行），此后又分别于 2000 年、2002 年、2004 年、2006 年、2010 年和 2011 年对《中国工程院咨询研究项目管理办法》进行 6 次修改，逐步完善了咨询工作的运行制度和管理程序。同时，为更好地对咨询项目经费进行管理，2005 年制定了《中国工程院咨询项目经费管理办法》，2010 年和 2011 年分别进行了 2 次修订，目前财政拨款的咨询经费政策更加有利于咨询项目的开展。

总体看来，中国工程院的战略咨询研究具有宏观性、战略性、前瞻性、全局性和综合性的特点，在国家战略决策过程中具有重要地位和作用，为国家的经济建设、社会发展、科技进步等事业提供了许多高水平的咨询意见和建议，成为国家进行决策的科学依据，从而发挥了国家工程科技思想库的重要作用，有力地推动了国家重大科技决策的科学化、民主化、制度化建设。

（二）咨询工作的主要成就和经验

在中国工程院已完成的数百项咨询研究项目中，水资源、制造业、油气资源、矿产资源、三峡阶段性评估、环境可持续发展等咨询课题是比较典型的案例，对国家制定相关政策起到了重要的参考和咨询作用。2011 年 4 月 1 日，温家宝总理在听取"浙江沿海综合开发战略研究"项目成果汇报时，对钱正英院士牵头组织的水资源系列咨询项目给予了全面的总结与肯定，认为此系列课题研究成果对国家编制相关发展规划、研究制定相关政策提供了重要的参考价值。他指出，院士、专家们从民族生存发展和综合国力竞争的战略高度审视中国的水问题和可持续发展问题，体现了忧国忧民的高度责任感和振兴中华的强烈愿望。参加研究的科学家们不顾年高，不辞劳苦，深入厂矿企业、田间地头、草原戈壁进行考察，广泛听取各方面意见，注重用事实说话、用数字说话，体现了科学严谨、求真务实的治学精神。每个研究课题都周密组织，分工合作，广泛利用各方面力量，开展跨地区、跨院所、跨学科研究，体现了很强的团结协作精神。

总结中国工程院成功的咨询研究实践案例，之所以能取得如此成绩，主要经验有以下几点。

1. 领导高度重视

国家领导人曾多次听取中国工程院重大咨询项目研究成果汇报并给予高度

肯定。如：在"中国可持续发展油气资源战略研究"项目立项前，温家宝总理亲自上门拜访侯祥麟先生，请他主持项目研究工作，由此可见国家领导人对中国工程院战略咨询研究的重视与支持。在中国工程院内部，院主席团和院党组始终把咨询研究工作放在重要位置，高度重视。一直以来，咨询工作都是中国工程院基本任务之一。重大研究项目均由院领导直接组织负责，学部级项目虽在研究规模、经费数额上有限，但各学部常委会也高度重视。领导的高度重视保证了项目的顺利实施。

2. 选好咨询研究题目

中国工程院咨询项目的选题具有较强的针对性、战略性和综合性特征。第一，项目具有实质性的客观需求，即有问题需要解决或者有歧见需要统一，或者有意向需要论证定位；第二，项目具有战略性、全局性，而不是具体的纯技术性层次的问题；第三，项目是综合性的、工程型项目，适合于中国工程院运用其工程科技多学科交叉优势来解决。此外，中国工程院重视针对重大问题进行持续跟踪研究，即重视选题的连续性。如：水资源系列从全国水资源的整体研究到西北水资源、东北水资源、新疆水资源以及江苏沿海、浙江沿海的地区研究，整体与局部兼顾，普适性与特殊性并存，互相支持、互为补充，有力地促进了咨询成果的转化和应用；制造业系列咨询课题中，2001 年组织开展的"新世纪如何提高和发展我国制造业"主要针对全社会关注的实现制造业由弱变大的发展问题，2005 年、2008 年又分别针对装备制造业自主创新问题和提升制造业产品质量途径的问题进行了研究，进一步为制造业的发展提出方向性建议，2008 年组织开展的"中国制造业可持续发展战略研究咨询"项目提出了中国制造业由大变强的思路和对策。

3. 发挥战略科学家的核心作用

中国工程院重大战略咨询项目不但紧扣国计民生重大问题，而且渗透着关系全局的战略思维。运用战略思维来进行咨询研究，对每个参加咨询研究工作的院士和专家都是一个很高的要求，特别对于重大咨询项目来说，更需要有经验丰富的战略科学家来发挥领军作用。钱正英、侯祥麟等院士正是发挥了这一重要的作用，他（她）们拥有强烈的爱国热忱，长久而宽广的政治阅历，深厚的专业实践基础和广博的知识面，他（她）们以年迈之身不辞辛劳亲自调查研究，又热心好学，作风民主，知人善任，善于发挥集体智慧，善于认知和汲取新生事物和新生理念，充分胜任战略科学家的角色，带领一大批院士专家出色地完成一个又一个战略咨询研究任务。

4. 组织好咨询研究队伍

能否组织好咨询研究专家队伍是事关咨询研究工作成败的一个重要因素。中国工程院咨询项目的组织队伍应起始于对咨询项目研究的课题分解。经过多年的实践，针对带有战略性的咨询研究项目，通常按照项目 – 课题 – 专题的咨询研究组织结构设置。组织结构确定后，需要配备相应的人员。项目组的正、副组长作为推进咨询研究工作的总指挥；项目组通常设顾问组，邀请层次很高但工作很忙或年龄高精力有限的院士专家，在战略层面发挥顾问作用；项目下设若干课题组，课题组长既要有学识、有威望，还要有较强的组织能力，以便课题组及以下专题组研究工作的开展。这样就形成了一个多学科合作、老中青多层次结合的咨询研究队伍。此外，咨询研究队伍还专门配备专门工作班子做具体的支撑工作。所有参加咨询研究工作的人员无论上下老少，除学术上的需求外，都要对研究工作有充分认识，有工作热情，肯付出精力，有协作精神，并能把参与咨询研究工作过程作为一个学习提高的过程。一支高层次素质优良的、多学科配合的、老中青结合的咨询研究工作队伍是咨询研究工作成功的保障。

5. 发扬学术民主，重视调查研究

经过多年实践摸索，大部分重大咨询研究项目在立项完成之后，往往要经过确定工作大纲，展开调查研究，专题及课题层次的研究成果讨论和交流，项目综合报告的起草和讨论，综合研究报告和课题研究报告的定稿，汇报总结和出版推广等阶段。水资源系列咨询研究工作的一条成功经验是，在调研工作阶段之初，首先要组织一次全项目组的综合考察工作，综合考察基本上采用大集体小自由的工作方式，使得综合考察工作取得较为广泛的成效。之后，各课题组可根据实际需要进行单独考察调研。多年实践证明，调研考察工作是弄清问题本质、明确解决问题的重要途径，为后续研究奠定坚实基础。研究过程中，

多次组织召开交流研讨会，提出问题、反复讨论，倡导学术民主，畅所欲言、各抒己见，从而发挥跨学科、多专业的优势，集中智慧，凝练出具有战略性、前瞻性的见解和思路。钱正英院士在对水资源系列战略研究的总结中提到，团队研究的活力在于民主风气，研究成果的水平决定于综合工作的水平，而综合工作是各课题成果经过互相渗透后的结晶，要充分发挥各专业积极性，根深才能叶茂。

（三）咨询工作存在的主要问题

中国工程院的咨询研究具有宏观性、战略性、前瞻性、全局性和综合性的特点，尤其是院士们的真知灼见对高层决策确实起了积极的推动作用，甚至是决定性作用。但是这些成绩的取得，并不完全是体制保证的结果，很大程度上是院士个人或研究团队努力的结果。经过深入调查研究，课题组认为目前中国工程院咨询工作存在以下主要问题。

1. 缺乏顶层设计，成果影响力有待进一步提升

建院以来，中国工程院的咨询项目大多是由院士个人根据社会需要、自发提出的研究选题，这些选题通常能够紧扣时代特征，针对国家现实存在的问题及时提出经过科学论证的意见和建议，具有较强的针对性和时效性。这种模式在咨询研究初期发挥了很大的作用，带动中国工程院的咨询工作迅速开展起来，并获得了党中央、国务院的重视。但从长远来看，随着咨询研究工作的不断扩展，思想库首先应明确咨询工作的定位、目标和原则。要明确咨询研究的服务对象是在以党中央、国务院为主的同时，还要考虑如何兼顾各部委、省（区、市）各级政府及企业的需求；要明确咨询工作的发展目标，如经过若干年的发展，咨询工作实现什么样的规模，咨询成果达到何种影响力；要形成适合中国工程院咨询工作的管理体制机制、建立强大的咨询队伍、建设完善的支撑服务系统等，以保证实现发展目标。

思想库能否得到认可并获得较高的声望，很大程度取决于咨询成果是否具有竞争力，即是否具有对国家重大战略决策的影响力。诚然，中国工程院相对于其他思想库（如高校、民间思想库）来说具有一定的先天优势，如中国工程院拥有国家工程科技的最优势资源——中国工程院院士以及咨询成果向国家领导层汇报的通道，但中国工程院现有咨询成果对国家重大工程科技及相关国家政策制定的影响力还不够强大。客观原因有，中国工程院的咨询工作还没有正式纳入国家重大科技决策程序，咨询任务来源尚不明确，比较规范的经费保障渠道和工作机制没有形成，咨询意见的作用渠道、形式不确定，咨询意见的影响力和效力还十分有限[①]；主观原因有，咨询成果时效性不强，一些咨询项目立项之初希望能够为国家相关规划提供借鉴和参考，但由于各种原因，项目未能及时完成并上报国务院及相关部委，导致在实际规划中无法体现中国工程院的研究成果；咨询成果可操作性不强，由于受委托单位都可邀请院士参与相关研究，因此在技术层面中国工程院由于自身优势，可能会略胜一筹，但其他单位的研究成果通常会综合工程科技、政治、经济、管理等各方面进行研究，使得提出的政策建议具有更大的可行性和可操作性。

2. 项目管理机制有待进一步完善

中国工程院现行咨询项目管理中，包括选题立项、运行机制、过程管理、成果评估、经费管理等，还有很多需要完善的地方。选题立项环节缺乏顶层设计，选题随机性较大，不能形成持续的、有影响力的成果。咨询研究选题应面向国家重大战略需求，要有宏观、整体、系统性的设计，在重点行业、重点领域、关键共性问题方面开展连续性研究，坚持长期跟踪调查、更新结论与报告。咨询研究不能只满足于现有资源能提供什么，更应知道国家的总体发展需要中国工程院提供什么，这样才能充分发挥国家工程科技思想库的作用。

目前中国工程院各个部门都不同程度地参与咨询工作，这种分散式的项目管理，使得部分咨询项目得不到有效跟踪，给项目管理增加了难度。从长远来看，为使咨询工作能够顺利、高效地开展，应逐步建立一个统一的咨询工作管理、执行机构，并扩充相应的研究人员和工作人员，对咨询项目进行全方位、全过程管理，包括立项顶层设计、研究过程有效监督、项目成果评审、项目成果推广以及项目的后续跟踪等工作，完善工作流程和管理制度，实现系统化、专业化的项目管理模式。此外，咨询工作还需要与中国工程院开展的学术工

---

① 中国工程院院士队伍建设研究项目组. 中国工程院院士队伍建设咨询项目研究报告［R］，2011年3月.

作、科技合作、国内外交流等工作紧密结合。

此外，中国工程院的很多咨询项目还存在不同程度的结题时间拖延现象。结题拖延的原因有多种，但分析其主要原因是缺乏有效的监督机制，对项目研究过程和进度无法控制。另外，研究成果评估体系的缺乏，使得咨询建议的实施效果无法确定，无法保证咨询建议的质量。为保证咨询项目的质量，应建立一套完整的评估机制，尤其对于一些综合性强、复杂程度高的课题，必须进行长期、广泛、深入的调查和持续的研究，根据研究的阶段性成果的评审论证，可以不断调整研究内容、方法，甚至对相关的边沿性课题进行追加研究等。

3. 工作体系和队伍不稳定

目前，中国工程院咨询报告大多由院士亲自组织完成，从选题、调研到论证、研究、研讨以及写作、修改等环节一般都由院士主持，整个过程缺乏足够的支撑机构和支撑队伍，咨询报告水平的高低往往取决于院士个人的时间和精力，并且受到院士个人知识结构、认识判断及兴趣的影响。

中国工程院一直没有固定的咨询研究队伍，项目的研究工作通常由院士所在单位的研究人员承担，项目结束时，该研究团队也随之解散。由于咨询项目的研究人员不是专职，自身还有很多本职工作，无专职也就无专责。咨询工作的开展有其专业性，咨询研究要形成有影响力的成果，必须充分了解政府（企业）及社会的需求，熟悉领导层的决策运作，懂得某类咨询任务需要组织哪些学科的专家共同研究，知晓各类思想产品作用于社会特别是作用于决策层的有效传播途径。因此，需要培养一批既有研究能力又有项目管理经验的专职、专业的研究人员，组建一支专业、强大的支撑团队。

在没有下属研究单位的情况下，中国工程院还应考虑如何在相关研究单位建立广泛的研究人员网络，固定一批具有较高战略咨询水平的研究人员，并不断探索发掘、培养战略咨询人才的途径。同时，中国工程院的咨询研究除工程科技问题外，还涉及经济、社会、政治、法律、军事等诸多领城，目前的研究人员中多是工程科学专业背景，社会科学背景的专家较少，但实际上涉及国家重大政策和决策的咨询项目，若缺少社会科学的支撑，研究成果则很难形成供决策层备选的完整方案，因此还应考虑社会科学家的参与。

此外，中国工程院主动咨询项目虽属国家拨款项目，但其地位与国内其他科研资助项目还有所不同，在很多高校和研究院所得不到应有的认可，导致参与项目的研究人员及其工作得不到相应的承认，参与人员积极性不高。今后还应考虑如何将中国工程院咨询项目纳入研究单位考核体系，从而调动研究人员积极性，保持研究队伍的稳定性和持续性。

4. 没有建立咨询基础数据库和咨询研究的理论方法

基础数据资料是咨询项目研究的基础，这些资料包括国民经济基础数据、行业发展基础数据、学术文献资料数据、国内外相关研究成果以及中国工程院已完成的咨询成果等。目前，在咨询项目研究过程中，项目组研究人员经常需要花费较多的时间和较大的精力去查找、获取基础数据资料。由于政府机构改革，过去由部门统计的数据有些现在已找不到出处；有出处的数据有时还需要花钱购买或托人查找，影响研究的效率和质量。一个项目查找过、使用过的基础数据，当再从事类似研究时，如果更换了研究团队，经常是再次重新、从头查起。中国工程院已完成的咨询成果存档不完整、使用不方便。因此，急需建立一套适合中国工程院开展咨询研究的基础数据库和咨询成果管理体系，以便更好地管理和应用现有成果，进一步开展深入研究。

战略咨询作为一门学科，有其自身的研究理论和分析方法。中国工程院所开展的工程科技领域战略咨询研究，既是战略咨询又不是常规的战略咨询，它需要借鉴战略咨询研究的分析理论，但它还具有明显的工程科技的专业特点。过去，战略咨询更多关注的是咨询效果，忽略了对基本理论方法的总结与探索。建立一套适合于工程科技领域战略咨询研究的方法与理论，将对今后开展的战略咨询研究发挥重要的作用。

5. 宣传力度不够，国际合作较少

中国工程院的现有咨询成果大多以研究报告的形式发布，报送国务院及相关部委或委托单位，部分成果以书籍方式出版发行。中国工程院除每年内部发行的《工程科技与发展战略》报告集和每月出版的《院士通讯》之外，没有向决策层和社会公众介绍中国工程院咨询成果的权威出版物。中国工程院虽然在国家层面有一定影响力，但在社会上知名度并不高，普通民众只知有中国工

程院院士，对中国工程院其他工作知之甚少。在已开展的咨询项目中，仅有水资源系列等少数项目形成了长期、连续的报告成果，其他项目大多数是一次性研究，且研究主题较为分散。要提高中国工程院的社会影响力，应建立长期、连续向社会发布中国工程院咨询研究成果的机制。在保证咨询成果质量的情况下，有必要加强成果宣传和推广工作，比如建立向党中央、国务院报送"内参"的机制，与相关部门联合举办高层论坛，或通过与新闻媒介合办专题访谈等途径，宣传中国工程院的优秀成果和政策思想，这不仅有利于扩大中国工程院的社会影响和知名度，还有利于吸收社会资源。

迄今为止，中国工程院参与的国际合作项目主要有两项，一是2000年中美汽车合作项目"私人轿车与中国"，二是2009年中美四院"利用可再生能源发电"项目。目前中国工程院很少通过国际合作开展咨询活动，咨询课题也很少涉及国际层次。但国外很多国家进行科学技术研究的思想库在开展咨询活动时都非常注重国际合作及面向国际问题的咨询，如英国皇家学会提出思想库要能够为国内外重大问题提供解决方案；法国科学院要求对在法国科研中涉及世界性科学研究的各方面问题必须做出及时准确的反应，或者主动针对国际、国内或区域公众要求进行研究。因此，中国工程院在战略咨询活动中也应该加强国际合作，主动寻求国际领域的咨询项目。

二、中国工程院咨询工作面临的新形势

技术独立是经济独立的基础，技术和经济独立是国家独立的保障。这是20世纪80年代美国兰德公司关于技术创新对于国家发展重要性的一个精辟概括。一个国家在政治上取得独立并不是完整意义上的独立，当今时代的风云变幻不断验证着这个判断的重要性。国家强大需要提升国家整体经济实力，而工程技术则是推动经济社会发展的直接动力。

（一）我国经济社会发展的新形势

当今世界正处在大发展大变革大调整时期。世界多极化、经济全球化深入发展，世界经济格局发生新变化，综合国力竞争和各种力量较量更趋激烈，世

界范围内生产力、生产方式、生活方式、经济社会发展格局正在发生深刻变革。技术创新成为经济社会发展的主要驱动力。

经过新中国建立后 60 多年特别是改革开放 30 多年来的不懈奋斗，中国的发展正进入新的历史阶段。当前和今后一个时期是全面建设小康社会的关键时期，以科学发展为主题，以加快转变经济发展方式为主线，实施创新驱动发展战略，是中央面对新时期新任务的一个重大战略决策，是破解中国可持续发展难题、实现又好又快发展的必然选择。

实施创新驱动发展战略，加快转变经济发展方式，最根本的是要靠科技的力量，最关键的是要大幅度提高自主创新能力。科学技术作为第一生产力，是经济社会发展中最活跃、最具革命性的因素，人类文明的每一次重大进步都与科学技术的革命性突破有关。加快转变经济发展方式，科学技术是根本的力量，加强工程科技自主创新是必由之路，因此我国工程科技的发展肩负着重大历史使命。

（二）我国经济社会发展对工程科技咨询的需求

关于我国经济社会发展对工程科技咨询的需求，课题组分别从国家、地方和企业行业三个层面进行了调研。

在对国家政府部门的调研中，国家发改委、科技部、工信部、环保部、交通部、水利部、农业部、原卫生部等国家部委都对中国工程院咨询工作提出了需求，希望中国工程院能够围绕国家工程科技发展的重大问题积极建言献策，提出咨询意见，特别是在关系国民经济发展、重点产业发展的重大规划、重大项目、重大问题的宏观战略研究以及突发性问题等方面，希望中国工程院充分发挥在工程科技领域的咨询研究优势，进一步加强与产业发展的紧密结合，密切跟踪并研究产业发展中的热点、难点问题，加强对国内外产业发展趋势、技术发展方向的分析、预测，理清产业发展重点，不断提出行之有效的措施和政策建议。各部委还希望加强与中国工程院的合作，建立定期与不定期的长效沟通协调机制，加强部院之间的信息报送，共同开展课题研究。近期比较紧迫的研究课题主要有：战略性新兴产业的发展路线、关键技术领域发展重点；创新能力建设；国家信息安全战略；应对气候变化；工业转型升级战略以及国家层面的环境、交通、水利、农业、卫生等领域的战略咨询研究。

地方省市同样非常重视发挥院士群体智慧，不仅充分发挥本省（区、市）院士作用，还积极吸引外省（区、市）院士参与，支撑科学决策。从山东、上海、重庆三地的调研情况看，地方省市充分肯定了中国工程院在当地经济发展、科技进步、人才培养等方面的重要作用。同时，希望借助中国工程院在工程科技领域中的权威地位，发挥中国工程院对院士的组织协调作用，在未来科技攻关方向选择、高技术产业化瓶颈技术解决等方面，进一步深化与中国工程院的合作，探讨有效的合作模式与合作机制。

在行业企业中，课题组选择了比较有代表性的中国航天科技集团公司、中兴通讯股份有限公司和中国造船工业学会进行调研。通过对企业行业的调研发现，随着政府机构的改革，诸如航天集团这样的大型企业集团，其战略决策如何与国家决策有效对接，目前关系尚未理顺。中国工程院应该对一些全局性的重大问题提出自己的看法，应该发挥重大行业决策和国家战略决策之间的重要纽带作用。此外，很多重点行业、企业都有自己的战略研究部门，中国工程院在构建自身咨询体系时，可以有针对性地将这些机构纳入自身体系中，实现优势互补，既可以弥补中国工程院咨询工作没有支撑实体的不足，又可以将重点行业的意见反馈到国家决策层。

总体来看，无论国家层面还是地方省市，亦或大型企业、行业，对中国工程院的战略咨询需求均非常强烈。今后，如何保持经济社会可持续发展、稳步跨越战略转型期，如何使地方省市科学发展，如何加快企业、行业的技术创新能力、提升核心竞争力等，这些迫切需要具有战略眼光的科学家们提出思路、指明方向。由此可见，中国工程院咨询工作大有潜力可挖。

（三）中国工程院开展咨询工作的能力分析

1. 咨询研究的特点及中国工程院开展咨询工作的优势

据相关机构调查[①]，国内有影响的咨询机构主要有：中国国际经济交流中

---

① http://news.xinhuanet.com/politics/2006-11/09/content_5307726.htm，除中国国际经济交流中心（2009年成立）之外的其他机构排名来源于2006年在北京召开的中国首届智库论坛.

心、中国社会科学院、国务院发展研究中心、中国科学院、中国军事科学院、中国国际问题研究所、现代国际关系研究院、中国太平洋经济合作全国委员会、中国科学技术协会、中国国际战略学会、上海国际问题研究所等。其中，主要从事科学技术研究的机构是中国科学院学部和中国科协。此外，科技部下属的中国科学技术发展战略研究院也主要从事国家科技发展战略研究。通过比较发现，社会科学院、国务院发展研究中心和国家发改委宏观经济研究院是政治和经济领域的综合型研究单位，由于工程科技与产业及经济相关，因此三家单位中都有与工程科技领域相关的咨询，但仅作为其工作的一部分。而中国科学院学部、中国科协和科技部中国科学技术发展战略研究院是主要从事与科学技术咨询相关的研究单位，但又各有特色，科学院学部主要从事科学技术领域的咨询研究；中国科协主要关注科技工作者的建言献策；科技部战略院更多的是为科技部服务。由此看来，中国工程院作为工程科技领域战略咨询研究单位具有特殊的优势和不可替代的作用。

工程不同于科学和技术，从研究目的和任务上说，科学是认识世界，揭示自然界的客观规律；技术是改造世界，实现对自然物和自然力的利用；而工程是将头脑中的观念形态的东西转化为现实，并以物的形式呈现给人们。通常来说，工程是系列技术的有机集成，因此工程科技是与国家经济社会发展紧密相关的领域，工程科技领域的战略咨询研究会对一个国家的经济发展产生重要的影响。

中国工程院院士队伍的学科基础和部门优势，对中国工程院开展咨询工作具有强大的支撑作用。由于工程技术的集成性，通常一位院士都有一个或若干个技术团队支持，因此由院士牵头开展的咨询研究工作可以动员广大工程科技工作者参加，从而可以发挥团队组织优势。目前，中国工程院院士队伍已具备一定规模，院士学科覆盖率较高，一级学科覆盖率为100%，二级学科覆盖率为76.8%，还增加了部分交叉学科和新兴学科的院士；院士分布广泛，按工作单位性质统计，企业和研究院所占55.0%，高等院校占37.5%，管理机关占7.5%[1]。由于中国工程院院士分布在各自工作单位，咨询研究中能够充分

---

[1] 中国工程院院士队伍建设研究项目组. 中国工程院院士队伍建设咨询项目研究报告［R］, 2011年3月.

发扬民主,研究成果客观独立,具有较高的信誉度。由于中国工程院自身没有庞大的咨询队伍,研究队伍更具开放性,可以与外部各个行业的优秀智库机构展开战略合作,实现优势互补,构建庞大的工程科技咨询网络。此外,中国工程院是国务院直属的事业单位,咨询研究成果受到党中央、国务院领导的重视,可以直接上报国家领导及相关部门。

2. 中国工程院开展咨询工作的主要制约因素

虽然近年来中国工程院开展了一系列涉及国家经济、社会、科技发展的规划和计划,重大工程建设项目等诸多方面的重大决策咨询研究,取得了重要研究成果,得到了党和政府、社会各界和人民群众的充分肯定和高度评价,但中国工程院仍面临着诸多制约咨询工作发展的因素。

首先,中国工程院咨询未纳入国家重大科技决策程序。咨询工作任务来源还不明确,比较规范的经费保障渠道和工作机制尚未形成,咨询意见的作用渠道、形式不确定,咨询意见的影响和效力还十分有限[①]。从国家层面来说,作为国家工程科技界的最高咨询性学术机构,中国工程院应在国家工程科技决策中扮演重要角色。美国和英国政府在最高决策层面都设有科技顾问(委员会)。美国白宫除设置具有较强行政和管理职能的科技政策办公室之外,还设置了总统科技顾问委员会和国家科技委员会,这两个组织主要发挥咨询、协调作用;英国政府最高决策层设有科学技术委员会和首席科学顾问(科学技术委员会的副主任和科学技术办公室的主任),就支持科技和提高科技对全国可持续发展贡献率等方面向首相提供战略政策和框架的咨询。

其次,中国工程院缺乏咨询专业人才队伍。中国工程院既无下属的研究实体,也无专职研究人员,开展咨询研究通常由院士来组织队伍,项目研究一经完成,研究团队也即解散,加之目前中国工程院咨询项目并没有纳入研究人员工作评价体系,影响参与中国工程院咨询项目的研究人员的积极性。同时,随着中国工程院咨询业务量的不断增多,项目管理上人员配置仍显薄弱,特别是在项目立项前的审查、项目实施过程中的监管、项目结束前的评议组织、项目

---

① 中国工程院院士队伍建设研究项目组. 中国工程院院士队伍建设咨询项目研究报告 [R], 2011年3月。

结束后的跟踪评估和经费管理等方面，尚未做到科学化、规范化、程序化，尚未形成完整体系。

此外，持续、稳定的资金支持是咨询工作开展必不可少的条件。随着中国工程院咨询规模的不断扩大，咨询经费也需随之扩充，能否获得必要的财政支持将影响到思想库的发展壮大。而且，在获得财政支持的同时还应考虑多渠道经费来源，比如地方和企业的横向课题经费，既可增加经费数量，又可通过扩大咨询业务提高中国工程院在社会上的认可度，同时多渠道经费来源使得研究不容易受利益集团或团体的影响，研究报告更有说服力和信赖度。

总体而言，目前中国工程院的咨询工作缺乏完善的管理机制。从立项的顶层设计到项目过程管理、中期检查以及项目成果的评价与后续跟踪都尚未形成专业、高效的管理机制，财务制度一直在摸索、尝试。虽然把咨询工作作为中国工程院最重要的任务之一，但一直没有一个长期的、宏观的战略规划，使得管理体系、评价机制不断处于变化之中，不利于咨询工作的发展。

3. 未来的发展潜力

从我国长远发展来看，无论是国家和地方，还是行业和企业，对中国工程院的咨询工作都有较大的期望和需求，中国工程院自身也拥有其他咨询机构不可比拟的优势。因此，中国工程院应以国家发展为己任，以科学咨询支撑科学决策，在现有咨询工作的基础上，突破制约因素，做好宏观规划，为国家的未来发展贡献力量。

三、中国工程院咨询工作发展的总体框架

（一）战略定位

在中国工程院建设国家工程科技思想库并发挥其作用的过程中，咨询工作的战略定位是：以科学发展为主题，以支撑经济发展方式转变为主线，以科技进步和创新作为加快转变经济发展方式的重要支撑，面向国家经济社会发展中的重大战略需求，把握世界工程科技发展态势，掌握工程科技创新规律，以我国重大工程科技发展战略、重大工程及政策为咨询研究的主要方向，以院士为核心、以专家为骨干、以业务网络为支撑，进行调查、分析、研究和判断，为

党中央、国务院关于国家科技发展提出建议、为国家相关重大决策提供支撑，同时为地方和产业的发展提供咨询服务，以科学咨询支撑科学决策、以科学决策引领科学发展，在实践中不断提升中国工程院在国家重大决策及经济社会发展中的咨询服务作用和地位，致力于将中国工程院建设成为具有重要影响力的工程科技咨询研究机构。图2-3为中国工程院开展咨询业务的技术路线示意图。

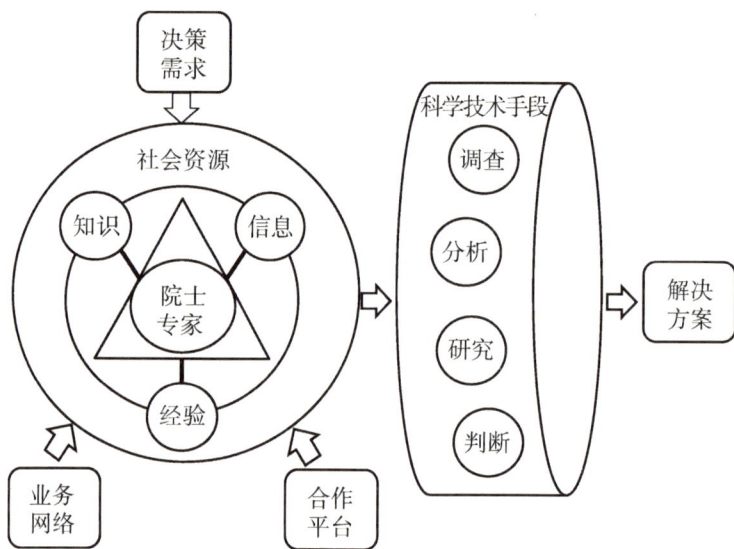

图2-3　中国工程院开展咨询业务的技术路线示意图

（二）总体思路

总体思路：立足全局、服务决策；推动科技、协同发展；系统设计、强化管理；健全机制、提升能力；开放合作、集贤汇智；开拓创新、支撑发展。

立足全局、服务决策：立足于国家战略层面，利用中国工程院在工程科技领域的专业、人才等优势，坚持"突出特点，有所作为"的思想，以服务国家科学决策为重要使命，面向经济社会发展和工程科技重大问题，开展战略性、前瞻性、综合性研究，及时为国家高层领导提供咨询建议。

推动科技、协同发展：推动科技发展，加强科技与经济的融合，促进知识扩散、技术转移和科技成果转化应用，面向社会、面向产业、面向企业，服务国民经济主战场，为推动我国科技进步与经济社会的协调发展出谋划策。

系统设计、强化管理：在组织架构及管理职能上做好顶层设计，充分保障咨询研究的科学性、可行性和独立性。及时跟踪重大咨询需求，持续、滚动做好咨询业务系统谋划，改变由院士申报咨询研究项目为主的传统模式，形成以国家、地方、产业需求与院士申报相结合的模式，通过凝练选题发布研究指南，并组织院士及相关专家承担实施。

健全机制、提升能力：建立健全促进咨询工作发展的合作、激励、考核、评估等机制，面向咨询工作的持续发展需求，建立更加完善的咨询业务体系和管理机制，提高管理效率，充分发挥业务体系能力，形成持续长效机制，促进中国工程院咨询工作水平的有效提升。

开放合作、集贤汇智：对内凝聚中国工程院各学部、各专业领域院士的集体智慧；对外注重和相关单位的交流合作，发挥外部专家的专业优势和特长；营造协同共享、合作创新的氛围；坚持以人为本、智力资源是最宝贵财富的理念，建立"强核心、大协作、开放式"的专家网络，形成知识和智慧融合再生的良好环境。

开拓创新、支撑发展：以科学发展观为指导，解放思想、开拓创新，坚持咨询研究独立性行为，对重大问题的咨询研究在注重原始创新的同时，吸纳社会和国际上的先进思想，实现集成创新；加强战略思维和系统思维，促进理论、技术、方法和应用创新，推动中国工程院咨询工作全面、协调、可持续发展，为国家经济社会发展贡献力量。

（三）战略目标

中国工程院咨询工作发展的战略总目标是：通过 10 年的发展，在强化作为国家工程科技思想库地位的基础上，不断提升决策支撑能力、不断提高咨询服务水平、不断扩大社会影响力，使中国工程院在重大工程科技领域的战略性、前瞻性、综合性议题中，为国家工程科技发展提供战略咨询，成为具有较强影响力的工程科技咨询机构。

总目标可分为两个阶段实现：

第一阶段：夯实基础、健全网络、形成体系（2011～2014 年）。

建立咨询工作的各项管理制度，开展支撑咨询业务的信息化平台等保障条件建设，夯实咨询工作发展的基础；瞄准国家工程科技发展的核心目标，保持与国家决策层的沟通；拓展与国家部委、省市等政府部门的交流渠道；持续关注涉及国计民生的重大工程科技议题，注重解决产业、企业面临的现实问题；在工程科技主要和重要领域，与相关咨询机构建立合作伙伴关系，培养长期稳定的咨询业务网络；通过联合共建的方式，培育工程科技战略咨询研究平台和工程科技人才培养基地；建立以院士、战略科学家、领域专家等为主体的咨询队伍，并建设一支专业化的咨询支撑服务队伍；通过深入的调研、科学的方法，提供准确的研判，并及时发布研究成果，形成持续发展的业务体系。

第二阶段：完善机制、提升能力、持续发展（2014～2020 年）。

进一步完善咨询工作管理的体制机制；持续提升业务发展能力和咨询研究水平；跟踪工程科技发展的国际前沿，与国际知名工程科技咨询机构开展战略合作；形成一支具有世界水平的、相对稳定和持续发展的咨询队伍，致力于为人类社会发展进步描绘工程科技发展战略宏图；在工程技术与科学理论互动、工程科技与人类伦理关联、工程科技与社会经济发展等热点方向上，取得权威的咨询成果，从而在工程科技领域树立国际影响力。

（四）战略重点

第一阶段"夯实基础、健全网络、形成体系"，就是要为咨询业务的开展奠定良好的基础，培育咨询业务发展能力。其战略重点包括：积极争取中国工程院咨询工作纳入国家重大工程科技决策程序；建立和拓展中国工程院与国家部委、省市政府部门、学术机构、产业部门、重点企业的合作网络，联合共建咨询研究的合作平台；加强与传媒机构的联系互动，促进咨询成果宣传、推广、转化，增强中国工程院咨询工作的影响力；促使中国工程院咨询项目完成情况纳入研究人员评价体系；基于信息技术及现代化咨询业务管理理念，建设中国工程院咨询专家库及知识管理系统；充分依托院士群体，选拔、培养一批具有战略思维的咨询专家，形成相对稳定的咨询业务团队；建立健全创新、激励、考核等机制，以制度保障咨询工作的有序高效开展。

第二阶段"完善机制、提升能力、支撑发展"，就是要通过发挥体制机制的作用，进一步完善咨询业务网络，提高合作平台能力，持续发展和加强咨询工作理论、方法和技术手段，提高咨询工作质量和水平，充分发挥影响，扩大声望。其战略重点包括：持续为国家最高决策层提供高水平咨询建议；与国际知名工程科技咨询机构（如美国工程院、英国皇家工程院、瑞典皇家工程科学院等）建立紧密联系，并通过开展高峰论坛等活动加强互动，提高媒体报道频率，扩大影响；建立全球性的工程科技战略视野，及时对工程科技重大事件（如日本福岛核电站事件等）进行权威评述，通过在重大事件中及时准确地发布咨询意见，取得社会的广泛认同，扩大影响力；针对当前国际社会的热点问题，提出工程科技发展的未来设想及建议，对工程科技发展的未来前景进行判断，为工程科技促进人类社会的和谐进步提供咨询建议。

四、中国工程院咨询工作的管理机制

（一）知名咨询机构的基本要素

知名咨询机构主要是指那些拥有大批高层次学者，从事政治、社会、经济、军事、科技等领域重大问题研究，成绩卓著、声誉斐然的政府或非政府组织。这些组织一般具有较长的历史，对所在国家的政府决策和重大国际战略问题具有重要的发言权，表现出一些共有的特征。

1. 独立的思想和观点

独立的思想和观点是咨询机构的第一要素。一个咨询机构如果没有独立的思想和观点，或者其提出的思想和理论没有在社会中产生广泛影响，即使规模最大、经费最多、名流最集中，也不可能成为一流的咨询机构。

2. 深刻的问题意识

咨询机构提出的观点、思想和主张要引起社会的关注，对知识界和政府部门产生影响，重要的前提就是要善于发现现实中存在的影响社会发展的真实问题，并且对这些实际问题做出令人信服的深刻分析，找到产生这些问题的深层原因。只有找准问题，分析问题的根源，发现问题的实质，才能提出适当的理论和对策。因此，问题意识是咨询机构的必要条件。

3. 强烈的社会责任感

思想库是对公共政策和社会公共生活产生影响的专业研究机构。因此，尽管任何咨询机构都难免受到某种利益和价值的影响，但一个合格的咨询机构必须对社会发展担负起公共责任，从事咨询业务的人员应当对咨询工作具有强烈的责任意识。

4. 先进的文化氛围

世界知名咨询机构几乎都具有自身独特的文化，很多知名机构都是以文化为纽带，以文化认同为手段迈向卓越之道。如："高质量、独立性和影响力"既是布鲁金斯学会的座右铭，也是其文化的重要属性。知名咨询机构要形成自己独立的先进的文化氛围，并在组织发展中不断地传承与创新。

5. 优秀的人才队伍

人才是思想库的核心资产。一个成功的咨询机构最重要的资源是人才。咨询人才的作用大小不在人数而在质量。它必须有两类人才，一是领导人才，二是研究人才。前者能够敏锐地把握咨询研究的战略方向，后者能够潜心研究形成高质量的咨询研究成果。

6. 强大的网络关系

咨询机构不仅要提出自己的思想和观点，而且要努力用这些思想和观点去影响社会。这就需要借助网络和媒介。成功的咨询机构通常要拥有多元而通畅的合作网络，这个网络应当包括政府决策机构、学术研究部门、大众传播媒体（包括互联网）和民间组织。咨询机构的社会影响力在很大程度上取决于其网络是否足够强大和通畅。

7. 丰富的知识系统

知名的咨询机构都十分重视知识系统的建设、维护与使用，一流的知识系统是集成、整合、分享和应用专家智慧和各类知识的有效工具，对于提升咨询机构业务水平具有重要的支撑作用。

8. 系统的理论和方法

科学理论的指导和有效的研究方法的采用，是咨询研究取得创新成果的重要保障。世界一流咨询机构不仅在咨询研究中取得了显著成就，更重视理论和方法的创新，引领咨询研究理论和方法的发展变革。如著名的德尔菲法就是兰德公司创造的。当前，面对复杂问题的研究，传统的研究手段和方法显然不能有效处理复杂系统和复杂巨系统的演化问题，有必要以系统论思想为指导，借助于数据仿真等计算机技术，并结合专家体系、信息与知识体系，开展从定性到定量的综合集成研究。

9. 鲜明的组织特色

纵观国内外的咨询机构成长案例可以发现，所有成功的咨询机构几乎都有各自的明显特色。这些特色包括关注的领域、价值的倾向、合作的伙伴和依靠的对象等。

（二）国内外知名咨询机构管理机制的特点

综合考察国外知名智库咨询工作的管理机制，归结起来有以下特点。

1. 围绕项目配置科研资源

咨询工作的人力资源和研究经费都围绕课题来配置。美国智库大都在开展课题研究时，由课题负责人抽调来自不同专业领域的研究人员成立课题组，项目完成后课题组立即解散。研究人员是否续聘、加薪，取决于是否能够争取到项目，争取不到项目或不能被吸收参与项目，就面临解职的危险。

2. 强调研究队伍结构的合理搭配

由于很多咨询项目涉及跨学科研究，因此咨询项目的人员配备要求具有专业的交叉性。同时，注重专职研究人员与兼职专家相结合开展咨询研究，大量聘请兼职专家参与咨询项目。为了保证研究工作的高效率，欧美咨询机构也很重视研究人员与辅助人员的合理配置。兰德公司的经验是"两个研究员的工作效率不如一个研究员加半个秘书的效率高"。

3. 重视人员的培训和交流

欧美智库通常采取以下几种做法：一是派遣优秀研究人员到政府机构任职，使研究人员从政策研究者转换为决策参与者。二是选派优秀研究人员到国内外大学、研究机构，或是到自己设立的研究院在职进修。三是与国外智库开展人员交流，增加彼此的了解，减少误解和偏见。四是让研究人员与政策决策层保持定期接触，以便研究人员了解政策目标和决策的具体过程。五是重视内部交流，智库定期组织研究人员就某一专题展开研讨。

4. 重视成果的推广与运用

智库影响力大小在一定程度上取决于其产品宣传和成果推广的效果。欧美智库将影响力视为自己的生命线，决不会将研究成果束之高阁，而是努力通过各种途径推广和运用，包括：承担政府委托的课题，直接向委托人提出自己的对策建议；发表专题研究报告和著作；举办高层次的论坛和演讲活动；定期出版刊物，借助媒体宣传政策主张；出席国会听证会；开设自己的官方网站，宣传新思想、新观点，营造氛围，进而对公共政策施加独特的影响。

（三）咨询工作管理的顶层设计

作为荣誉性学术机构，中国工程院不同于中国科学院或中国社会科学院等机构，它是由来自不同工作单位的院士共同组成的组织，不设置和不管辖各类研究、设计、开发、生产等实体；作为咨询性学术机构，中国工程院主要承担组织院士及相关领域专家开展战略咨询研究的重要任务。中国工程院开展工程科技咨询业务的关键实力和优势来源于其拥有的 700 多位院士，正是这些各领域内的顶级专家为工程科技咨询业务的开展提供了核心智力资源。

因此，中国工程院咨询工作的开展要充分依托院士群体资源，加强与院士所在单位的紧密联系，要拓展与国家部委、省市政府、产业、企业、高等院校、研究机构的广泛合作渠道，形成由中国工程院与相关产业或高校以战略联盟的形式组建的研究机构、院士和专家直接面向中国工程院承担咨询课题的动态研究项目组等构成的多种咨询研究组织形式，使中国工程院咨询业务开展既有相对稳定的依托单位，又具备动态变化、灵活敏捷的发展能力。

中国工程院咨询工作的组织机构由决策机构、工作机构和支撑机构组成。院常务会议和咨询工作委员会是工程院咨询工作的日常决策机构；九个学部以及咨询委员会下设的咨询工作办公室，是咨询工作开展的具体工作机构；咨询服务中心、战略研究联盟机构和各地院士工作服务中心三类机构组成咨询工作的支撑体系。

院常务会议是在院士大会和主席团会议闭幕期间，研究、贯彻和执行院士大会及主席团会议的决议和决定的决策机构，负责对咨询工作的开展情况进行验查，研究解决存在的问题，推动咨询工作有序运行。

咨询工作委员会是咨询工作的总体牵头和实施机构，是中国工程院战略咨询的总体部，负责组织研究咨询工作有关问题、调查处理相关事项、承担主席团交办的任务。包括承担咨询工作的规划、组织和实施，向政府部门、产业机构、重点企业、合作研究单位以及咨询专家征集咨询题目，组织各行业内具有战略视野的院士和专家对各种来源的备选题目进行讨论和筛选，拟定咨询项目研究指南，根据重大咨询的需求分解研究任务，拟定各项目的技术指标、验收标准等各种具体要求。

咨询工作办公室承担咨询工作委员会日常工作，负责对咨询项目的合同签订、经费使用、检查评估、项目奖励、成果推广、应用跟踪等方面进行全过程的管理，制定开展咨询项目的各项管理制度，尤其是咨询项目经费下拨及使用管理办法，要保障经费的使用按照中国工程院管理办法执行，而不是按照经费代管单位的管理办法执行。

中国工程院各学部承担的与咨询任务相关的职责主要包括：根据中国工程院的职能和任务，结合本学部特点，组织院士开展咨询、评议工作，提出报告和建议；根据国内外发展趋势，组织对重要工程科技问题进行研讨，提出发展动态和研究报告；接受委托，组织对相关工程科技问题进行调研、评议和咨询；开展学术活动，举行学术会议。

咨询工作的支撑服务体系包括：一是咨询服务中心，承担战略咨询项目的服务保障、研究支撑、经费专管等职能；二是院士工作团队和战略研究联盟，承担战略研究和咨询服务职能，战略研究联盟主要由中国工程院与各领域有着雄厚资源和战略研究背景的部门签署合作协议组成；三是分布在全国各地的院士工作服务中心，承担联络、服务当地院士开展战略咨询的职能。

（四）咨询工作的组织管理

1. 明确咨询工作相关部门及人员的权责

战略咨询作为中国工程院的一项重要职能，必须形成相对独立的组织体系，并明确划分各部门的相关权责，才能保障中国工程院咨询业务的持续、高效开展。根据咨询业务组织体系架构的总体设计，要明确院常务会议、咨询工作委员会及咨询工作办公室、学部常委会及学部办公室等部门的权责。

明晰的责权划分是咨询研究人员积极开展项目研究的必要前提。咨询研究人员承担认真研究学术理论、实际调查、发表公正意见、如期交付咨询方案、按相关规定接受中国工程院管理等各项义务。同时，咨询研究人员在开展咨询研究过程中也具有相应的权利，主要包括：按照中国工程院经费管理规定分配使用研究经费的权利、参考借阅中国工程院文献资料的权利、在期刊媒体发布学术成果的权利等。

2. 完善咨询工作机制，保障咨询研究的独立性

咨询专家以独立的立场表达的观点才有咨询的价值，因此必须通过制度排除可能的利害关系，杜绝干扰专家论证过程和结果的不良现象。要完善咨询业务决策的程序，保障研究者、成果使用者等人员的有效参与，建立健全咨询监督机制，保障咨询研究在选题、研究、结题、验收等各环节具有规范性。

3. 加强咨询工作人才队伍建设

培养和发展一支多学科交叉、老中青结合、专兼职结合、具有综合集成优势的咨询专家骨干队伍，是中国工程院咨询工作持续发展的重要基础。中国工程院咨询研究队伍要以院士为核心，以多层次、多领域的咨询专家为骨干，以专业化咨询服务人员为支撑。要完善和健全专家遴选机制，建立咨询专家库；建立若干开放且相对稳定的战略咨询团队；形成一支灵活的兼职专家队伍；吸引一大批中青年研究人员参与战略咨询。

4. 构建咨询专家库和知识管理系统

构建咨询工作专家库，对于准确选择和组建符合项目要求的专家组，进而保证工程科技咨询的有效性和正确性具有重要的意义；此外，咨询工作的高效开展还有赖于知识管理系统功能的充分发挥，借助于知识管理系统，不仅能够充分实现信息、知识的共享，提高咨询效率，还能够使咨询专家的工作充分协同，集成智慧，有利于成果创新。

（五）咨询工作的过程管理

1. 完善咨询项目启动制度

完善咨询项目启动工作管理，规范咨询项目任务书编制，明确项目研究计划，并报咨询工作办公室备案，签订咨询项目合同，为战略咨询过程管理和项目结题评审提供依据。进一步完善咨询研究项目启动会制度。战略咨询项目要设置项目办公室，负责协调咨询项目研究过程中的组织保障工作，并及时向咨询工作办公室报告咨询研究进展及相关研究成果。

2. 加强咨询项目进度管理

建立咨询项目进展报告制度，咨询项目办公室或项目联系人要定期采用项目简报、成果要报等形式，向咨询工作委员会提交项目进展报告；咨询工作办公室根据项目论证报告设定的研究目标、成果、经费使用状况等，定期对项目执行情况进行审查。

3. 完善咨询项目成果验收

建立咨询项目成果评估验收制度，组织相关院士和战略咨询专家成立项目成果评价组，针对申请结题项目组织项目验收会，就项目研究成果进行全面考核评价；重大咨询研究项目的研究成果要向院常务会议汇报，重点咨询研究项目和学部级咨询研究项目要向学部常委会汇报；咨询工作委员会每年定期分批听取和审议重大战略咨询成果汇报，并反馈相应意见和建议；逐步探索建立咨询研究成果第三方评议制度。

4. 建立项目持续跟踪机制

建立战略咨询研究效益后评估机制，就研究项目成果在特定周期内进行多方位综合评审，主要听取咨询委托对象或者政府相关部门的反馈意见，并针对新出现的问题进行及时分析，不断收集需要解决的问题，提炼和修正咨询建议，推动咨询研究持续、滚动开展。

5. 健全项目成果归档管理

加快建立和完善战略咨询成果数据库，定期将已结题咨询项目成果补充到数据库，实现项目报告的分类管理和有效利用，为后续咨询项目开展提供有益借鉴。做好涉密咨询项目的归档保管工作，加强咨询成果知识产权管理。

（六）咨询工作的成果管理

中国工程院咨询报告必须通过加强管理运作，才能为其创作者、所有者和使用者带来效用和效益。咨询业务成果管理主要是指通过采取有效的管理措施，使中国工程院咨询报告在向决策层传送、申报科技奖励、知识产权运营、成果转化应用等活动中实现其内在的价值。

1. 面向国家决策层，进一步建设咨询成果的报送渠道

高质量的咨询成果是国家工程科技思想库水平的直接体现，中国工程院咨询业务开展的根本目的是为国家高层科技决策提供支撑。因此，必须加强咨询成果的报送管理。加强向党中央、国务院、全国人大和全国政协的工作请示汇报，多渠道报送中国工程院咨询成果；加强咨询成果报送管理，利用"重大咨询成果专题报告"、"科技咨询简报"、"院士建议"等多种形式，将咨询成果及时向国务院及相关部门报送；积极争取咨询成果直接向国务院及相关部委领导汇报，力争每年有若干项重大咨询项目成果直接向国务院领导汇报，若干项重点咨询项目成果向相关部委汇报。

2. 建立健全知识产权管理体系

加强咨询成果知识产权管理部门建设，建立健全各项规章制度，集中管好咨询业务过程中产生的知识产权，按照主动咨询和委托咨询的任务性质对咨询成果进行分类管理，既不耽误主动咨询业务形成的咨询成果的转化应用，也不侵犯委托咨询成果所属的知识产权单位和个人的利益，形成集产权申报、评估、处理产权纠纷的法律诉讼职能于一体的完整的、权威的知识产权管理体系。

3. 建立咨询研究成果发布机制

充分利用中国工程院网站及《院士通讯》杂志，开辟专栏，及时发布战略咨询项目进展及相关研究成果；定期发布《中国工程科技发展年度报告》，以系列丛书等形式公开出版非涉密的咨询报告和院士建议；借助国际工程科技发展战略高端论坛、中国工程科技论坛及学部论坛活动形式，宣传推广战略咨询研究成果；借助新闻传媒宣传咨询成果，重大咨询项目要在主流媒体上发布成果评论；鼓励重大咨询项目采取学术报告、成果发布会等形式向社会各界进行成果宣传推介，塑造中国工程院战略咨询系列品牌。

4. 加强咨询成果奖励制度建设，将咨询成果管理与咨询人才管理有机结合

中国工程院咨询业务的开展不仅需要具有战略眼光的院士牵头，更需要一大批具有咨询热情与专业能力的咨询专家。咨询人才队伍的建设、青年咨询专家的培养是中国工程院咨询业务可持续发展的关键。要积极探索建立中国工程院咨询成果奖励制度建设，一方面激发咨询专家人才的工作热情；另一方面也进一步提高中国工程院咨询成果的品牌和声誉，吸引更多的专家人才参与到中国工程院咨询工作之中。

五、中国工程院咨询工作的组织形式与队伍建设

（一）咨询项目的组织运作形式

中国工程院的咨询工作以项目形式组织开展。根据选题的来源划分，针对不同的咨询项目，开展咨询工作的方式各有不同。

1. 中央领导和国务院交办的咨询工作

中央领导和国务院交办的咨询工作往往涉及国家工程科技重大战略性问题、突发性问题和群众异常关心的问题。中国工程院可以发挥多学科高水平院士专家的协同作用，发挥举国体制的优越性，通过集中力量、重点保障、打歼灭战的方式，高水平高质量地完成。

2. 长期持续性咨询工作

长期咨询工作的课题主要是在中国工程院咨询工作委员会的直接参与下，定期或者不定期（应对突发事件）邀请一批专家、院士经过研究、探讨所提出来的。具有长期性和基础性的特点。研究成果主要以年鉴、白皮书、蓝皮书等形式发表。这类咨询工作对中国工程院思想库品牌的长期影响力有重要作用。

中国工程院对承担长期咨询工作的行业咨询机构提供技术和资金方面的支持。对于长期咨询工作，中国工程院应该根据项目的不同归类，与合适的行业咨询机构签署长期合作协议，委托其长期承担某一个长期项目的研究工作。必要时可采用挂牌的形式，成立中国工程院的行业研究中心。而对于研究成果，中国工程院可以在质量优良的前提下，允许发布双方联合署名的《中国工程院行业研究中心技术白皮书》。中国工程院根据长期研究项目的具体情况和多年合作的情况，对承担项目的行业咨询机构提供不同额度的资金支持。承担开展

长期咨询工作的团队在项目上仍是受行业行政机构和行业院士的双线指导。其中院士在团队中起核心领导作用。

中国工程院对长期项目的监督和验收工作仍然是通过邀请一些没有直接参与研究工作，且与研究工作内容无重大利益冲突的相关专业的专家学者、院士组成考核团队来执行。

长期咨询工作的研究成果将录入中国工程院的案例库，工作中表现出色的研究人员将被纳入专家数据库。研究成果除以一般的渠道（白皮书，年鉴）发表之外，中国工程院还应该定期对所有的长期咨询项目的成果做整理，将有重大意义的成果结集向上级部门汇报，同时向社会大众宣传。

3. 国家和部委的委托咨询项目

中国工程院先将经过选题部门筛选的国家和部委委托咨询的项目进行分类。如果项目直接和某个行业有关，比如航天、航空、水利、土木建设等，则可以直接委托行业咨询机构承担，行业的院士指导委员会对项目组进行技术指导（通过任命一名或几名院士作为项目的主要负责人的方式）。如果委托项目是综合性的项目，涉及多个行业和部门，则由中国工程院咨询管理机构总体负责，将任务细分，各个有关的行业和学部分头承担。

中国工程院对项目提供资金支持，（对每一个模块的）监督、验收工作与长期研究项目方式一样。

对于非综合性的项目，中国工程院将通过验收的项目成果以中国工程院的名义直接提交给国家有关部门。对于综合性的项目，中国工程院将各个行业通过评审的成果汇总综合，在各个专业口达成共识的情况下提交给国家有关部门。

有关研究成果将收录进中国工程院的战略咨询案例库，工作中表现出色的研究人员将被收录进专家库。中国工程院还应该定期对咨询项目的成果进行整理，将具有重大意义的成果向上级部门汇报，同时在保守秘密的原则基础上向社会大众宣传。

4. 中国工程院发布的咨询研究计划

每年定期向有合作关系的咨询机构和学部征集题目。各个学部和行业也可以自主申报。咨询工作总体部通过邀请专家、院士组成选题小组对题目进行筛选。对于合适的题目可以直接批准并落实；对于有重复部分但通过审核的题目，总体部可以要求有关单位进行整合后承担课题；对于通过审核但认为该申报机构的能力不足以完成该项课题的，可以采用公开竞标的方法来挑选有能力的单位负责。

中国工程院在工作开展过程中提供资金的支持，项目承担团队在行业咨询机构和行业院士的双线指导下开展工作。项目的监督和验收工作和前面其他类型的项目管理方法一致。

5. 企业或地方委托咨询项目

由于中国工程院在工程科技领域的知名度和影响力，一些企业和地方会慕名而来，希望获得咨询服务。但鉴于中国工程院的咨询工作模式，中国工程院不可能接受所有的委托咨询项目。更加现实的方法是，中国工程院首先通过院内的选题部门（包括特邀的专家、院士），根据中国工程院目前与行业咨询机构签订的协议以及中国工程院已有的案例库，初步筛选出有能力且可能有意愿接受该咨询项目的联盟咨询机构。再进一步通过咨询管理机构与这些候选的联盟咨询机构协调，向他们公布企业和地方委托的题目。最后通过委托或招标的方式确定咨询项目的依托单位。

对于招标成功的项目，中国工程院对其进行资金和人员方面的支持。项目具体工作在竞标成功的行业咨询机构和行业院士双线指导下展开，院士仍发挥核心作用。

中国工程院对其负责监督和初次验收工作（企业和地方进行正式的验收）。监督和验收的流程与其他项目一致。

（二）咨询队伍组织模式

根据对国内外智库和咨询机构组织模式的梳理，中国工程院咨询队伍的建设可以采用三种特点完全不同的组织模式：实体化组织模式、动态项目化组织模式、战略联盟式组织模式。

1. 实体化组织模式

咨询队伍的实体化组织模式指的是建立一支完全隶属于中国工程院本身的

咨询队伍。

实体化组织模式的优点在于：

（1）事业编制给予员工保障，可以吸引高级人才。一流的思想库建设离不开一支一流的人才队伍。在国外，著名的咨询机构、思想库、智库等都给予其研究人员非常优厚的待遇。高级研究人员的待遇一般都优于大学的终身教授。在中国特殊的环境下，以事业编制形式提供给高级研究人员长期的岗位可以给予他们生活保障，并解决身份问题。让这些专家能安心研究工作，同时也能吸引一大批有能力的中青年学者投身于中国工程院的咨询工作。

（2）事业编制的身份（相对应的级别）也有利于在中国开展研究工作。在中国目前的环境下，对中国思想库的影响力贡献最大的是思想库的网络规模，而专家在社交上投入的时间和其官方级别对思想库网络规模大小又有决定性影响。专门的事业单位编制有利于专家投入更多的时间在社交活动上，也有利于提高专家们的官方级别。

（3）有专门的专家团队，可以较为自主独立地进行科学研究，容易将咨询机构做大做强。拥有专职的专家团队，中国工程院选题不再局限于院士主动申报。专家团队完全可以根据独立的学术判断，选择一些对国家发展有重大影响的前瞻性、战略性课题进行长期系统性的研究，真正发挥思想库走在社会前面的引领性作用。

（4）有利于思想库"知识库"的积累。国际上著名的咨询机构，都拥有强大的资料库或者"知识库"。兰德公司有自己的专门图书馆，麦肯锡和波士顿战略咨询公司都有一套完整的知识存储方法，建立了专门的案例库、模板库等知识库。专职团队持续开展的咨询研究项目及相关资料成果，可以纳入中国工程院战略咨询的"知识库"累积起来，供后续研究之用。

实体化组织模式的劣势在于：

（1）独立性易受削弱。体制内的智库组织大部分是政府的常设机关，专门负责某方面的咨询事务，有的本身就是政府机关中的某个部门，有的则是政府机关所属的事业或者事业单位编制，与决策中枢系统呈现直接或间接的隶属关系。经费来源大部分由国家财政负担。从研究课题的选择上看，由于完全接受决策中枢的指令，咨询机构缺乏对一些关系到长远利益、带有战略性研究课题的主动探索。在拟制各种备选方案的过程中，经常会受长官意志的左右，沦为领导人的秘书班子，一切以研究领导人的好恶为准则。在决策中枢对决策方案作出抉择并拍板之后，咨询机构往往无权"评头论足"。如果遇到某些领导班子的主要成员民主作风差，或者领导班子民主集中制不够健全等情况，咨询机构的作用就更难以发挥。在这种模式下，民意在政策制定过程中被疏漏，思想库往往失去公共性和民间性的本质，很难提出具有质疑性的意见建议以及具有替代性的储备性政策。

（2）缺乏社会话语能力。由于受到机构编制的限制，在社会热点问题上反应滞后或者冷漠，无法在社会公众关心的热点问题和重大现实问题上设置议题，更不用说通过思想库的话语能力和话语资源来引导社会公众的认识和社会舆论的发展。

（3）宣传推广意识淡薄。由于思想库的官方背景，思想库不存在研究经费问题，不需要通过研究成果的传播推广来获得社会捐赠或者资助。即思想库不存在向社会推广成果的客观压力。

（4）固定编制限制了研究人员的创造性。思想库的管理方式较为僵化，是挂靠政府的全额拨款事业单位，机构负责人由上级党政部门任命并对上级负责。某些管理人员具有公务员身份，有行政级别。科研人员的编制必须由政府编制机构核准，思想库内部职位和工资自由定夺的空间较少。受政府事业单位政策的限制，无法发挥智库组织的积极性、主动性和创造力。有研究表明，官方政策研究机构在人力财力等方面的使用效率比民间智库低很多。

（5）固定编制限制了研究人员的流动。事业编制有可能使得机构内人员固化，获得固定编制的研究人员可能失去危机感和奋斗目标。部分人员甚至会出现官本位的思想，偏离了正常的研究工作。机构出现大而无用、人浮于事的现象，不利于中国工程院的长期发展。

（6）工作和社会需求存在差距。由于经费主要依赖国家的全额拨款，科研工作与社会需求一直存在差距，缺乏与社会的互动机制，缺乏成功推销机制。

（7）变革难度大。首先，科研人员的编制必须由政府编制机构核准。申请较多事业单位编制名额本身就不是一件容易的事情。如果没有一个合理的新陈代谢机制，可以预见需要的名额将会更多。其次，专职的科研队伍如何与社会地位、学术威望较高的院士顾问们合作是一个难题。在中国的环境下，主导权的不清晰将导致整个项目难以为继。再者，如何监督社会地位、学术威望较高的院士们也是摆在中国工程院面前的一个重大难题。

从目前看，构建实体化的咨询机构，对中国工程院的整体管理架构会产生重大影响，需要中国工程院在战略定位、运行模式方面进行诸多的调整。但是中国工程院在一些领域，尤其是咨询总体领域，需要建设一支小规模的自有专家队伍，这样才能将中国工程院的咨询业务盘活，发挥中国工程院在咨询领域的主导作用。

2. 动态项目化组织模式

动态项目化组织模式就是在中国工程院咨询机构现行体制的基础之上，进一步完善中国工程院对项目的过程管理（包括项目的选题、开题阶段的评审、中期评审、期末验收和资金管理等工作）。动态项目化组织模式的核心是中国工程院负责选题、主动向院士们推荐课题和进行监督管理，院士主动申报承担咨询课题。关键是中国工程院要建立一支即能够对研究质量进行把关，又能与地位和威望较高院士群体维持和谐关系的高水平的咨询项目管理机构。

动态项目化组织模式的优点在于：

（1）中国工程院日常咨询队伍建设成本和维护成本低廉。维持一支高水平的固定研究队伍进行可持续性的研究需要占用中国工程院每年预算中不小的一部分。动态项目化组织模式使得中国工程院将一部分咨询成本转嫁给了院士所在的单位。中国工程院可以将节省下来的资金投放到更多的课题研究当中。

（2）中国工程院本身的任务明确，运作模式可以参考市场上现存的经纪型咨询公司。中国工程院咨询机构的任务是和院士们保持良好的沟通和联系，扩大中国工程院的资金来源和扩大项目课题的来源。整个中国工程院咨询机构的组织结构清晰、精简而且具有高度的灵活性。

这种组织模式的劣势也是明显的：

（1）没有专职队伍，也没有常设的依托队伍，机构很难做大做强。目前，中国工程院咨询报告大多由院士亲自组织完成，从选题、调研到论证、研究、研讨以及写作、修改等环节一般都由院士主持，整个过程缺乏足够的支撑机构和支撑队伍，咨询报告水平的高低往往取决于院士个人的时间和精力，并且受到院士个人知识结构、认识判断及兴趣的影响。

另外，由于中国工程院和院士之间没有很强的依附关系，更不是所谓的雇佣关系。中国工程院不可能强行要求院士们持续性地参与某一项课题的研究，也不可能强行向院士们分配任务。这使得中国工程院难以实行战略性的发展计划，在中国工程科技领域的影响力是有限的。

（2）相关监管和惩罚措施对院士群体缺乏约束力。在中国工程院过去开展的咨询研究项目中，大约有47%的项目存在不同程度的结题时间拖延现象。课题拖延的原因有多种，但分析其主要原因是缺乏有效的监督机制，对项目研究过程和进度无法控制。即使监督机制建立起来了，也很难发挥成效。因为动态化组织模式的研究主体是院士，课题申报主要靠院士们主动承担。对于不合格的项目，任何的惩罚措施的结果就是进一步削弱院士和中国工程院本身就不紧密的联系。在动态项目化组织模式下，中国工程院的咨询工作开展离不开院士们的支持，但院士们本身的工作却可以完全脱离中国工程院的咨询项目。这种不对等的关系注定了任何的管理机制都不可能起到根本性的监督作用。

（3）院士和专家的归附感不强。在动态项目化组织模式下，院士们与中国工程院的关系就好像自由咨询顾问和经纪型咨询公司一样。院士们更多的是作为一个自由职业者游离于中国工程院之外，归附感不强。研究的核心人员对机构的归附感不强导致的直接后果就是项目完成质量得不到保证，间接造成中国工程院的工程科技咨询的影响力和声誉的下降。

3. 战略联盟式组织模式

咨询队伍的战略联盟式组织模式是指中国工程院采用合作联盟的方式，与工程技术领域中重点行业的优势咨询机构共建联盟。这种模式要求中国工程院建立一套合适的规章制度来解决战略、联盟机构的监督以及中国工程院思想库品牌维护等问题。

战略联盟式组织模式的优势在于：

（1）改革过程中不仅不会触动院士所在单位的利益，而且战略联盟有助于中国工程院和这些单位或者机构形成稳定的合作关系，走向双赢的道路。无论是实体化组织模式还是与中国工程院目前情况类似的动态化项目组织模式，都会或多或少地占用院士们处理所在单位事务的时间。而实体化组织模式甚至还希望能邀请一些院士成为中国工程院的常驻专家，这势必将严重触动到院士所在单位的利益。改革过程中遇到的阻力是可想而知的。而采用战略联盟的方式，一方面使得院士通过战略联盟机构发挥核心作用，另一方面中国工程院的合作咨询机构很多情况下也是部分院士的所在单位。今后院士们参与的项目是在战略联盟机构、（部分）所在单位和中国工程院联合的名义下进行的。项目取得的成果共享，中国工程院改革过程中所遇到的阻力也将大大减小。

（2）可以较为灵活地更换合作伙伴。战略联盟式组织模式中，中国工程院的直接合作伙伴是一些重点行业内的咨询机构——部分是一些院士本身所在的单位。中国工程院在监督机制和惩罚机制以及选题、选取合作伙伴上将有更灵活的选择空间。在机构的层面上进行交涉，一切按照规定好的条例办事，较少涉及个人利益。

（3）可以简化财务、人员方面的管理。战略联盟化组织模式中，中国工程院更多地将精力集中于选题、对合作机构的筛选以及推广研究成果。财务监督负责的也只需到达联盟机构的层次即可。具体细节和具体经费使用已经打包交给了联盟机构负责。

这种模式也存在一些不足之处：

（1）虽然可能在合作前签署了成果共享机制，但由于缺乏自己的核心专职队伍，缺乏直接的项目管理，思想库经验及知识较难得到积累。一流的思想库是需要不断地积累和更新自己的"知识库"的，战略联盟的模式使得中国工程院在这方面存在知识产权方面的障碍。但是应该看到，如果处理得当，这个缺点将转化为优点。中国工程院集百家之所长，更能取得显著的成果。

（2）项目的完成质量受到项目合作机构的能力的直接影响。由于中国工程院没有自己的研究主体，咨询中心分散在各个联盟机构当中，虽然中国工程院设立了项目的监督机构，但项目的完成质量终究还是受到联盟机构能力的直接影响。中国工程院应该仔细挑选高水平的行业咨询机构形成联盟关系。

（三）咨询工作队伍建设方案

上面分析了咨询队伍组织的三种模式的优势与不足，这三种模式套用在中国工程院现有架构之上，总会存在这样或那样的问题。经过国内外的调研、组织有关专家进行研讨和论证，认为在不同的条件下，需要采用不同的组织模式和咨询队伍组建方法。综合起来，可以做出如下选择：

（1）中国工程院通过咨询工作总体部的建设，形成咨询工作的核心团队。

（2）中国工程院大量的咨询工作还是应发挥院士的主动性，通过动态项目化组织模式来组织实施。

（3）在一些关键工程科技领域，可以通过战略联盟的方式，和行业中有实力有影响力的咨询研究机构通过组建联合体，成体系地开展相关工程科技领域的咨询工作。

管理机构设置及组织模式前文已有论述，这里重点分析中国工程院咨询总体部、咨询工作办公室和咨询服务中心的队伍组建方法。

1. 中国工程院咨询总体部

总体部的组成人员是多学科的，要有经济、管理、社会科学等领域的专家，特别是产业经济、数量经济的专家。总体部人员由咨询工作委员会任命，为专职人员。管理人员一般同时是研究人员，具有"两栖性"。他们人都具有如下特点：一是在某个专业领域曾经有卓越的研究成果，并能把研究和经营管理出色地结合起来；二是不仅精通一个专业领域，而且具备适应相关领域的能力，对自己管理的全部或大部分项目和专业有一定的了解，并能作出内行的判断；三是具有较强的组织协调能力、口才以及与外界联系和交往的能力。

近期，总体部可以先由咨询工作委员会成员兼任，并配备必要的专门研究力量协助开展日常工作。

2. 咨询工作办公室

咨询工作委员会下设咨询工作办公室，在咨询工作委员会的领导下负责具体的、辅助的管理职能，包括对经费的管理、进度的控制、项目的验收、报告的归档与产权管理、成果的宣传与推广应用等。重点包括：

过程管理：负责及时签订项目合同、按节点划拨研究经费、对研究进展进行定期检查、对研究成果进行归档、对知识产权进行运营等。

财务管理：对中国工程院和联盟机构的资金使用情况进行管理。但无权直接批准拨款或者资助。由专业的会计人员负责，根据实际情况可以考虑与知名会计师事务所合作，将此职能外包出去。

营销和推广：主要负责与企业和媒体打交道。负责企业委托咨询市场的拓展和社会影响力的扩大。由专门的营销专业的人员组成。与传媒有较好的互动。直接对咨询管理办公室负责。

人员管理：针对非直接隶属于中国工程院的人员的管理，主要是建立一个专家库。专家库收录的对象是联盟机构的咨询专家和院士，以及其他有特长的专业人士。专家库的作用是对收录在内的专家进行长期的观察、跟踪。对部分成功或者潜力出众的专家进行培养。培养可以通过鼓励申报课题、对课题的批准和项目经费上给予支持来进行。

3. 咨询服务中心

咨询服务中心主要为战略咨询提供研究支撑、信息化服务和经费专项管理服务，从以基础服务为主体过渡到基础服务和专业服务相结合的综合性咨询服务机构，是战略咨询的高效基础服务和研究支撑平台。

（四）咨询队伍的人才配置与培养

只有通过长期的队伍建设，通过科学合理的人才配置、选拔和培养，上述咨询工作的体制和组织模式才能够真正落到实处，推动中国工程院的咨询工作不断壮大，对我国工程科技政策的战略决策发挥越来越重要的作用。

1. 发挥院士在咨询工作中的核心作用，培养具有战略眼光的院士群体

院士们往往是其所在领域顶尖的专业技术专才，需要对他们进行有意识的培养，使他们逐步形成工程科技领域的战略眼光，掌握战略咨询的思维方法和分析工具，逐步培养一批具有战略眼光，能够承担战略咨询工作的院士群体。

2. 聘任具有宏观战略眼光的咨询专家支撑咨询工作总体部开展工作

小而精的研究队伍是中国工程院咨询工作总体部开展工作的支撑力量，也是提升中国工程院战略咨询水平的关键，需要通过比较优厚的待遇、有前景的职业规划和有挑战性的咨询工作任务，吸引若干有战略视角、有很强活动能力和协调能力的专家协助咨询工作总体部开展工作，他们对于中国工程院咨询工作的发展方向、选题展开创造性的劳动，引导中国工程院的战略咨询工作取得有影响力的成果。

3. 吸引一批中青年科学家积极参与中国工程院的咨询工作

通过合适的激励机制设计，吸引一批中青年科学家参与到中国工程院的各种咨询工作中去，一方面发挥他们在中国工程院咨询项目中的作用，同时通过和院士的合作，使他们的能力得到快速提高。在咨询工作的实践过程中，不断培养和选拔高水平的咨询人才，建立中国工程院咨询工作专家库。

4. 加强咨询工作的服务保障队伍的建设

国外咨询机构都非常注意咨询工作的行政支持队伍的建设，往往一个高水平的咨询顾问，会有包括秘书、助理等在内的多名行政人员的支持。行政人员发挥作用，就能够使咨询专家将其精力更多地投入到创造性的咨询工作中去。

六、中国工程院咨询工作的保障措施

（一）加强咨询工作的顶层设计

为了在广度、深度、高度、质量、影响力等诸多方面提高中国工程院工程科技战略咨询的水平，需要在总体上构架中国工程院咨询管理体系和管理机制，通过进一步完善目前动态项目化咨询运作机制，加强高水平咨询工作总体部的建设，并通过与各个工程科技领域有影响力的咨询机构组成战略联盟，快速推进中国工程院的咨询工作，并为未来的发展奠定扎实的基础。

需要特别强调，为了加强咨询工作的顶层设计，尤其是咨询工作方向的设计，需要建设强有力的中国工程院咨询工作总体部，通过引进具有战略视野和极强组织和协调能力的专家，依靠中国工程院院士群体的经验和智慧，形成咨询工作的主要方向，提高中国工程院对咨询工作的引导能力，并带动联盟机构咨询工作的发展。

在咨询工作总体部的参与下，对工程科技未来发展的若干战略性方向展开深入的前期研究，确定咨询工作的重点方向，并据此展开一系列的咨询研究项目和战略咨询与工程咨询活动，明确战略咨询的方向性，形成一批有影响力的咨询成果，支持我国在工程科技领域的战略部署，引领我国工程科技的发展。

（二）加强咨询工作队伍建设

1. 建设以院士为核心的战略咨询领军队伍

进一步强化院士参与战略咨询的使命感。《中国工程院章程》赋予院士参与战略咨询的义务和权利。全体院士要在本学科领域中发挥领军作用，更要从国家发展的高度充分认识开展战略咨询的重要意义，提高参加战略咨询的主动性和积极性，并通过参与和承担咨询项目，逐步锻炼成为国家工程科技思想库战略咨询的领军人才。

动员和组织全体院士积极参加战略咨询。加大战略咨询立项支持力度，注重咨询研究项目在各领域以及交叉领域间的覆盖面，为各学部院士参加战略咨询研究创造更多的机会；鼓励院士围绕重大战略问题，综合调动和组织多方面力量，大协作、大攻关，持续滚动开展咨询研究项目。

提升院士开展战略咨询的能力。定期邀请经济社会领域的专家学者以及政府官员举办宏观形势报告、政策分析研讨等活动，拓宽院士开展战略研究的宏观视野；利用中国工程院各类学术论坛活动，邀请国际著名学者开展学术对话交流，派遣院士到国际学术机构访问交流，提升院士参加咨询研究工作的国际视野；加强院士在战略咨询方面的自主学习。

2. 建立以专家为骨干的咨询研究队伍

建立咨询专家库。加强与政府相关部门、企业、高校和科研机构的联系，利用决策咨询、科技合作、学术论坛等多种渠道，主动了解并遴选相关领域专家，范围包括院士、院士候选人、工程科技、社会科学及其他学科领域的杰出专家等，建立咨询专家库。专家信息资源要分类建档、动态管理、定期更新，逐步建立中国工程院战略咨询专家信息网络。

形成一支强大的兼职专家队伍。依托战略研究联盟以及战略咨询中心，吸引来自政府有关部门、企业、高校和科研机构的知名专家学者参与战略咨询项目，在研究实践中遴选优秀人才，聘请他们担任中国工程院战略咨询兼职专家，并为他们从事战略研究工作创造有利条件。

建立一支精干的专职研究队伍。这支队伍包括两部分：第一部分是依托院士所在单位形成的院士研究团队；第二部分是依托中国工程院咨询服务中心和战略研究联盟，针对若干工程科技综合交叉领域，聘任一批优秀中青年专家、具有丰富战略咨询经验的退休专家，从事战略咨询研究，逐步培养一支精干得力的、能协助院士开展咨询研究的专职队伍。

吸引大批中青年专家参加战略咨询。利用中国工程院战略研究联盟的科研与人才培养优势，建立博士生研究实践基地，招收博士研究生，设立战略咨询博士后科研工作站，吸引大批博士后和博士研究生参与中国工程院战略咨询，为国家工程科技思想库战略咨询研究培养后备人才。

建立若干开放稳定的战略咨询团队。以院士所在单位为依托，通过项目支持的方式，鼓励院士推荐本领域的专家学者参与战略咨询，在部分关键领域长期持续开展战略研究，形成数十支多学科交叉的、开放且相对稳定的高水平战略咨询研究团队。

3. 建设专业化支撑服务队伍

建设咨询项目研究助理队伍。以中国工程院咨询服务中心为依托，建设多学科交叉的专业化咨询项目研究助理队伍，在咨询工作办公室统一领导下，参与战略咨询项目的规划、组织和联络协调工作，参与重大战略咨询研究项目的运行保障，包括前期调研、项目申报、组织实施、成果报送及后续跟踪等。

建设咨询经费专管员队伍。适应战略咨询经费管理业务扩大的需求，以战略咨询中心为依托，建设专兼职相结合的战略咨询经费专管员队伍，负责参与战略咨询经费财务预算编制以及经费使用的指导、监督、检查和评估。

建设咨询信息管理员队伍。适应中国工程院战略咨询信息保障需求，以中国工程科技知识中心为依托，建设专业化信息管理员队伍。主要负责承担中国工程院战略咨询数据库、院士专家库、工程科技成就库的建设运行及相关信息服务。

（三）建设中国工程科技知识中心

中国工程科技知识中心建设是一个以服务与应用为目标的建设和研究综合项目，预期用9年左右的时间建成以汇集和加工我国工程科技领域海量数据为主要建设内容，以深度数据分析和智能获取知识为主要技术手段，以搜索、利用和辅助创新为主要服务内容的工程科技知识整合平台，为咨询工作提供基础信息保障，为国家工程科技进步与创新提供信息支撑。

1. 建设战略咨询研究知识服务系统

战略咨询研究知识服务系统直接服务于国家工程科技思想库战略咨询研究。系统所需数据与信息资源以联盟和整合方式为主、自建为辅，主要通过整合国家宏观管理部门的科技与经济统计数据、行业学会或协会的学术报告、国内数字图书馆的科技与经济类图书与文献、互联网开放的信息与资源，以及中国工程院自建的部分特色数字资源，为工程科技人员开展战略咨询提供智能化、个性化和专业化知识服务。

战略咨询研究知识服务系统的特色数字资源包括战略咨询项目库、学术活动库和院士信息库，由中国工程院自建。战略咨询项目库汇总整理中国工程院咨询项目研究课题，研究成果，相关数据、图片、视频等；学术活动库汇集整理中国工程院各类学术活动的学术报告、出版物、会议资料，以及国内外工程科技领域有代表性的学术活动资料；院士信息库收录院士信息，收集整理院士学术资料，如著作、论文、手稿、获奖情况及出席各种活动的音视频资料等，全面记录和展示院士的学术成就。

2. 建设工程科技领域专业知识服务系统

工程科技领域专业知识服务系统主要通过整合现有数字图书馆、档案馆、展览馆、专利和软件、数字媒体、网站等各类数字资源，开发和利用各类数据海技术，打通海量异构数据源构成的大数据，建立数据之间的语义关联网络，并通过对语义网络知识的查询、计算和推理等，形成深度的结果和生成深度的结论，满足用户的搜索请求，最后结合深度搜索的结果，通过对专业知识网络的匹配、关联、融合等，实现辅助创新。

近期（2012～2014年），以中国工程院为总部，联合浙江大学、钢铁研究总院等有数据及技术基础的相关单位，率先建设咨询研究、中草药、金属材料和工程科教图书四个领域的专业知识服务系统；远期（2014～2020年），按照中国工程院九个学部的学科划分，建立跨行业、跨区域、跨系统、跨平台的专业数据服务平台和协同服务环境，构建工程科技领域各专业知识服务系统，为院士和广大工程科技工作者的咨询研究服务，为高等院校和科研院所的科研及人才培养服务，为企业开展技术创新服务。

3. 建立科技资源开放共享联盟

按照"互惠互利，优势互补，共建共享，共同发展"的思路，通过战略合作协议方式，建立科技资源开放共享联盟。联盟成员间共享数字资源，以共同约定的方式对用户提供统一的知识服务，形成统一的智能型知识服务平台，构筑我国工程科技界数字资源的整体优势。

共享联盟通过整合企业、高校、科研院所、政府等相关机构的数字资源库，从用户需求出发，具有实用性、整合性，统一认证、可扩展、可配置，实现为读者用户通过一个统一的服务入口，无缝地访问知识中心的信息资源和服务，使用户能直接从各类资源与应用中获取全文及其他多样化的知识服务。

4. 建设联合国教科文组织国际工程科技知识中心

联合国教科文组织国际工程科技知识中心是中国工程院与联合国教科文组织合作共建的工程科技知识整合平台。主要依托中国工程科技知识中心建设，挂靠联合国教科文组织。建设联合国教科文组织国际工程科技知识中心，旨在推动中国工程科技知识中心建设成为国际工程科技信息的聚集地及工程科技知识的高端服务平台，提高中国工程院战略咨询的国际地位和影响力。

（四）加强咨询成果的宣传力度

在中国工程院目前的咨询研究项目中，长期的连续性的咨询工作还比较少。作为一个咨询机构，主要咨询方向上的研究和咨询必须坚持长期性和连续性。只有这样才能形成一支稳定的专业队伍，才能持续性地收集数据和进行深入的分析，才能形成相关领域咨询工作的影响力。

通过有关的长期的战略咨询研究，逐步形成一批有影响力的战略咨询成果。通过对国家科技政策和产业政策的支持作用，形成对国家政策层面的影响力。

通过白皮书、蓝皮书等长期研究成果的连续发布，逐步形成在民众和知识界、工程界的认同感，使中国工程院咨询工作的成果在更大的层面得到关注和认同。

第二分报告：中国工程院科技合作发展研究

一、科技合作是当代科技经济发展内在规律的必然要求

（一）科技合作是当代科技经济发展的潮流趋势

随着经济全球化、科技经济一体化深入发展，科技创新逐渐成为经济社会发展的主要驱动力，科技合作和协同创新已成为科技经济发展的潮流和趋势。

一是科技、经济一体化的深入发展驱动着社会各创新主体之间越来越紧密地开展合作。当今世界，生产力、生产方式、生活方式、经济社会发展格局正在发生深刻变革。一方面，信息网络技术的广泛应用，全球制造和分工协作的常态化，使世界各经济体之间越来越紧密地联系在一起，形成了既竞争又合作的发展态势。另一方面，科学发现为技术创新和生产力发展开辟了更加广阔的道路，科技成果产业化周期缩短，技术更新速度越来越快，以信息科技、生物科技、新能源、新材料等为主要标志的高技术及其产业快速发展，不断创造出新的科技制高点和经济增长点，科学、技术、经济之间合作、促进、共生关系日益牢固。科技进步不断突破人类认识的已有境界，学科之间、科学和技术之间、科学技术和人文社会科学之间深入合作，交叉渗透，产生了众多新的跨学科领域。两方面的因素，共同使得科技合作成为科技、经济自身发展以及共生发展的内在需求，并越来越显现为当代科技经济发展的趋势和潮流。

二是集成创新、协同创新离不开科技合作。随着科技、经济的迅猛发展，人类共同面临着能源资源、生态环境、自然灾害、人口健康等方面出现的全球性问题，加速向资源节约、环境友好、人与自然和谐相处的方向转变，推动可持续发展成为共同面临的任务和挑战，合作、责任、共赢成为共同的需求。加强科技资源的集成和共享，加强不同创新主体、创新链条之间的分工协作，推进集成创新、协同创新，建立协同创新战略联盟，构建各具特色的科技创新体系，成为加快科技进步、驱动经济社会发展的基本经验，也是各国共同的政策导向。合作已经成为当代科技经济内在发展规律的本质特征和内在要求。只有顺应规律、适应要求，才能在科技经济发展中站稳脚跟，把握先机，取得主动。

（二）科技合作是优化创新价值链的基本途径

科技合作是涉及多个行为主体参与、多重环节构成的复杂系统过程，其最终目的是促进经济社会创新发展。正如经济与合作发展组织（OPEC）在 1999 年发布的《管理国家创新系统》报告中所指出的，"创新是一种在市场的和非市场的机构之间进行的创造和互动的过程"，虽然创新有赖于科技进步，但仅有研发活动，尚不足以实现创新的全部效益和价值。在知识经济中的创新，其成功越来越有赖于科技研发的单元与社会各个方面创新主体之间的有效连接和互动。"企业、公共研究机构和高等教育部门是创新过程的关键参与者。然而它们并非是唯一的参与者；公共部门本身、使用者、消费者和非政府机构的参与者，也在将知识转变为创新的过程中发挥了作用"，因而，"企业、大学、研究所和政府机构等不同行为者之间的相互联系，相互影响的深度和质量在相当大的程度上决定了创新体系的有效性和效率"①。

从各国科技与创新政策的发展趋势上看，以创新为核心，将产业、科技、教育联结在一起，完善各个创新主体参与科技合作的能力，加强对合作创新的激励，加强创新机构间的合作与网络建设是近年来的一种主流。经合组织近期关于创新政策的一篇重要年度报告指出，创新网络和合作互动潜在的广泛影响引起了很多国家的日益关注。创新系统内部的企业、研究机构、大学和其他关键利益相关方之间网络化、深度合作和技术传播依然是政府创新政策的重要优先领域。2011 年 6 月，英国皇家工程院在其"2011～2015 战略规划"中，也明确提出今后 5 年的主要工作目标，首先即是促进英国各机构最成功、最优秀的工程师间的合作，以共同完成最卓越的工程建设。

在现代知识意义上，"科学—技术—工程—产业"之间具有非常复杂的知识链（如图 3-1 所示）。从工程技术创新价值链的角度看，由各类工程决策者、工程投资者、工程师和工人等成员组成的工程共同体，需要与社会其他各类主体，如中央和地方政府、企业、公众和其他科技人员，保持更为紧密的合作。从这个意义上看，科技合作既是构建和优化工程技术创新主体的网络的基

---

① OECP. Managing National Innovation System, OECP Publishing, 18 Jun 1999.

本途径，也是适应现代社会各创新主体成员间开放融合的趋势，更是强化科技合作在国家科技大合作体系架构中占有一席之地的重要途径和抓手，加强科技合作将有利于进一步促进工程共同体与其他创新主体的融合。

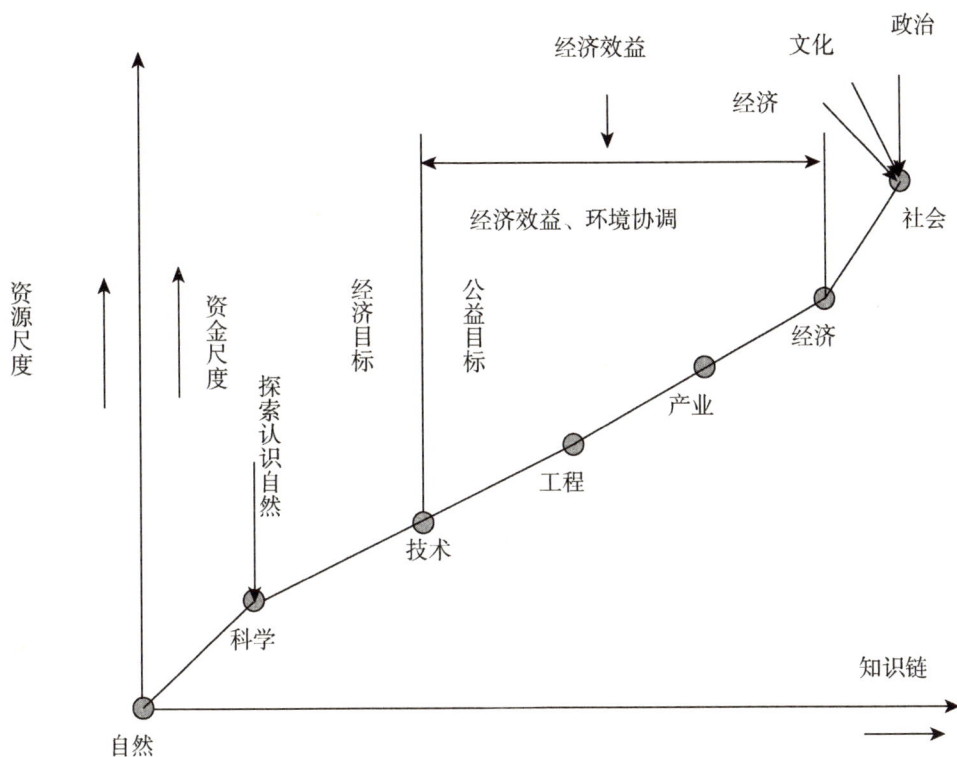

图 3 – 1　知识链与资源、资金尺度扩展过程的关系[①]

（三）科技合作是应对现代工程科学发展新挑战的必然选择

科技合作属于工程活动的范畴，而工程活动在本质上，是一种以技术要素与非技术要素的系统集成为基础的物质性实践活动。在"认识工程，思考工程"的哲学层面，工程是包含了许多方面和要素的、人类改变物质世界的实践活动。过去 50 年里出现了一些日益紧迫的全球性问题，在应对影响人类经济、社会和环境可持续性发展的重大工程技术挑战中，传统的工程学科前沿正在向前拓展，呈现出现代工程技术学科发展的新特点。其中的一个重要表现即是，现代工程技术在应对全球性重大发展问题的挑战中，需要更多跨学科、综合性、

---

① 殷瑞钰，汪应洛，李伯聪等．工程哲学［M］，北京：高等教育出版社，2007.

集成性的解决方案。

联合国教科文组织在最近发表的工程科学报告中指出，在应对全球性经济、社会和环境可持续发展的重大挑战中，现代工程科学必须与时俱进，发挥更大的作用。其一是，传统的工程科学与社会学、经济学、政治学及其他社会科学的互动，与医疗卫生、农业科学的互动越来越多；其二是，以纳米技术和生物工程为代表的一些新的基础工程领域的出现，必将进一步改变相关工程科学的研究方向并影响全球问题。此外，一个新的跨学科的工程科学领域将出现，帮助发展中国家和发达国家的工程师们在解决城市化、全球化、社会可持续发展问题中，发挥更大的作用。

总之，为了应对这些人类共同面临的重大挑战，需要更多跨学科、综合性、集成性的解决方案，也就使得不论是发展中国家的工程师，还是发达国家的工程师们，都必须要加强与其他各类科技人员、社会主体的合作。

（四）科技合作是提升国家工程能力的重要战略平台

加强科技合作，符合国内外最高工程技术学术/荣誉机构的发展态势。世界各国工程院在现代国家和社会的发展中，越来越呈现出更加注重发挥科技—经济—社会综合功能的特征。综合分析各主要国家工程院的组织使命和发展愿景，其中的一个重要趋势即是瞄准国家核心目标，其典型代表如英国皇家工程院在其组织发展战略中，突出强调促进国家"工程能力（engineering capabilities）"。这一概念的提出，意味着国家工程院已经打破了仅仅作为少数工程技术人才精英交流共同体的局限，更强调该群体与国家创新体系其他主体的服务和支撑功能。由于各国国家工程院成员散布于国家各部门，属于非科研实体单位，其综合社会功能的发挥，主要依赖于科技合作的平台组织能力。因此，以提升国家工程能力为核心，发挥工程院的平台型组织功能，科技合作成为各国工程院实现其综合社会价值的重要载体。也就是说，只有充分发挥好科技合作这条纽带的作用，才能充分体现出工程院组织在国家经济社会发展中的综合服务功能。

一般说来，各国工程院作为一个学术共同体组织，在组织使命和定位中，除加强自身会员（院士）的组织和发展这一基本职能之外，其对整个国家和社会的服务功能主要体现在以下四个方面：其一是对中央和地方政府重大决策的战略咨询功能；其二是对产业技术的研发促进功能；其三是对工程技术人才的专业培养功能；其四是对社会公众参与工程科技的组织服务功能。从科技合作的角度来看，这四个核心功能也分别对应着四个科技合作的核心主体：中央和地方政府，企业，工程技术人员，公众。也就是在这个意义上，我们必须高度重视中国工程院开展科技合作的重要意义，在继续大力开展以院士为核心的工程科技人才队伍建设的同时，着力加强以院地合作、院部合作、院企合作为主要组织形式的全面工程科技合作体系建设，一手抓内部服务，让组织更好地为院士服务，为工程技术界的精英人才及其团队提供优质服务；一手抓外部合作，让院士更好地为社会服务。图 3-2 为中国工程院科技合作体系图。

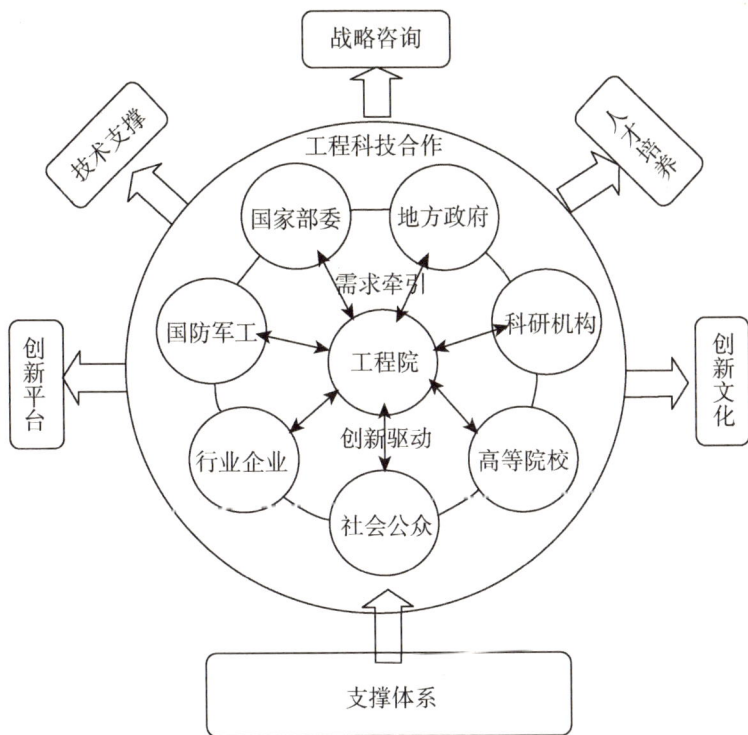

图 3-2 中国工程院科技合作体系图

二、科技合作在国家工程科技思想库建设中的地位和作用

（一）科技合作是国家工程科技思想库的一项基本职能

作为国家工程科学技术领域的最高荣誉性、咨询性学术机构，中国工程院

有责任在促进全国工程科学技术界的团结与合作，推动我国工程科学技术水平的不断提高，加强工程科学技术队伍和优秀人才的建设与培养，为国民经济的持续发展服务中继续建功立业、谋求作为。《中国工程院章程》规定，中国工程院"接受政府和有关方面委托，对重大工程科学技术发展规划、计划、方案及其实施提供咨询"。《中国工程院 2010～2014 工作纲要》进一步指出，通过科技合作提供科技服务，与战略咨询、学术引领及人才培养三个方面共同组成国家工程科技思想库建设的四项基本职能，是中国工程院未来发展的重点任务。科技合作成为中国工程院在国家工程科技思想库建设中不可分割的部分。中国工程院开展科技合作，就是以院士及其团队为核心，团结全国工程技术人员，在中国工程院的总体组织和协调下，围绕各地方、部门、企业、军队等各类合作主体的创新发展需求，通过战略咨询、科学研究、学术引领、人才培养等形式向对方提供高层次科技服务的科技活动。

（二）科技合作是充分发挥国家工程科技思想库作用的基本途径

面向经济发展一线，建立合作关系，提供科技服务，通过咨询、学术等多种形式推进产业、区域、国防科技不断创新发展，是中国工程院在更多层次、更大范围以及在工程科技更前沿实现思想库作用的基本途径。实践表明，通过院地、院部、院企的密切合作，有利于更加准确地获悉对方在经济社会发展中取得的成就、面临的困境和急需的支持与帮助；有利于地方及时掌握国家战略发展布局和科技发展规划思路，科学指导发展决策；有利于院士专家利用所掌握的行业发展动态和先进科研成果，迅速为科研、生产主体破解发展难题和提供技术诊断。科技合作使得中国工程院国家工程科技思想库作用发挥得更具体、更扎实，效果更显著。

（三）科技合作成效是检验国家工程科技思想库发挥作用的重要尺度

充分利用院士集体智力优势，为地方、部门、企业和军队提供高层次、高质量的科技服务，是中国工程院与其他合作主体的共同凤愿，更是中国工程院对国家自主创新能力建设提供科技支撑、高水平发挥思想库作用的具体体现。

近年来，科学技术生产力在加快经济社会发展中的作用越来越突出，各地区、各行业在转变发展方式、调整产业结构方面有更加迫切的需求，这些都为中国工程院提高科技服务的质量提出了进一步的要求。如何提供与中国工程院最高荣誉性、咨询性学术机构相适应的科技服务，如何在要求更高、需求更旺、领域更宽的科技合作环境中做到尽力而为、量力而行，做到有所为、有所不为，将是中国工程院科技合作需要长期面临的重大课题，是中国工程院在加强院士和科技人才队伍建设，在进一步提高院士队伍和机关队伍科技服务能力的工作中需要考虑的重要方面。能否提供较高成效的科技服务，成为衡量中国工程院发挥国家工程科技思想库作用的重要尺度。

（四）科技合作工作是促进院士及其团队自身发展的重要平台

中国工程院由院士组成。院士是我国各专业、各行业科技发展水平的杰出代表，是我国科技事业发展中名副其实的中流砥柱。中国工程院不仅凝聚了我国最优秀的工程科技专业人才，还凝聚了他们所掌握的高层次科研成果和丰富的科研及管理经验，以及以院士为核心的强大科技队伍。通过科技合作，帮助院士团队寻求科研成果转化和产学研合作的机会，协助院士进一步扩展科研方向和研发领域，促进院士的助手和学生在更多工程项目实践中得到锻炼和成长，有利于院士进一步拓展知识领域，掌握从国家到地方、从行业到企业、从研发到应用等多方面的科技资讯，为提高院士科技服务能力和战略咨询能力提供有利条件。

（五）科技合作是提升中国工程院社会影响力的重要渠道

中国工程院只设院士服务机关，不设下属科研、生产实体的组织机构特点，决定了中国工程院的决策咨询和科技服务必然是超脱部门利益的，是真正的第三方咨询，决定了中国工程院开展各种科技合作活动必然要寻求地方、部门、企业和部队的支持。建院以来，在院领导、全体院士及机关工作人员的共同努力下，在相关地方、部门、企业和部队的大力支持下，中国工程院科技合作开创了良好局面。战略咨询、科技规划、"院士行"和院士工作站等一系列为地方开展的高水平科技服务活动，向地方提供智力支撑，为地方经济社会的较快平稳发展提供了科学依据，为中国工程院及院士群体在地方树立了较高的社会声望，为维护院士最高荣誉性学术称号，维护中国工程院最高咨询性学术机构做出了积极贡献。科技合作成为进一步稳固和提高中国工程院社会地位和影响力的重要渠道。

三、国内外相关机构科技合作的基本模式和启示

（一）国内部分科技教育机构开展科技合作的主要特点

1. 科技合作是我国科技创新发展的工作主线

20 世纪 80 年代初，世界新技术革命浪潮涌动，几乎各学科领域都发生了深刻变化，科技成果迅速推广应用，带来社会生产力的巨大变革，促进了全球的经济增长和产业结构调整，使国与国之间的竞争由经济/军事竞争转向以科技为核心的综合国力的竞争。在这样的背景之下，我国科技界开始了科技体制改革的探索。自那时起，推动科研成果的产业化、建立科技与经济良性互动的紧密联系成为我国科技创新发展的工作主线。我国政府在推动科技成果产业化的政策供给方面做出了巨大努力，这些努力正是中国工程院开展科技合作的制度背景。

（1）1985～1997 年：推动科技体制改革

1985 年，以颁布《中共中央关于科学技术体制改革的决定》为标志，我国的科技体制改革拉开序幕。自 1985 至 1997 年这一时期，科技体制改革的目标主要以促进科研机构成果转化为突破口，推动科技与经济结合。主要政策措施有：扩大研究所的自主权，实行所长负责制；鼓励各类科研机构实行技工贸一体化经营，或与企业合作开发、生产和经营；大幅增加科技贷款，促进面向高技术产业化风险基金的建立和发展，进一步拓展社会集资和海外融资渠道；支持和扶植各类促进科技成果转移转化的中介服务机构，如国家工程中心、技术中心、孵化器、高新技术开发区、生产力促进中心等。此外，还鼓励科技人员设立从事技术开发、技术转让和技术咨询等技工贸、技农贸一体化经营的民营科技企业。截至 1997 年，有 284 个研究机构进入企业或企业集团，有 1326 个研究机构与企业建立固定合作关系。研究机构与社会各界尤其是企业建立了

广泛的各种联系。

（2）1998～2005年：建设国家创新体系

1998年后，以中国科学院实施"知识创新工程试点工作"为标志，国家技术创新体系建设的大幕拉开。1999年2月，242个科研院所的转制改革启动，通过转制成为科技型企业或科技中介服务机构、进入企业等方式，实现企业化转制。1999年8月，全国技术创新大会发布《中共中央、国务院关于加强技术创新，发展高科技，实现产业化的决定》。该决定强调运用市场经济的办法，通过体制创新和机制创新促进技术创新和科技成果产业化，内容不仅涉及科技企业、科研院所管理体制改革，也包括了科研机构人事和分配制度改革、科技计划、科技投入、知识产权保护等各项改革措施。大会还发布了与该决定相配套的8个文件，其中《关于促进科技成果转化的若干规定》对于高新技术成果作价入股、转让、奖励等各项措施做了较大突破，进一步鼓励科技合作活动。2000年，国务院办公厅转发了科技部等部门关于《深化科研机构管理体制改革实施意见的通知》，明确了中国科研机构深化改革的目标和方向，以加速科技成果转化为目标，加快国务院部门（单位）所属科研机构改革步伐，使其适应市场需求，更好地为经济建设和社会发展服务。

在此时期，政策供给集中在改革研究院所和推进科技成果转移转化，加强以企业为主体的国家技术创新体系建设。在此背景下，不同主体间的科技合作成效显著。中国科学院的院地合作体系逐步搭建并蓬勃开展工作；清华大学、北京大学等高校纷纷与各地政府、企业接触，建立起合作网络；以中国林业科学院为代表的未转制部属研究院所，也从自身特色出发面向市场需求开展科研活动。

（3）2006年至今：提出自主创新战略

2006年1月召开的全国科学技术大会以及同时颁布的《国家中长期科学和技术发展规划纲要（2006～2010）》，标志着我国从模仿创新向自主创新的战略转变。围绕《规划纲要》的贯彻实施，国务院制定了60项配套政策，现已颁布了73个实施细则，在科技投入、税收激励、金融支持、人才建设、教育和统筹协调等方面，为加强科技合作、促进高校和科研院所科技成果的转移转化提供了政策保障。

自主创新战略，实际上更加强调全球化趋势下以我为主的合作创新和开放创新的发展路径。在政策激励下，国家创新系统的各主体积极部署科技合作的战略布局。中国科学院、清华大学、同济大学等纷纷与各地方政府、行业协会、企业等签订战略合作协议，通过设立技术转移平台、共建研究中心、联合研发等多种形式建立稳定的长效合作机制。

2. 不同层面科技合作形式多样

这里我们以中国科学院、中国社科院、中国林业科学院、中国农业科学院、清华大学、北京大学、同济大学等单位为例，重点围绕这些科研机构科技合作活动的开展，根据合作对象的不同，分别从与地方政府合作、与产业合作、与企业合作三个层面来分析科技合作的主要形式。

（1）与地方政府的合作形式

第一，签署科技合作协议，建立长效合作机制。过去十年中，中国科学院先后与全国31个省（区、市）签署了全面合作战略协议，建立起稳定合作关系。中国社会科学院的对外合作遍及80多个国家和地区，同国外约200多个研究机构、学术团体、高等院校、基金会和政府有关部门建立学术交流关系。清华大学也已与全国24个省（区、市）签有全面（科技）合作协议，与80余个地区、市签有全面（科技）合作协议。中国林科院自"十五"以来，先后与北京、天津、上海等20多个省（区、市）人民政府以及市、县级人民政府签订全面科技合作协议，实施了200多个合作项目。院所和高校与地方政府建立长效合作机制，直接推动了地方政府产学研合作办公室的设立。

第二，开展决策咨询服务。近年来，各级地方政府纷纷成立专家顾问团，邀请高校和科研机构的专家定期为地方面临的重大问题提供决策咨询服务。其中，科技促进地区经济社会发展是决策咨询的主要议题，许多知名的科学家是专家顾问团的成员。除了专家顾问团的形式，还有高校、院所以承担地方政府咨询项目的合作形式，为地方政府提供战略决策建议。

第三，建立技术转移（育成）中心等合作平台。中国科学院建立了遍布全国的各类技术转移转化中心，现初步统计在全国有700多家法人和非法人科技合作机构。中国农科院利用自己的科技成果优势，在全国建立了各类科技示范基地。中国社科院通过建立研究基地等形式，努力提升对区域经济社会发展的参与程度，如与上海市人民政府合作设立"上海陆家嘴研究基地"，积极开展与上海现代服务业、先进制造业发展和"两个中心"建设相关的各项学术研究和培训交流活动。清华大学、北京大学等高等院校则大力建设各类大学科技园和科技成果产业化基地。

第四，设立合作基金专项。清华大学与无锡、河北、云南、广东等地方合作建立了"地方政府主导、企业直接受益"和"校地联合主导、校企共同受益"的各类科技转化合作基金，以"基金＋基地"的创新模式，为校地合作的有效开展提供了重要保证。截至 2009 年年底，清华大学与地方政府合作设立了河北清华科技合作开发基金、云南清华科技合作基金、鞍山清华研发种子基金、无锡清华大学科技成果转化基金、广东省教育部产学研项目基金、铜陵清华产学研合作基金等 6 个科技开发基金，积极支持清华大学科研成果产业化，取得了良好的效果。中国科学院与北京、江苏和广东省等地方政府设立合作专项基金，支持合作研发和成果转移，中科院与广东省设立省院合作专项基金，每年用 1 亿元人民币资助科学院各研究所与广东省企业开展科技合作。

第五，帮助地方建设研究机构。在地方发展所急解决的领域，与地方政府合作共建研究中心。近年来，中国科学院与地方省（区、市）政府合作，联合共建了若干面向区域经济社会发展的研究机构，如海西研究院、重庆研究院等。从区域发展所亟须解决的问题出发，以合作共建的方式，为地方科研机构集聚人才、提供研究支持。各高校也积极与地方政府、高新技术产业开发区共建各类法人和非法人的技术转移和人才培训机构。如清华大学自在 20 世纪 90 年代中后期以来，先后在经济发展活跃的珠三角、长三角、环渤海等地区，与当地政府组建了深圳清华大学研究院（1996 年 12 月）、北京清华工业研究院（1998 年 8 月）、河北清华发展研究院（2002 年 8 月）、浙江清华长三角研究院（2003 年 10 月）等机构。

第六，加强人才交流。为促进院地合作与交流，中国科学院专门成立了科技副职办公室，近年来累计派出数百名干部到地方挂任科技副职。

（2）与产业的合作形式

第一，最主要的形式是高校、科研院所在有关部委或行业主管部门的推动下，与企业联合成立产业技术创新联盟。主要致力于产业共性或关键核心技术的突破，致力于产业技术标准的制定。如北京大学、中科院计算所、清华大学、北京邮电大学等，都是闪联技术标准联盟的重要成员；清华大学、中国科学院、武汉邮电科学院等是 TD－SCDMA 的标准成员。

第二，举办产业发展论坛或研讨会等。产业发展论坛或研讨会是信息交流与讨论的平台，旨在推动产业链的延伸，提升产业技术能力，加强研发、生产、应用和服务等各个环节的协同发展。中国科学院、清华大学、北京大学等举办的生物医药产业发展论坛、电子信息产业发展论坛等，赢得了科研机构、有关政府部门以及行业领军企业的热烈欢迎和广泛赞誉。

（3）与企业的合作形式

第一，为企业提供技术咨询和服务。高校和科研院所与企业之间就技术开发、技术转让、技术咨询或者技术服务等签订各种技术合同，是大学和科研院所与企业最常态、最广泛的合作形式，可以一事一议，也可以建立长期合作关系，围绕技术服务实现打包或批处理。

第二，联合建立研究中心、实验室等研发机构。组织形式灵活多样，可以设置在企业内部，也可以在大学或科研院所挂牌；可以主要面向参与企业的研发需求，也可以是面向前沿基础研究，相对独立运作。如中国科学院在企业内建立了数百家联合研究中心。清华大学 1995 年成立了企业合作委员会，目前已有海内外成员单位 190 家，并先后与丰田汽车公司、联合技术公司、英国石油等 30 多家海外企业成立联合研究中心，作为校企合作的推进平台。北京大学、中国农科院、中国林业科学院也与企业合作，成立了多家联合研发机构和技术转移联合体。

第三，人才的培养与交流。科研机构、高校通过帮助企业建立院士工作站、博士后工作站、实践基地等，为企业提供人才培训服务和交流。同时，加强高校、院所与企业科研人员的交流互动，企业的研发人员进入高校和科研院所提高理论和技术素养，科研机构的科研人员进入企业转化技术成果，寻求研发课题。宝钢、中石油、中石化在中科院和其他高校设立奖学金，不仅为加强人才培养承担社会责任，为企业提高知名度，也在创新文化建设上形成了产学研合作创新的氛围。

（二）部分国家工程院开展科技合作的主要特点

1. 以促进国家工程能力建设为核心

国家工程院是国家在工程技术领域最高学术性、荣誉性的代表组织，促进国家工程能力的提高是其最根本的使命。以提升国家工程能力为核心，以科技合作为支撑，各国工程院做了大量卓有成效的工作。

英国皇家工程院。作为国家工程院，英国皇家工程院将整个国家各个领域杰出的工程师聚集到一起，以促进科学、艺术和工程实践的发展。目标是为了公众利益，追求、鼓励和维持英国工程领域的卓越地位，促进科学、技术和工程实践的发展。

英国皇家工程院确立了在较长时期内的三个战略要点：

一是提高英国的国家工程能力。英国皇家工程院支持并促进学术界和产业界之间的联系。通过特定的国家和国际项目来提高英国在科学、技术转移和创新应用方面的能力。支持高质量的工程研究，鼓励交叉学科的发展，促进国际交换，并提供一种宣传最优实践的方法。

二是促进下一代工程人才的培养。优越的文化基础有利于培养更高质量的人才，英国皇家工程院致力于激励下一代工程人才，通过创造性和合作性的活动来促进人们的能力发展。

三是通过提出真知灼见及影响公共政策来引发广泛讨论。依托英国皇家工程院院士的专业技能和领导力，通过发布真知灼见，影响公共政策的制定，为思想的相互交换提供平台。

英国皇家工程院的工作主要体现在以下八个方面：一是建立、维护和推动工程各个领域的实践熟练程度；二是促进工程以及与工程相关学科的教育、培训和经验的优化；三是追求卓越，鼓励在工程产品制造、工程服务等方面研究、开发和设计的创新和改进；四是提供和传递工程领域各个分支及相关学科之间的信息；五是就整个工程领域的一些问题，向英国政府或其他任何机构提出建议；六是建立合作关系，并加强与国内外相关组织、机构的联系；七是邀请并筹集各种有条件、无条件的捐赠，并将这些捐赠和英国皇家工程院其他财产按照法令规定的方式投资；八是努力促进英国皇家工程院目标的实现，完成权利部门授予的项目。

美国工程院。作为美国科学技术咨询顾问联合体的一员，美国工程院的使命是以工程专业领域内杰出的专家为依托，利用其卓越的技能和思想，提高整个国家的技术财富。

美国工程院组织目标包括以下六个方面：

一是提供评价国家不断变化的要求和能够用来满足这些需求的技术资源的方法，主持旨在满足这些需求的项目，鼓励与国家利益相关的工程研究；二是探讨和促进美国与外国的工程技术合作，保证使该合作集中在对社会有意义的问题上，鼓励旨在满足该目标的研究和开发；三是按照政府部门或机构的要求，随时向国会和政府提供与工程技术有关的国家重要事项的咨询服务；四是保持与美国国家科学院在涉及科学和工程方面的合作；五是针对与工程和技术相关的其他重要问题为国家提供服务；六是以某种合适的方式奖励卓越工程师对国家的突出贡献。

鉴于上述使命，美国工程院院长 Charles M Vest 认为，美国工程院首要的任务是通过各种形式的教育活动，增加整个社会中从事科学、技术、工程和数学的人数；同时通过相关的活动，来构建和增强与全世界的工程型机构之间的关系，并为国内的研究提供全球化的视角。

瑞典皇家工程科学院。瑞典皇家工程科学院的使命是为了社会的利益，促进工程和经济科学以及商业和产业的发展。该机构有一个传统，即明确战略选择的重要性。研究和项目必须阐述社会中潜在的技术和问题，新技术的经济后果以及可持续发展的先决条件。该院引导四个方面的活动，即：教育和研究、发展商业协会、技术与社会、展望。

瑞典皇家工程科学院是瑞典知识交流的一个独立平台。虽然瑞典皇家工程科学院为非政府机构，但其选定的领导人须由政府任命，修订章程须经政府审批。它通过发起和促进不同国家以及学科之间专家的交流，加强工业界、学术界、公共行政和各种利益集团之间的联系；通过讲座、会议、研究交流和其他服务形式，聚集各界人士，以产生新的思想和知识。

2. 科技合作活动日益活跃

由于各国国家工程院在法律地位、组织资源等方面存在差异，故其开展科技合作的活跃度不尽相同。既有注重与群体外部的合作、相对活跃的一批国家工程院，如瑞典、英国、美国等国家工程院；也有注重群体内部交流和服务，对外科技合作相对不够活跃的一批国家工程院，以及少量处于组织转型，社会服务职能尚待发挥和提升的一批国家工程院。总体来看，加强与国家创新体系其他各主体的交流与合作，以充分体现国家工程院的综合社会服务功能，成为若干重要国家工程院的一个发展导向。

美国工程院积极开展战略咨询和技术预见活动，自1995年以来已连续举办十多届"工程前沿研讨会"（Annual Symposium on Frontiers of Engineering）。英国皇家工程院通过举办"工程前沿研讨会"（Frontiers of Engineering，FOE）和发布研究报告等形式，呼吁在气候变化方面的重大基础设施等方面进行变革，呼吁让产业部门共享政府决策信息。瑞典皇家工程科学院通常会就社会发展中的重大问题组织项目，成员包括政府的相关部门、学术界研究人员以及产业界的公司，如瑞典皇家工程科学院为复兴整个国家的运输系统，开展了"2030年的运输"研究项目，组织联系瑞典铁路管理局、瑞典公路管理局、瑞典国民航空管理局、瑞典海事管理局、瑞典创新系统政府局等众多机构以及企业的研究人员，建立对话平台并提出改善运输系统的建设性建议。

3. 以科技合作为纽带，平台组织功能凸显

（1）面向各类合作主体，构建适应不同对象特点的科技合作网络

加强和促进工程院与国家创新体系中各个主体的科技合作，是发挥国家工程院作用的重要方面。各国国家工程院开展科技合作的主要对象，包括其他学术性、荣誉性机构，中央政府组织，基金会，行业协会与组织，大学，地方政府，企业等，逐步形成了适应不同主体需求特点的科技合作网络。面向各主要合作对象，在战略咨询、科技服务、学术发展、人才培养等方面，

构建适应不同主体特点的科技合作网络，形成多主体、全方位、活跃的合作交流关系。

美国工程院不仅响应联邦政府的需求，也与基金会、产业界和地方政府共同发起活动，并通过私人机构提供资金来发起项目。美国工程院将众多相关领域的机构联系在一起，具有重要的地位。在其所建立的合作网络中，包含以下几种合作主体：一是联邦政府和州政府，特别是联邦政府是最大的资金来源；二是产业界，公司为工程院提供部分运转资金，参加工程院举办的研讨会，与工程领域的专家共同交流，实现更好的发展；三是研究院所，将国内知名的研究院所引入合作体系内，有助于实现提供全球化视角的研究这一目标；四是国外工程院，通过与国际一流的工程院举行研讨活动，能够保证美国工程院始终站在科研和工程的前沿。

英国皇家工程院的科技合作集中在提高国家的工程能力和引领广泛讨论，重点开展同以下主体之间的合作：一是英国国内知名的研究机构，通过与这些主体的合作，实现引领在未来工程科技方面开展广泛讨论的目的。二是政府及其部门。英国皇家工程院与政府之间的合作，主要集中在围绕能源、气候变迁、低碳、生物工程等提供决策咨询。三是产业界和大学。英国皇家工程院鼓励并支持学术研究与产业之间的联系，为此发起实施了数个项目，一方面可以提高工程教育和研究的实践水平，另一方面也有利于提高工程师们的学术水平。四是国际合作。特别是参与欧洲应用科学与工程理事会的活动。欧洲应用科学、技术与工程院理事会（Euro－CASE）是由欧盟和欧洲自由贸易联盟应用科学与工程院组成的非营利性组织，英国皇家工程院是其成员之一。另外，参与国际工程与技术科学工程院理事会（CAETS）的活动。

瑞典皇家工程科学院在很大程度上致力于服务产业界，与产业界的合作是该机构的重头戏。同时，与政府及其部门的合作也是其发挥作用的重要途径。在国际合作上，瑞典皇家工程科学院表现积极，建立了良好的国际合作与交流关系。其他国家，如德国、法国、俄罗斯等国家工程院也都通过开放的合作网络体系建设，更灵活地发挥国家工程院在行业和专业服务领域中的突出引领作用。

（2）探索多种组织形式，形成活跃的多主体、全方位合作界面

通过多种合作形式，提升国家工程院在战略咨询、科技服务、学术交流和人才培养等方面的影响力。其组织方式多样，包括决策咨询、规划论证，技术咨询、技术评议，技术考察、调研，学术报告，工作站点，合作协议，共建平台等，根本目的在于以科技合作为纽带，提升国家工程院的影响力，为各国工程院在国家战略咨询上发挥重要作用提供重要保障。

美国工程院与美国国家科学院、国家医学科学院组成"科学三院"，联合美国科技政策委员会，共同通过美国国家研究理事会，为美国提供战略决策咨询建议，形成美国政府所依托的最大的和最具影响力的科学技术咨询顾问联合体。联邦政府围绕经济、社会、国防等重大课题向科学技术咨询顾问联合体提出咨询申请，联合体据此组织四个成员机构中的一个或几个成立委员会。美国工程院还组织了国内和国外系列研讨会。针对国内的工程需求，组织来自学术界、产业界和政府机构的人员参与探讨；对于国际上能源问题、气候问题等共识性的问题，与国外工程院合作举办 FOE 等研讨会。

英国皇家工程院联合英国工程理事会、英国工程组织、英国化工工程师学会、英国土木工程师学会、英国工程技术学会、英国机械工程师学会、英国物理学会等组成"Engineering the Future（创建未来）"，是英国的一个松散的工程科技组织联盟，共有成员约 45 万人。联盟致力于使英国的经济建立在不断创新的、具有高价值的企业和工业基础之上，使其生气勃勃，在不断增强国家实力的同时，应对 21 世纪的巨大挑战。

瑞典皇家工程科学院面对来自产业的重大问题，通过组建产业研究委员会、区域性分支机构等形式，为产业和区域经济发展提供重要科技支撑。瑞典皇家工程科学院通过形成专家网络，组建企业执行委员会和地区性分支机构，积极邀请公司加入各个项目，直接面对来自产业的重大问题。其中，企业执行委员会的目标是加强瑞典皇家工程科学院同工商界的联系。瑞典皇家工程科学院邀请一些在公司、政府机关以及使用技术或经济科研成果的机构或组织中任要职的人士加入企业执行委员会。该委员会设 1 名主席、2 名副主席，有明确的规章制度，并报经瑞典皇家工程科学院批准。企业执行委员会吸纳

公司和组织为会员，通过积极参与瑞典皇家工程科学院的项目和计划，提高会员单位的知识水平。会员需要向瑞典皇家工程科学院缴纳会费，作为该机构的一种收入来源。企业执行委员会现在已经成功将 200 个公司或组织纳入其中，为公司或组织提供了积极参与瑞典皇家工程科学院活动的机会。通过瑞典皇家工程科学院，成员可以与不同领域的组织合作，也可以参加群体活动来交换知识。

（三）对中国工程院开展科技合作的启示

综上所述，加强和促进各国工程院与国家创新体系中各个主体的科技合作，是发挥国家工程院作为国家工程科技思想库的重要体现；构建全链条的科技合作工作体系，促进科技合作的组织体系化、合作平台化、连接网络化建设，是提升各国国家工程院科技服务能力的重要保障。借鉴各国代表性国家工程院在体系建设、能力发展、合作平台、活动氛围、组织保障等方面的经验，有利于充分发挥我国的制度优势，让更多院士，更有效、更持续、更集成地为国家和区域经济建设和社会发展服务。对中国工程院来说，因其定位是国家工程科技思想库，是国家工程科技发展的智囊机构而非实体研发机构，所以其科技合作工作的开展应立足于成为连接高校、科研院所、相关部委、地方政府与产业界的桥梁和平台，在战略、组织和管理等各方面吸收借鉴国内外同类机构的经验。

一是面向国家战略需求，加强与其他部门的科技合作，明确中国工程院科技合作的战略定位。中国工程院要从国家工程科技思想库的定位出发，有所为、有所不为，面向国家战略需求，瞄准东北振兴、中部崛起、西部开发等跨省的区域性经济发展问题，瞄准战略性新兴产业的共性、关键核心技术问题，整合工程科技资源，促进科技合作。

二是成立专职管理机构，为科技合作提供组织保障。高校、研究院所内部大都成立一个专职机构负责开展产学研合作，如中国科学院院地合作局、科学院各研究所建立相应的处室、清华大学的合作委员会、中国林科院的院省合作办公室等。在专职管理机构内部，业务进行明确分工，以区域或者是合作对象来开展相关业务。高校如清华大学和浙江大学主要是分企业合作和地方合作；

清华的企业合作同时包括与国内企业合作以及与国外企业的合作；中科院以区域进行划分等。

三是提升科技合作管理能力，加强科技资源整合的力度。无论是科研院所还是高校，因为有自己的研究力量和支撑，在开展产学研合作的过程中，具备主体能动性，但其是否有能力整合科技资源，却是决定科技合作成功与否的关键。对中国工程院的启示就是，与院士所在单位、与企业、与地方政府建立起有效合作机制，构筑自身整合资源的核心竞争力，加强科技资源整合的力度。

四是开展多种形式的科技合作，构筑立体化合作网络。各单位都积极探索并丰富与地方和企业开展合作的机制和形式，构建多层面、多主体的合作网络，建成资源、人才、组织三位一体的科技合作体系，是充分发挥科技合作效能的战略途径。

四、中国工程院科技合作的现状分析

（一）中国工程院开展科技合作工作的历史沿革

1994 年，中国工程院成立时就将"通过科技合作实现科技服务经济社会发展和国防建设"作为自身职能之一。中国工程院历届院领导对科技合作工作十分重视，对合作工作的形式、内容和组织管理都做过许多重要指示，一些重大的合作活动院领导亲自参加，领衔挂帅，督导协调。广大院士专家通过积极投身科技合作，为行业、地方和国防建设付出了辛勤的努力。

中国工程院的科技合作分为三个阶段：

第一阶段：1995～1998 年，起步阶段。该阶段，院士队伍规模有限，中国工程院工作重点侧重于院士队伍建设，也就是院士增选工作。同时，也开展一些零星和小规模的合作工作。

第二阶段：1999～2007 年，较快发展阶段。随着院士队伍达到较大规模，院士服务经济社会发展和国防建设的愿望强烈，中国工程院与部分省（区、市）探索建立了全面合作关系，围绕决策咨询、技术创新、人才培养、科学思想传播普及等开展全面合作。先后与原国家经贸委、国家发改委联合，组织了系列企业技术创新院士行活动，为行业和地方企业技术创新做出了重要贡献。在院士比较集中的地方，协助建立了一批院士咨询活动中心或院士联络处，鼓励院士以适当方式更多地参与地方科技经济发展和社会进步工作，合作的广度和深度都有较大发展。

1999 年，中国工程院与深圳市政府签订全面合作协议，成立了合作委员会，建立了首家地方性院士活动基地"深圳中国工程院院士活动基地"，作为合作委员会的办事机构。这是中国工程院与地方政府签订的第一个全面合作协议。

2000 年，中国工程院与山东省人民政府签署全面合作协议，成立了院地合作工作办公室。山东省成为第一个与中国工程院建立全面合作关系的省份。

2001 年，中国工程院与上海市签订合作协议。上海具有特殊的地域、经济和科技优势，院士集中、专业齐全。在合作委员会之下，成立了上海市中国工程院院士咨询与学术活动中心。

2001 年，与顺德市政府签订了共同开展科技创新活动的合作协议，成立了顺德院士咨询活动中心，探索产学研合作模式，这是中国工程院与县级政府签署的第一个合作协议。

2002 年，中国工程院与北京市政府签订了合作协议。中国工程院 40% 以上的院士工作在北京，北京市政府聘请的科技顾问，就有 200 多位院士。

第三阶段：2008 年至今，规范发展阶段。2007 年年底，中国工程院组织召开了院地合作工作座谈会，对建院以来特别是近年来蓬勃开展的院地合作工作进行了系统总结，向会议提交了《中国工程院院地合作工作管理办法（试行）》讨论稿，揭开了中国工程院开展院地合作历史篇章的新的一页。2008 年公布执行的《中国工程院院地合作工作管理办法（试行）》，提出了"量力而行、稳步发展、突出重点、务求实效"的指导思想。中国工程院指导协助有关区域、部门建立了院士服务咨询机构，院地合作工作进一步规范化、制度化、有序化，合作省市从沿海发达省市扩及到边缘省份，并逐步转到围绕区域发展战略、服务地方实际需求、务求合作成效的健康发展的轨道上。

表 3 - 1 为中国工程院与部委、省市、企业签署合作协议情况一览表。

表3-1 中国工程院与部委、省市、企业签署合作协议情况一览表

序号	省（区、市）、部门	签约内容	签约时间
1	深圳	开展高层次、多方位合作协议	1998 - 11 - 13
2	空军	聘请空军科技发展和人才建设顾问协议	2000 - 03 - 24
3	山东	全面合作协议	2000 - 04 - 28
4	湖北	关于在光电信息领域开展高层次合作的协议书	2000 - 11 - 22
5	顺德	关于共同开展工程科技创新活动协议书	2001 - 03 - 26
6	上海	合作协议书	2001 - 07 - 26
7	国防科工委	关于共建北京航空航天大学协议	2001 - 09 - 23
8	北京	全面合作协议	2002 - 08 - 28
9	天津	人才与项目合作协议	2005 - 12 - 05
10	广西	发展生物质产业合作协议	2006 - 02 - 22
11	广西	共建"广西壮族自治区药用植物园"协议	2007 - 06 - 05
12	浙江	科技合作协议	2008 - 04 - 14
13	河南	合作协议	2008 - 09 - 17
14	湖北	合作框架协议	2008 - 11 - 03
15	工信部	合作协议	2008 - 11 - 28
16	中钢集团	科技合作协议	2009 - 01 - 08
17	内蒙古	科技合作协议	2009 - 08 - 13
18	云南	全面科技合作协议	2009 - 10 - 16
19	开发行	合作协议	2009 - 11 - 02
20	广东	全面推进产学研合作协议	2010 - 07 - 26
21	新疆	合作协议	2010 - 08 - 30
22	新疆兵团	合作协议	2010 - 08 - 31
23	山东	推进钢铁产业结构调研试点省建设合作备忘录	2010 - 09 - 03
24	江苏	科技合作协议	2010 - 09 - 05
25	湖南	科技合作协议	2010 - 10 - 24
26	神华集团	科技合作协议	2010 - 12 - 03
27	四川	合作协议	2010 - 12 - 28
28	重庆	合作协议	2010 - 12 - 27
29	外专局	智力引进合作协议	2011 - 01 - 18
30	黑龙江	合作协议	2011 - 02 - 14
31	陕西	合作协议	2011 - 04 - 25

续表

序号	省（区、市）、部门	签约内容	签约时间
32	广西	科技合作协议	2011－05－05
33	安徽	合作协议	2011－05－13
34	吉林	合作协议	2011－05－16
35	福建	科技合作协议	2011－06－18
36	甘肃	科技合作协议	2011－07－06
37	青海	科技合作协议	2011－07－28
38	宁夏	科技合作协议	2011－08－28
39	总后勤部	科技合作协议	2011－10－11
40	辽宁	科技合作协议	2011－10－21
41	科技部、中科院、北京市	共建首都科技发展战略研究院协议	2011－11－01
42	空军	推动空军装备军民融合创新发展战略合作框架协议	2011－11－22
43	贵州	科技合作协议	2011－11－26
44	自然基金委	合作框架协议	2012－01－15
45	山东	全面合作协议（第二轮）	2012－04－11
46	河北	科技合作协议	2012－05－25
47	国务院国资委	共同推动中央企业技术创新战略合作协议	2012－07－17
48	中国南车	科技合作协议	2012－08－10
49	山西	战略合作协议	2012－08－31
50	中海油	战略合作协议	2012－09－20
51	海军	战略合作协议	2012－10－23
52	上海	中国工程科技发展战略研究中心（上海）合作协议	2012－11－24
53	一汽	科技合作协议	2012－12－08
54	教育部	战略合作协议	2012－12－24
55	中国科协	战略合作框架协议	2013－03－15
56	海南	战略合作协议	2013－03－28

（二）中国工程院科技合作的主要形式及成就

1. 为地方、行业和国防建设开展战略咨询论证，提升科学决策水平

围绕行业、区域经济社会发展以及国防建设的重大战略咨询、重大平台建设、重大技术攻关、重点产业发展组织战略咨询，围绕国家中长期发展战略、创新能力建设、创新人才培养、可持续发展、民生工程、突发性重大事件应急对策等关键、重大、综合、前瞻性课题，发挥院士群体智慧，开展卓有建树的咨询研究。众多咨询研究任务，直接涉及区域、行业发展，需要在地方、行业实施，得到了地方党委、政府的高度重视和积极配合。除中国工程院及各位院士主动从国家发展战略高度，主动为地方科学决策和重大战略实施倾情付出、奔走呼吁外，各省市、各行业也高度重视，充分发挥中国工程院作为我国工程和科技界最高咨询性学术机构的作用，聘请院士专家担任科技顾问，重大决策、重大问题主动邀请院士进行咨询论证，广泛征求院士的意见建议，部分战略咨询研究通过院士的呼吁和努力，上升到了国家层面。

1999年5月，中国工程院等在山东省东营市召开"黄河三角洲高效生态农业发展研讨会"，会后卢良恕、蒋民宽、相重扬、江泽慧等40多位院士专家联名向国务院提出了"关于建立黄河三角洲国家高效生态经济区的建议"，并很快得到高层重视，先后被列入国家"十五"、"十一五"规划。2009年年底，国务院正式批复《黄河三角洲高效生态经济区发展规划》，黄河三角洲地区的发展上升为国家战略，踏上了"在开发中保护、在保护中开发"的新征程，跃上了一个更高更新的发展平台。"十二五"开局之年，山东半岛蓝色经济区发展规划被国务院批复，正式上升为国家战略。

2003年，中石化面临着在天津市发展石化产业的战略抉择。中国工程院院士、中国石化集团总工程师袁晴棠，中国工程院院士、中海石油（中国）有限公司总工程师曾恒一等，会同国家有关部门专家，组织召开了"2003天津石化产业发展论坛"，对中石化在天津投资建设百万吨乙烯、千万吨炼油项目开展深入研讨、咨询论证。2004年3月，国务院总理办公会正式批准了上述立项，总投资339亿元，是新中国成立以来国家在天津市投资建设的最大项目。

2006年10月，中国工程院、国家开发银行、江苏省人民政府联合开展了"江苏省沿海地区综合开发战略研究"，组织有关领域的20多位院士和200多位专家，开展了11个课题的研究。战略研究分析了江苏沿海地区的资源和区位条件，研究提出了统筹经济发展与环境保护、城乡之间以及工农之间的关系，把该区建成新型工业、现代农业、旅游、度假、观光基地，开辟重要的土地开发区以及生态功能保护区的综合开发思路。目前，江苏沿海地区已被设为全国主体功能区规划中的国家重点开发区域。

为配合国家西部大开发战略，2007年9月，由中国工程院院士、全国政协原副主席钱正英任项目组组长，中国工程院启动了"新疆可持续发展中有关水资源的战略研究"。在历时3年的项目研究中，9个课题组、20位院士、100多位专家多次深入新疆实地考察调研，形成了项目研究综合报告，分析了新疆水资源基本状况，指出新疆水资源利用的主要问题，提出实施水资源配置利用的战略转变、原则及重大水利工程的布局，提出了10项战略性建议。该项目还在实地调研的基础上，进而建议要加快城镇化和工业化步伐，建议新疆生产建设兵团将发展战略重大次序从"农业现代化、工业化和城镇化"转变为"新型城镇化、工业化和农业现代化"，这些建议为新形势下我国"屯垦戍边"战略的调整和发展提供了重要支持。

2009年12月，继中关村之后，武汉东湖高新区获国务院批复成为全国第二家国家自主创新示范区。周济院士亲自率30位知名院士组成院士专家团奔赴武汉，就东湖国家自主创新示范区10年发展规划纲要和产业规划进行调研论证，开展战略咨询。按照规划，至2020年，东湖国家自主创新示范区力争企业总收入突破2万亿元，进入全球新技术产业园区发展的第一梯队，成为全球光电子产业中心、新兴产业发展试验区、低碳经济发展示范区和企业创业发展核心区。

随着新一轮东北振兴政策出台、国务院批复启动长吉图开发开放先导区战略，吉林省等有关方面正积极组织相关咨询活动，发挥院士的智慧和作用，为长吉图开发开放先导区的建设与发展提供多方位的科学研究与项目实施。

2010 年，中国工程院开展"浙江沿海及海岛综合开发战略研究"，提出"设立舟山群岛新区"的建议得到国务院同意。2011 年舟山群岛新区正式获批，成为我国首个以海洋经济为主题的国家级新区。

另外，近年来中国工程院组织开展的"战略性新兴产业"、"海洋工程科技"等重大咨询研究，注重为地方发展服务，先后到有关地方深入开展调研、交流，及时向国家提出针对性强的咨询建议，在服务国家重大决策的同时，为推动地方发展发挥了积极作用。

2. 组织"院士行"活动，促进区域、行业和企业技术创新体系建设

中国工程院及其各学部与国家有关部委、省市及高校、科研机构、企业联合，共同组织地方、行业、企业"院士行"，是中国工程院开展科技合作、服务于国家经济社会建设开展最早、数量最多、成效最显著的活动形式。

1998 年下半年，中国工程院与原国家经贸委联合，动议组织开展"院士行"活动，双方共同成立了领导机构，召开多次协调会议对"院士行"活动进行部署。"院士行"活动报经国务院批准，得到了国务院的重视和支持，受到了到访企业的普遍欢迎。据不完全统计，1999 年至 2004 年，双方共组织"企业技术创新院士行"47 次，对 63 个大中型企业进行了发展战略方面的咨询和技术诊断，解决技术难题近 389 项，签订技术合作协议 192 个。2004 年以后，"院士行"活动由中国工程院与国家发改委联合，先后组织了 23 次，涵盖了 14 个省（区、市）的 13 个行业（领域）、62 个企业，涉及电力、有色金属、环境、化工、节水减排、生物产业、医药、装备制造、航空、食品等多个重要行业和领域，促进了行业和企业技术创新体系的建设。

"院士行"活动主要在四个层面上开展工作：

一是结合国内外科技发展趋势，针对行业共性技术和企业提出的技术需求，举办院士学术报告会，提高企业总体技术水平和管理水平。如 2001 年 12 月、2011 年 7 月相隔 10 年间，中国工程院分别组织机械与运载工程学部的院士、专家齐聚"工程机械之都"长沙，开展了两次"院士行"活动，与中联重科、三一重工、山河智能等重点企业的管理者和技术人员进行交流和研讨，为湖南工程机械企业技术创新提供指导。2010 年 11 月 18 日，中国工程院在四川成都迈普通信技术股份有限公司组织了"迈普通信发展战略院士专家咨询会"，中国工程院院士林祥棣、李乐民、陈鲸，中国科学院院士刘盛纲、刘应明、朱中梁等齐聚迈普集团，结合国家"十二五"发展规划和通信领域新技术、新产业发展为迈普公司建言献策，特别是有针对性地建议，企业要抓住行业融合机会，注意个性化、差异化发展。

二是帮助企业解决重大关键技术难题。对企业提出的技术难题，国内已有成熟技术的，院士们主动为企业联系或提供线索，促其尽快应用；对于一时尚无法解决但对企业发展确有重大影响的技术难题，院士或院士推荐的研究院所与企业签订合作研究协议；对重大共性技术难题，由院士牵头凝练组织重点攻关项目，向有关部门申报支持。如，院士们协助鞍钢解决了选矿过程中磁选机介质板堵塞这一长期困扰企业的老大难问题。院士们视察上海江南造船集团公司时，建议在承揽的三峡工程12万平方米闸门钢结构防腐工程上，采用新型高速电弧喷涂技术和铝稀土合金涂层，取代原来的锌涂层设计方案，既能提高防腐涂层质量，大大降低成本，又能解决环境污染问题。在兖州煤矿，院士专家组一次就提出了11个带有方向性的技术创新问题和9条具体建议，兖州煤矿对院士们提出的"关于城镇热、冷、电三联供"的研究成果非常感兴趣，认为在矿区很实用，可以推广。在海信集团，院士们促成了海信与中国舰船研究院711所的合作，将热管应用于空调压缩机，以提高空调的制冷量，降低能耗，以及与舰院718所合作，进行改善空气质量的新型空调机的研究与开发。

三是对企业的总体发展战略、技术创新体系建设和技术改造方案提出宏观决策咨询意见。鞍山钢铁公司第一次改造因为方向不正确而趋于流产，准备投入上百亿元进行二次技术改造但事关企业的前途和命运不敢最终决策。通过"院士行"组织了23位院士赴鞍钢调研，深入细致地研究论证鞍钢的整体技改方案，坚定了鞍钢人坚持二次创业的信心。由袁晴棠院士任组长的专家组对燕山石化进行了深入调研，针对存在的问题和发展计划，从12个方面提出了32条意见和建议，对于充分利用好700万吨大庆原油、解决瓶颈制约、调整产品结构、提高经济效益具有重要意义。殷瑞钰院士带队组织15位院士和专家对唐钢的总体发展战略进行了认真分析，在7个方面提出了50多条具体建议，被唐钢全部采纳并取得了显著的经济社会效益。

四是不断赋予"院士行"新的内涵。从 1999 年以来，中国工程院与国家有关部委联合组织 80 多次科技创新"院士行"活动，开展现场调研、咨询论证、学术报告及技术创新指导，涉及钢铁、煤炭、石化、信息、医药、电力、电子、机械、制造等多个具有代表性的重点行业企业，有力地带动了企业创新能力的提升。

首先，"院士行"活动的组织主体更为多元，从行业为主转向行业、区域并重。中国工程院及其各学部应各省市之邀，组织了系列区域性院士行活动，并逐步形成了响亮的品牌，如"八闽院士行"、"院士齐鲁行"、"院士江苏行"、"院士南通行"、"百名院士专家渝州行"活动。

2000 年，中国工程院组织"院士行"，活动针对"武汉·中国光谷"建设进行咨询论证，为武汉东湖高新区建设国家光电子信息产业基地的建设和发展发挥了关键的支撑引领作用。2010 年，中国工程院再次组织院士对东湖国家自主创新示范区发展规划和产业规划进行咨询论证和科学指导。

2001 年起，配合海峡西岸经济区发展战略实施，中国工程院连续 10 年在福建海西地区组织开展"院士专家海西行"活动，取得了积极成效。10 年来，福建省充分运用"院士专家海西行"这一平台，积极组织院士专家融入海西建设大局，共邀请院士 1091 人次、专家 2048 人次参加活动；带来国际、国内领先的项目 8120 项，与福建企业正式签约 53 项，签约金额 130.63 亿元人民币；为福建企业承接 114 项技术难题；作科普报告 858 场、听众达 18 万人次，举办学术报告 400 场、听众达 12 万人次；88 人次院士、专家受聘为福建省高校客座教授，81 人次院士、专家受聘为福建省各级科技顾问。2011 年，中国工程院又启动开展"海西经济区（闽江、九龙江等流域）生态环境安全与可持续发展研究"，为海西经济区生态文明建设和可持续发展出谋划策。省院合作活动开展活跃的山东省，围绕全省区域发展战略和产业发展的重大、关键和共性技术难题，每年组织 5～6 次"院士行"活动。近 10 年来，全省共计组织 50 多次"院士行"，参加院士超过 500 多人次，覆盖全省全部 17 市、1000 多家企业，帮助企业解决技术难题 2000 项。

配合国家西部大开发战略实施，中国工程院组织开展了新疆、青海、甘肃、宁夏等地的院士咨询服务活动，2011 年启动开展"三江源生态补偿机制研究"、"能源金三角发展战略研究"、"青海盐湖资源综合开发利用及可持续发展战略研究"、"甘肃省新能源发展战略研究"等一系列咨询研究项目，为地方经济社会及行业发展积极出谋划策。配合国家振兴东北老工业基地战略的实施，中国工程院与黑龙江省人民政府在 2011 年联合举办"院士专家龙江行暨石墨产业发展论坛"，积极推动黑龙江省建立国家高新石墨产品开发、产业化与交易基地，打造国际石墨谷，相关建议得到国务院有关部门采纳。

其次，"院士行"活动的主题更为突出，针对性更强。如从 2009 年 4 月起，国家发改委和中国工程院组织了"循环经济院士·专家行"，中共中央政治局常委、时任国务院副总理的李克强同志出席了"循环经济专家座谈会暨循环经济专家行启动仪式"，充分肯定这是践行科学发展观，建设资源节约、环境友好"两型社会"的一次有益尝试。近百名院士、专家分赴国家循环经济示范试点企业，开展了系列的现场调研、决策咨询和技术创新指导。

2009 年年初，中国工程院和中钢集团签订了科技合作协议，组建了中国工程院与中钢集团科技合作委员会，确定了 2009 ~ 2012 年双方科技合作暨"院士中钢行"的工作安排。2010 年 12 月的"中钢院士行"活动，中国工程院院长周济亲自出席，副院长干勇、原副院长王淀佐等 23 位院士积极参加，6 位院士分别举办了专题学术报告会，与会院士、专家对"十二五"国家科技支撑计划项目"深贫杂铁矿资源高效开发关键技术研究与应用"项目进行了论证咨询。同年末，能源与矿业学部常委会在安徽马鞍山召开，期间与中钢集团组织了"院士行"活动，为矿山战略联盟进行咨询论证，成立了马鞍山矿山研究院院士工作站，举办了 5 场学术报告会，考察了马钢等企业，等等，为行业、企业和地方的发展提出了积极的意见和建议。

为大力推进节能减排、发展低碳经济，中国工程院、神华集团共同组织了"神华院士行"活动，中国工程院周济院长、谢克昌副院长等共 18 位院士，实地考察神华集团，对神华集团依靠自主创新，加强煤炭高效、清洁、可持续利用以及提高资源利用效率和安全环保等提出了意见建议，对神华研究院建设方案进行了咨询论证。

近年来，中国工程院与中钢集团、神华集团、南车集团、中海油等中央大型骨干企业签署科技合作协议，组织院士专家，参与企业的重大战略决策、重大工程建设、重点产业发展、战略性新兴产业和高技术产业发展战略的研究、咨询和评估，为企业技术创新体系建设、产业技术创新发展方向等重大问题提供咨询服务。

再次，"院士行"活动的成效更为显著，从企业技术创新能力的提高，进而演进到区域创新体系的建设。在山东，随着"院士行"活动的不断深入，院士合作工作的重心从单个企业构成的孤立的"点"，逐步转变到服务产业链条、组建创新联盟的"线"，进而发展到针对区域经济的优势和特色，服务产业集群发展、优化区域创新体系的"面"。为配合全省"一体两翼"发展架构，2008 年山东省组织 20 多名中国工程院院士和清华大学、中国农科院等高校院所的 50 多名专家，分别举办了以北翼黄河三角洲可持续发展为主题的黄河三角洲院士行活动，以及以鲁南产业带发展为主题的鲁南院士行活动，院士专家对山东"一体两翼"的发展战略进行了充分的咨询论证，并就黄河三角洲高效生态经济区和鲁南特色产业创新区区域创新体系建设、主导产业技术创新发展方向等重大问题进行了深入交流，提出了宝贵建议。为配合山东钢铁产业结构调整试点省行动，2010 年 9 月初，徐匡迪、干勇等 7 位院士和 10 多位钢铁行业专家教授，专程到山东考察调研山东钢铁产业结构调整暨创新能力建设工作，中国工程院与山东省就推进山东钢铁产业结构调整试点省建设签署了合作备忘录。

江苏省紧密围绕国家创新布局，主动衔接区域发展需求，先后吸引 208 位中国工程院院士主持或参与，合作共建了一批重大研发机构或创新平台，有力支撑了产业整体创新能力的提升。由 21 名院士牵头或作为技术负责人创建了 15 家省级以上高技术研究重点实验室，孙忠良院士担当技术总负责的南京通信技术国家实验室，占地 450 亩，总投资 4.5 亿元，重点开展新一代通信技术的集成研发；围绕战略以及新兴产业的总体需求，以院士及所在单位为主体，投资近 40 亿元建设了 3 个省级产业研究院以及一批产业创新平台；围绕传统产业以及优势产业的创新要求，有针对性地加强了区域性公共科技服务平台建设，程顺和院士参与的省农业种质资源保护与利用平台，先后育成一批优质高产扬麦系列小麦新品种，扬麦 5 号、扬麦 158 号累计种植 6 亿亩以上，增产粮食200 亿公斤，创经济效益近 300 亿元；部分院士发挥优势创办企业，有力地引领了行业技术进步，仅在国家高新区就有 10 多位院士创办了企业。沈国荣院士领办的南瑞继保公司，形成了具有完全自主知识产权的电力系统保护、控制技术体系，超高压继电保护产品国内市场占有率超过 40%。

天津市积极吸引组织中国工程院院士、专家与相关企业、高校及科研院所合作，据不完全统计，承担国家以及省部级重大科技计划项目 110 多项，联合建立市级重点实验室、工程技术中心 5 个。

广东省依托产学研大合作组建了 34 个创新联盟，涉及 56 所重点高校、36 所科研机构和 440 家企业。段正澄院士与东莞华中科技大学制造工程研究院合作承担的省部产学研重大项目"数字化制造装备产业共性技术"，开发了 10 多台（套）行业关键装备，申请了 40 多项专利，其中发明专利近 20 项，获国外授权专利 2 项，登记计算机软件著作权 7 项，发表论文论著 105 篇，制定企业标准 7 项，参与行业标准修订 1 项，为企业创造直接经济效益 3 亿多元，培养了博士、硕士及高工、工程师等人才近 200 人。

2007 年 6 月，广西壮族自治区人民政府与中国工程院签约共建广西壮族自治区药用植物园，并签订了共建肖培根实验室、广西壮族自治区药用植物种子站、中药分离馏分样本库、广西中药材标准化技术委员会、药园植物数据库等协议。

3. 搭建会展经济平台，提升区域创新能力

从 1999 年深圳市与中国工程院最早签订全面合作协议后，中国工程院即参与协办和主办了深圳高交会，2007 年起在高交会期间创办了"生物产业发展论坛"，每年选择一个生物产业方面的主题，连续举办。深圳高交会已成为我国展会规模和影响最大的科技博览会之一，也是院地科技合作的一个典范。

2000 年山东省与中国工程院全面合作伊始，便将联合举办各类科技博览会，构建国际科技合作与交流平台，作为深化省院合作、提升山东形象和层次

的重点工作。省院双方与联合国亚太经社会，国家有关部委、单位联合，先后搭建了"国际（烟台）果蔬食品博览会"、"中国（淄博）新材料技术论坛暨国际科技成果招商洽谈会"、"中国（济南）信息技术创新国际论坛暨博览会"、"中国（济宁）专利高新技术产品博览会"4 个科技经济会展平台。目前，4 个博览会已形成品牌，成为国内各自技术领域的行业盛会。截至 2010 年，中国（淄博）新材料技术论坛暨国际科技成果招商洽谈会已成功举办了 9 届，共汇聚了两院院士 220 多人次，专家 680 多人次，30 多个国家和地区的 340 名专家学者，国内 100 余所科研机构、高等院校 3200 多人次高科技研发人员为淄博市乃至山东省的发展奉献才智。仅第 9 届展会就签订技术合作项目 780 项，可带动科技投入和高新技术产业投资 106 亿元。烟台果蔬食品国际博览会已成功举办了 10 届。

每年的 6 月 18 日是"中国·海峡项目成果交易会"（简称"6·18"）的举办日。截至 2010 年，"6·18"已举办了 8 届，成为福建省科技成果交易和项目对接的重要平台，共邀请院士 635 人次，向省内外企业推介项目 8120 项，重点推介 528 项，承接省内技术难题 114 个，签约对接 66 项，合同投资总额 136.63 亿元，落地 48 项，落地率 73%。2009 年，张文海院士与福建紫金矿业集团股份有限公司合作的紫金铜业 20 万吨铜冶炼项目，预计固定资产投资 26 亿元，建成后预计年产电解铜 20 万吨，附产黄金约 5 吨、硫酸 70 万吨，年收入可达 67 亿元以上，利税 5 亿多元。

4. 建设企业院士工作站，推进科技与经济结合

建设企业院士工作站，是近年来地方科技工作者深化与中国工程院合作，推进院士高科技资源服务基层、服务企业，推进产学研用结合的好创意、好形式。2009 年冬季，根据国务院领导同志关于"院士工作站"工作的批示精神，中国工程院会同中国科学院、科技部和中国科协组成联合调研组，对院士工作站发展情况进行了调研。至 2009 年年底，全国已有辽宁、江苏、浙江、山东、广东等 20 个省（市）的企业等相继建立院士工作站 400 多家，受聘院士 500 多名。建站单位共签订技术合作项目 800 多项，取得技术成果 1500 多项，发明专利 300 多项，解决技术难题 3000 多项，经济社会效益显著。其中，江苏省共建立企业院士工作站 264 家，引进院士 283 名，有 179 个是中国工程院院士工作站，占 2/3 以上，总投入超过 25.9 亿元，院士研发团队先后有近 3000 名教授、博士进站为企业服务，解决技术难题 300 多项，帮助企业增效近 50 亿元，为企业培养技术骨干 1000 多名。山东省已建设 108 个院士工作站，共有进站院士 119 人，其中中国工程院院士 87 人，吸引院士团队 678 人次；与院士及其团队合作项目 200 多项。据不完全统计，合作项目年度销售收入 70 多亿元，年度利税 15 亿元，新增就业 7000 多人次；申报专利 377 项，其中发明专利 106 项；授权专利 172 项，其中发明专利 63 项。

通过建设工作站，把院士及团队的工作延伸到企业，以项目为纽带，架起了院士和企业合作的桥梁，实现了高端科技资源与经济社会发展的紧密结合，带动了项目实施、基地建设、人才培养的一体化，推进了科技合作的组织化、制度化、长效化。其作用突出表现为：

一是突破技术制约取得重大进展，关键技术创新成果显著。建站企业依靠院士专家攻克技术壁垒，一批具有自主知识产权的重大科技产品研发成功。沈阳北方重工集团聘请钱七虎、孙钧、王梦恕等院士专家合力攻关，具有国际领先水平的国产全断面隧道掘进机顺利下线，打破了国际技术垄断，5 年内全球订单 50 多台，销售收入 40 多亿元。

二是有效促进了产学研合作，企业与院士专家团队互信双赢、长效发展。院士工作站把院士的工作延伸到企业，以项目为纽带，实现了高端科技资源与经济社会发展的紧密结合：处于行业领先地位的企事业单位为院士提供发展急需的课题；院士为企事业单位带来最新科研成果，并为其提供零距离技术指导服务。山东淄博宏泰防腐有限公司与侯保荣院士合作，在浪花飞溅区防腐修复技术等领域中不懈攻关，解决了一系列技术难题，产品畅销欧美国家和地区，企业增效近千万元，院士团队获专利 12 项。合肥通用机械研究院引进北京化工大学高金吉、清华大学王玉明、浙江大学谭建荣 3 名院士，确定了"石化装置工程风险评价与控制技术"等重点研究领域和方向，先后承担科研项目 63 项，争取国拨经费近 6000 万元，创建院以来获国拨经费新高，科研成果获省部级科学技术奖一等奖 3 项、二等奖 4 项。

三是企业科技人才"借力升级"，提升了企业技术创新能力与信心。成立院士工作站，为企业科技人员提升创新能力打造了平台。江苏大全集团与院士专家团队建立双向培养互动机制，先后培养工程化技术带头人和技术骨干10人，培养和引进博士、硕士5人，每年进行高水平培训达40人次以上。

四是不断整合科技资源和创新要素，科技成果转化进展加快。院士通过工作站，借助企业在资金、装备等方面的优势，把多层次、高水平的科研成果尽快地转化为企业可以组织实施的方案，缩短了科研成果产品化、商品化进而产业化的周期，加快了高水平成果转化速度。宁波东方集团与上海电缆研究所黄崇祺院士合作，成功研发出我国第一条110kV光电复合交联海底电缆并批量上市，打破了国际垄断。吉林省郭孔辉院士承担了"十一五"轿车国产化等重大科技支撑计划项目，经常深入一汽集团公司解决相关技术问题，在长期合作基础上建立的院士工作站，进一步助推了合作的深入和持续。

5. 组织各类学术交流活动，传承科学人文精神

中国工程院及各学部积极与地方、行业结合，组织各种院士沙龙、论坛、报告、各类学会等，在推动学术交流、人才培养、传承科学人文精神等方面发挥了重要作用。如山东省积极承办了农业、环境与轻纺学部，化工、冶金与材料学部，医药卫生学部，信息与电子工程学部等学部常委会，与有关单位联合承办了十几次工程科技论坛，拉近了院士专家与山东高校、科研单位和企业的距离，大大提升了学术层次，活跃了学术氛围。仅承办2007年"中国工程院化工、冶金与材料工程学部第六届学术会议"，就有近70位两院院士、400位专家汇聚山东，成为该省一次接待院士人数最多的活动。

黑龙江省发挥地缘优势和区域特色，独树一帜。2005年6月和2006年7月，连续举办了两届以中国工程院院士为主体的中俄及独联体国家院士论坛，共邀请中国工程院及独联体国家的院士、专家、大学校长及政府官员总计200余人次参加论坛，率先提出了"院地俄"科技合作的理念，对该省乃至国家层面与独联体各国的科技合作产生了深远的影响。

四川成都从 2005 年开始，每年围绕经济和社会发展重大问题确定主题举办"西部科学论坛"，现已成功举办 7 届，累计组织院士 120 人次参加活动，产生了较大影响。2011 年的第七届"西部科学论坛"邀请沈志云等 4 位院士围绕"轨道交通新材料"主题做专题演讲，吸引了大量企业参加，论坛促成了 26.4 亿元投资落户成都。

（三）科技合作的基本经验

1. 领导高度重视是推进科技合作的重要前提

中国工程院历任领导和院士所在单位领导都高度重视与地方的合作，主要领导都是科技合作的倡导者、实践者、领衔者。多数行业、地方党委政府也高度重视科技创新特别是高科技资源的整合，吸引院士为区域经济社会的重大战略咨询、重大平台建设、重大技术攻关、重点产业发展服务。中国工程院已与山东、浙江、河南、湖北、云南、广东、江苏、湖南、四川等省，北京、上海、深圳等市，内蒙古自治区、新疆自治区、新疆建设兵团等签订了合作协议，建立起经常性的合作关系。山东省委、省政府领导每年都拜访中国工程院，协商年度合作的重点，省委人才工作领导小组把企业院士工作站建设作为一项重要工作进行调度，院士工作站管理办法由省委组织部、省科技厅、省财政厅、省人社厅、省科协五部门联合签署印发，共同组织申报认定，激发了地方寻求、依托院士高科技资源，优化区域创新体系的积极性。

2. 合作双方内在的实质性需求是实现合作的关键

中国工程院集成院士资源开展科技合作，服务地方、行业、国防建设，这是我国科技经济发展到特定阶段，科技要素与经济要素内在地、自发地寻求有效对接的客观体现，符合经济科技发展的自身规律，符合发挥院士科技领军人才作用、更好地服务于经济社会发展的正确导向，满足了行业、地方、企业寻求高层次人才支撑、实现跨越发展的迫切需求。行业、地方、企业通过引进院士专家智力资源，推进科学发展、解决技术难题、转化研究成果，大大提升了自身核心竞争力。院士专家通过服务地方、企业发展，在把握市场需求中凝练新的科研课题，在攻坚克难中实现自身价值，推进了科技与经济社会发展的紧密结合，实现了合作的互利双赢。

3. 支持建设各种院士联络服务工作机构是落实科技合作的组织保障

各地建设的院士工作办公室、咨询与学术中心、活动基地、联络处等，具体落实院士咨询、学术交流、产学研合作、科普宣传等重要工作，成为中国工程院服务院士发挥智库作用的支撑和延伸。为配合中国工程院院士增选、院士咨询、学术活动等项工作，许多省市都设立了院士联络处或院士咨询服务中心等机构。其中机构、人员、活动经费"三落实"的有：山东省省院合作办公室（设在省科技厅）、深圳市中国工程院院士活动基地（设在高新区）、上海市院士咨询与学术活动中心（设在市科委）、天津市院士活动中心（设在市科委）、广州市院士咨询活动中心（设在市科技局）、广东顺德院士咨询活动中心（设在市科技局）、湖北省中国工程院院士联络处（设在省科技厅）、福建省院士联络办（设在省科协）、四川省院士办（设在省科技厅）、四川（成都）两院院士咨询服务中心（设在成都高新区）、黑龙江省院士办（设在省科技厅）、浙江省院士中心（设在省科技厅）、河南省院士联络处（设在省科技厅）、陕西省院士办公室（设在省科技厅）、陕西省委组织部院士活动中心。河北省 2000 年成立院士联谊会，会员发展到 259 位，每年在河北工作 3 个月以上的院士有 40 多位，会员大会每两年一次，每次都有近百名院士到会，成为地方性较大规模的院士盛会，先后有近 200 名院士和 96 家企事业单位实现成功对接，仅 2010 年第六次院士联谊大会上就有 80 多个项目与相关院士成功对接。

4. 强化各种资源的集成与整合是推进科技合作的重要支撑

山东省在推进院地合作中建立完善了组织保障、政策支撑、多元化投入、产学研服务等"四大支撑体系"，省财政每年拨付 400 万元专项经费支持省院合作办公室开展科技合作，对审批建设的企业院士工作站分期分批给予 15 万~30 万元的工作经费，济宁、淄博、聊城等市再匹配 30 万~50 万元的工作经费；院士及其团队在山东转化科技成果、牵头或参与的重大项目，择优列入自主创新成果转化重大专项强力支持。江苏省把院士工作站纳入科技创新平台建设规划，省财政对每个工作站支持 100 万元项目经费，省重大科技成果转化专项资金中，立项支持了 57 位中国工程院士的成果转化，政府资助 5.44 亿元，总投入 46 亿元，开发新产品 318 项，获得专利 493 项，带动新增销售 96.7 亿元，培育了一批创新骨干企业。重庆市 2002 年设立"院士专项计划"，支持在渝院士领衔的创新团队开展应用基础研究，培养团队骨干和学科带头人，年支持每个院士 30 万元，已累计立项 45 项，资助经费 2142 万元。2009 年 9 月，河南省与中国工程院签署了合作协议书，省财政设立专项资金 2000 万元，对院地合作项目给予支持。

5. 规范管理、周到服务是深化科技合作的坚实基础

为推进科技合作工作持续、规范发展，中国工程院制定了《中国工程院与地方合作工作管理办法（试行）》，规范了院内部工作流程，明确了院地合作工作的基本原则："突出重点、务求实效、积极合作、稳步发展。"

各地纷纷制定政策，从政治待遇、科研工作、生活保健等方面为院士提供周到服务和支持。河北省委办公厅、省政府办公厅制定印发了《关于认真做好中国科学院院士、中国工程院院士智力引进工作的意见》《河北省院士特殊贡献奖实施办法》《关于提高在冀院士相关待遇的通知》，对在冀院士每年生活补贴 20 万元，新引进院士给予一次性安家费 20 万元，新引进、新当选院士给予不低于 100 万元的科研启动经费支持；每两年评选一次"河北省院士特殊贡献奖"，每次评选出 10 名为河北做出突出贡献的院士，每人给予 10 万元的奖励。

各地院士办公室等扎实工作，为院士及团队提供细致、热情、周到服务：在需求调研方面，突出一个"细"字；在邀请院士方面，突出一个"诚"字；在合作内容方面，突出一个"实"字；在跟踪服务方面，突出了一个"勤"字，得到了院士专家的肯定。江苏省、山东省在建立企业院士工作站前，首先制定了规范的管理办法，对工作站的目的、任务、设站门槛、考核标准、支撑保障等都做出了明确规定，特别是建立了每 3 年为一个建设周期，年度考核、奖优汰劣的动态平衡机制。

（四）科技合作存在的问题及原因分析

1. 科技合作区域开展不平衡

合作是科技经济社会发展到一定阶段的内在需求，需要内生的动力驱动。由于我国区域经济社会发展的不平衡，目前东部沿海发达地区院地合作工作开展较为活跃、成效相对显著。而中西部地区本土院士数量少，院士资源信息供给与地方实际需求不对称，地方与院士高科技资源的实质性对接渠道不畅，难以有的放矢。

2. 院士资源难以满足经济社会发展的旺盛需求

当前，院士资源的供给与需求存在严重失衡：院士资源有限，中国工程院院士只有700多位；院士的学术领域受限，难以解决地方提出的所有问题；多数院士年龄偏高、精力有限，自身科研、育人等任务繁重，因此，地方、行业对院士资源旺盛的需求、寄予的厚望，难以完全实现。

3. 科技合作缺乏组织化、制度化的长效机制

虽然在十几年的科技合作中，中国工程院与地方、行业相互支持、相互配合，探索了建立全面合作关系、开展"院士行"、组建院士工作站等行之有效的组织形式，取得了显著的成效。但是，客观地讲，中国工程院与地方、行业的科技合作还处于探索阶段，临时动议多，一事一议多，真正的品牌化、组织化、制度化的合作关系，科学、合理、有效合作的体制、机制等，都有待于进一步的探索。

4. 院士高科技资源的作用发挥还不够充分

少数地方、行业、企业由于不正确的发展观，把院士当大腕炒作，当花瓶摆设，办活动给上级看，只求名人效应、新闻效果，导致部分院士活动走形式多、实效性差。部分行业、企业从假借院士名声、为自己做宣传的狭隘思想出发，一味争抢院士资源，但课题凝练不高、不准，导致院士大材小用。中国工程院本身没有下属实体机构支撑，院士人事关系在原单位，工作开展更多地依赖原单位，中国工程院组织合作协调任务重、工作手段少、后续工作难以持续。

五、未来中国工程院科技合作发展的总体思路

党和国家明确提出，我国未来的发展要以科学发展为主题，以转变经济增长方式为主线。要实现科学发展、实现经济增长方式的根本转变，关键是要依靠科技的力量，要全面提升自主创新能力。中国工程院肩负着大幅度提升国家工程科技能力的神圣使命和历史重任。加强科技合作，是中国工程院加快国家工程科技思想库建设，发挥职能作用的重要途径。回顾中国工程院的发展历程，科技合作取得了显著成效，但与党和国家寄予的希望相比，与地方、行业、企业、国防军工旺盛的科技需求相比，科技合作还有很大发展的潜力和空间。新形势下，中国工程院的科技合作工作肩负着重要的任务和使命，同时也迎来了宝贵的发展机遇期。

（一）指导思想

加强科技合作，要以强化国家工程科技思想库建设、提升国家工程能力为目标，以深化科技合作体制机制建设为动力，以需求为导向、项目为依托，拓展中国工程院与区域、行业、企业、军工国防等合作的渠道与模式，强化各类创新资源的集成与整合，建立完善科技合作的长效机制，为促进国家和区域创新体系建设、提高产业创新水平和企业创新能力发挥更大的作用。

（二）基本原则

1. 积极合作

中国工程院、院士群体要进一步提高对做好科技合作工作重要性的认识，从建设好、发挥好国家工程科技思想库作用的高度，深入推进科技合作工作。进一步总结科技合作开展的工作和取得的经验，进一步研究和把握科技合作工作的基本特点和内在规律，推动科技合作模式创新，形成政府推动、市场拉动与创新主体内动的合力作用机制。

2. 稳步发展

按照积极审慎的态度，找准合作实际需求和院士资源的结合点和平衡点，不断探索、不断创新科技合作的新形式、新途径，丰富科技合作内容，提升科技合作的规范化、有序性，加强组织协调。积极探索更加有利于提高科技合作

效果的模式，不断开拓科技合作新局面。

3. 突出重点

在兼顾区域、行业平衡的基础上，坚持"有所为，有所不为"，突出发挥中国工程院整合院士群体的组织优势、学科交叉融合的集成优势；在合作对象选择上，聚焦国家优先扶持、重点突破的重点地区、重点行业、重点领域；在合作主题的确立上，突出国家重大战略，贴近区域、行业发展的关键、共性、重大问题；在合作项目的选取上，精心凝练、科学选题，突出项目的集成度和引领示范作用，防止四面出击，包打天下。

4. 务求实效

坚持以需求为导向、项目为依托精心组织合作。面向国家、区域、行业、军工国防发展对中国工程院综合优势的迫切需求，精心凝练合作的课题、项目，找准合作的切入点、契合点，充分保护中国工程院、院士、区域、行业、企业等的切身利益，充分激发合作的内在动力，形成合作多方的互利共赢，努力打造中国工程院科技合作的品牌。

（三）重点任务

科技服务要面向地方和企业，核心是针对地方经济社会发展中的重大战略问题开展战略咨询，推动具有全局性的地方发展战略上升为国家层面的战略行动；针对地方特色行业产业发展中的重大工程科技问题开展战略咨询，推动地方行业产业实现科学发展；针对企业技术创新体系建设中面临的关键问题组织开展战略咨询，为企业提升核心竞争力提供支撑服务。具体要重点抓好以下5个方面工作。

1. 为地方、行业、企业、军工国防等提供战略咨询，以科学决策引领科学发展

中国工程院是由院士组成的我国工程科学技术界最高荣誉性、咨询性学术机构，凝聚着我国工程科技界的精英。发挥跨学科、跨部门、高水平的优势，围绕推进经济社会发展、改善人民生活、保障国防安全等方面的重大科技问题，开展战略性、前瞻性、宏观性、综合性的决策咨询，为党和政府决策提供真知灼见，以实际行动推动重大决策的科学化、民主化，这是中国工程院的首

要任务，也是中国工程院开展科技合作最具显示度的工作。

开展重大战略咨询研究，一是要深化与国家相关部委的合作，瞄准国家发展战略、经济社会发展的重大需求，瞄准重点行业和重点企业发展的前瞻性问题，继续组织开展"院士行"等卓有成效的合作活动。二是加强与中国科学院等科研机构以及清华、北大等高校的合作，围绕相关工程科技课题，协同创新目标，服务知识创新、技术创新体系建设。三是深化院地实质性合作。聚焦地方性、区域性重大战略问题，积极把脉问诊，推进地方战略上升为国家战略，支持地方战略科学决策、科学组织、顺利实施。围绕地方工程科技经济社会目标，实施区域协调发展战略，服务区域创新体系与中介服务体系建设。

2. 为地方、行业、企业、军工国防等提供技术支撑，以科技创新推进科学发展

长期以来，院士们发扬心系祖国、自觉奉献的爱国精神，求真务实、勇于创新的科学精神，不畏艰险、勇攀高峰的探索精神，团结协作、淡泊名利的团队精神，把国家需求、宏观部署和自由探索结合起来，在原始性创新、集成创新、引进消化吸收再创新等方面，开展了大量建设性、开创性的工作，为实现我国自主创新能力的跨越式发展、建设创新型国家做出了重大贡献。今后，要进一步通过科技合作，从"顶天立地"两个方向组织凝练项目，一方面凸显国家意志和战略需求，另一方面提高发现需求、凝练项目、组织攻关的能力和水平，提高项目的针对性、成熟度乃至产业化水平，为增强技术创新能力做出实实在在的贡献。不断加强与国家产业、行业、企业、国防军工等部门单位的合作，紧紧抓住当前制约我国经济社会发展的重大科技问题，积极组织院士群体或院士领衔的创新团队，围绕重大关键共性的技术难题和瓶颈，凝练国家重大科研项目，推进核心技术、关键技术、集成技术的研发和突破。

3. 建设一批公共创新平台，以健全网络体系支撑科学发展

最大限度地发挥中国工程院的组织优势和院士的群体优势，围绕行业、区域发展的关键共性问题，以及制约行业发展、产业链条延伸的瓶颈问题，选择重点行业、重点区域分别建设院士工作站、院士活动中心等公共创新平台，通过健全服务网络体系推进科技合作工作，推进思想库作用在基层、在实践的发挥和应用。一是增建院士中心等机构，健全完善院士活动的组织网络，推进院士活动的常态化、制度化、有序化。二是推进重点产业、产业集群发展。打通产业发展关键环节，发挥辐射带动效应，优化产业布局，培植创新型企业、产业技术创新战略联盟，加快产业结构调整优化升级。三是扎实推进企业院士工作站建设并充分发挥其重要作用，促进产学研用紧密结合的有益探索，引导创新要素向基层和企业聚集，建设面向一线需求的科技服务平台，增强和提升建站单位的自主创新能力。

4. 通过产学研结合凝聚团队培养人才，助力工程科技队伍发展

加强与院士所在单位以及其他教育、科研机构的协作，加强与重点行业、重点企业的实质性合作，共同鼓励、支持院士凝聚研发团队，建设学术梯队，支持院所、高校、企业等不同性质单位科研人员的双向挂职交流，支持通过项目课题凝聚创新团队，鼓励科研人员根据工作需要开展柔性流动，为年轻人奋勇创新提供舞台，为年轻人加快成才铺路搭桥，承担起培养和提携人才特别是创新型科技人才的社会责任。

5. 通过科技合作传承科学思想，推动创新文化发展

通过组织工程科技论坛，院士沙龙，院士走基层、进企业、进学校、进课堂等广泛的科技合作活动，向社会民众宣示院士群体拼搏奉献、服务祖国工程科技的敬业精神，弘扬院士追求真理、实事求是的科学精神，向社会示范创新行为、展示创新成果、传播创新文化，培养广大人民群众对科技的兴趣和爱好，加深全社会对科技创新的认识和感知，共同建设创新文化。

总之，要在国家工程科技思想库建设进程中，中国工程院要进一步加强与国家有关部门，地方政府，行业协会，企业，国防军工等广泛的科技合作，充分履行中国工程院的核心职能和重点任务，实现科技合作工作的组织化、网络化、体系化，形成初步完善的中国工程院合作体系（如图3-3所示），推动各项工作取得全面进展。

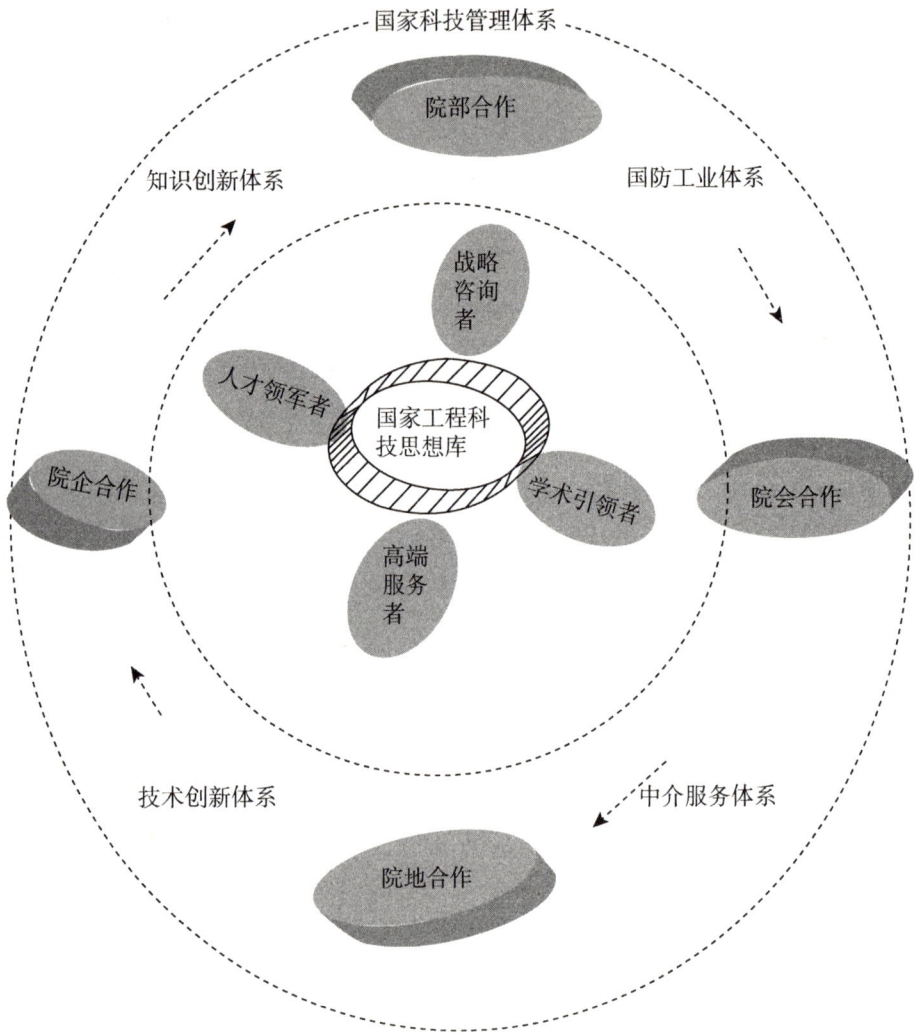

图 3-3　中国工程院科技合作的组织网络关系

（四）近期目标

利用多学科、跨部门等优势，逐步形成系列战略性、前瞻性、综合性强的决策咨询和技术支撑重点领域，并在一些地方共同开展影响深远的重大合作项目。

1. 各类区域、城市的生态文明建设

包括智能城市、生态文明、生态环境、生态节能、生态补偿、经济发展与环境保护、生态健康、产业布局与生态建设、现代城市综合交通体系、城市"矿山"，等等。

2. 重点产业转型升级

包括工业固态废渣资源化、流程工业"三废"深度处理、绿色制造流程技术、流程制造业循环经济、节能建筑、资源综合利用、低碳核心技术、减排降耗、节能环保、流程优化、再制造技术、煤化工及清洁燃烧、水资源安全、碳汇扩增、矿山安全、海洋工程与渔业资源，等等。

3. 战略性新兴产业领域

包括智能电网、高端智能装备、现代物流、物联网、未来网络发展、数控一代机械产品、动力电池系列、生物质燃料及纤维、深水能源、石墨高端应用、新能源技术发展战略、新材料产业布局，等等。

4. 生态农业

包括草地生态发展、生态保障、果园土地管理及果树营养、农作物南繁育种、新型饲草、调整西部农业种植业结构、作物杂交优势、分子育种技术、植物转基因工程、畜牧养殖克隆技术、食品安全，等等。

5. 现代医疗

包括病毒性肝炎肝病防治，临床与转化医学，分子靶向药物，小儿肿瘤，肾脏病转化医学，医疗物联网，药物基因组转化医学，分子诊断技术，消化道、胃癌基础与临床转化医学，等等。

表3-2为中国工程院与各省近期合作的典型项目一览表。

表3-2　中国工程院与各省近期合作的典型项目一览表

序号	合作省份	合作项目
1	上海（深圳）	临床与转化医学研究
2	天津	环渤海地区经济发展与环境保护
3	重庆	现代城市综合交通体系构建
4	内蒙古	我国草地生态保障与食物安全
5	宁夏、内蒙古、陕西	宁东、鄂尔多斯、榆林能源金三角及宁东能源化工示范区发展战略
6	黑龙江	石墨资源高端应用
7	江苏	淮河流域环境与发展
8	浙江	中国智能城市建设与推进战略
9	福建	海西经济区、闽江、九龙江等流域生态环境安全与可持续发展

序号	合作省份	合作项目
10	甘肃	能源战略研究
11	江西	中国特色城市化道路战略
12	山东	中国海洋工程与科技发展战略
13	湖北	东湖国家自主创新示范区发展规划论证
14	湖南	三峡工程运行后洞庭湖综合治理战略
15	青海	青海盐湖资源综合利用及可持续发展、三江源生态补偿长效机制
16	贵州	贵州煤的高效、清洁、综合利用战略
17	四川	西部强震区高坝大库抗震安全、攀枝花钒钛资源综合利用
18	广东	战略新兴产业培育与发展

六、进一步加强中国工程院科技合作工作的几点建议

（一）进一步提高对科技合作重要性的认识

科技合作工作是中国工程院适应新时期党和国家的需要，更好发挥思想库作用的重要内容，是有效汇集院士集体智慧资源，为提高行业、企业、国防事业创新能力及为地方科技、经济、社会发展服务的重要渠道，是体现中国工程院全面工作实现整体提升、组织架构实现完整布局的重要标志之一。当前，我国社会主义现代化事业正面临着关键的历史发展机遇和严峻的国际形势挑战，国家、地方和各有关部门对中国工程院进一步履行好工程科技界最高咨询学术机构使命、进一步扩展和深化科技合作、在国家各个层面发挥思想库作用提出了更高的要求，也寄予了更大的期望。中国工程院也迫切需要通过科技服务，有效组织起以院士为代表的全国工程科技人才大军，为我国工程科技事业的全面和均衡发展贡献力量。中国工程院院机关、各位院士都要进一步提高对科技合作重要性的认识，高度重视、积极投身科技合作事业，在科技合作事业中建功立业，实现自身价值。

（二）健全完善科技合作组织的网络布局

健全的组织网络，是推进科技合作的组织保障和工作基础，也是国内外同类机构广泛开展科技合作的有益经验。近年来，一些省市为了更好地整合利用

院士智力资源，推动地方科技、经济发展，为了更好地服务院士和引进人才，以及与中国工程院开展长期、有效的合作，陆续在科技或人才主管部门成立了类似院士咨询服务中心、院士办等院士联络机构。实践证明，这些院士联络机构为中国工程院在地方成功开展科技合作提供了重要保障，为中国工程院及时、准确跟踪全国科技、经济和社会发展动态开辟了便捷渠道，为合作成果的总结与推广做出了重要贡献，成为中国工程院科技服务职能的有效延伸。

对于地方建立院士联络机构，中国工程院要通过一定形式予以鼓励和支持，提高地方积极性，增强规范性和工作实效，按照积极合作、突出重点、务求实效、稳步发展的原则，逐渐形成全国性科技合作网络的柔性布局。根据地方经济发展特色和需求、根据院士分布情况，对院士联络机构进行科学规划、合理布局、重点扶持，将来根据实际发展情况，也可以探讨共建共管的可行性和运行模式；对院士联络机构的单位性质、隶属关系、人员编制、经费配额以及合作活动提出要求和建议；在全国范围内，选择院士数量相对集中、创新能力相对较高、科技合作需求踊跃的区域，与地方政府合作，组建部分中国工程院科技合作协调服务中心，作为中国工程院科技服务机构的二级单位，专职协调组织区域科技合作工作。利用院士联络机构掌握地区发展一手资料的优势，支持其联合或参与开展区域科技、经济发展研究；建立院士联络机构开展合作工作的评比、奖励机制，推广好的经验，宣传符合实际的做法，实现院士地方服务体系健康良性发展。

（三）打造科技合作工作品牌

"院士行"活动是中国工程院为地方、企业、行业提供科技服务的第一品牌。"院士行"充分发挥院士集体智慧优势，为地方、部门发展规划提供战略决策咨询，为提高行业、企业自主创新能力、求解技术难题进行现场诊断，受到了普遍欢迎。今后，要适应科技合作的新形势和新需求，适当拓展"院士行"的内涵，将所有结合地方特点和需求、组织院士有针对性开展的科技合作活动统称为"院士行"，尽快实现"院士行"活动的序列化、规范化。一是在合作主动性上下工夫，推介院士团队科研成果和主攻方向，争取列入国家或地方发展规划、争取项目合作或政策、资金支持；二是在合作指导性上下工夫，扩大中国工程院战略咨询建议的报送范围，实现高端科技前沿发展趋势和国内外同领域发展状况等咨询成果信息共享，避免不同主体的重复性投入或盲目性发展；三是在针对性和实效性上下工夫，继续为院士专家团队与科技需求部门牵线搭桥，建立沟通和合作平台，实现科研满足需求、需求引导科研的双向推动作用。四是在推广宣传上下工夫。加强对"院士行"活动的宣传力度，将其打造成中国工程院科技合作活动的知名品牌，提高社会影响力。

企业院士工作站是近年来开创的院士服务企业、服务基层科技创新的有效形式，也是中国工程院在企业发挥思想库作用的微观体现。目前全国各地纷纷出台管理规定，呈现出争夺院士资源、抢占建站先机的发展态势，与此同时，也初步暴露出工作运行不够规范，人才供给缺乏保障，资金扶持和政策激励措施尚未配套，可持续发展的机制尚未形成等实际问题，亟须建立健全相关规章制度，对企业院士工作站进行规范管理，确保良性、持久发展。2009 年冬，根据国务院领导同志关于"院士工作站"工作的批示精神，中国工程院会同中国科学院、科技部和中国科协组成联合调研组，对院士工作站发展情况进行了调研，并在此基础上五部门（教育部后期加入）拟定了《关于院士工作站工作的指导意见》（以下简称《意见》）。中国工程院要积极推进《意见》的颁布和督促落实工作，联合各部门建立联席会议制度，成立工作指导组并下设办公室；检查、掌握和指导全国"企业院士工作站"管理制度建设；对参与建站的院士进行备案；了解建站企业项目来源以及科研力量、资金投入和设施保障情况；掌握院士及其科研团队在建站企业的研究开发、人才培养、成果转化等情况。同时积极组织调研，广泛征求意见，探索和推广院士进站、企业建站、政府管站的创新模式。

（四）形成科技合作工作的整体合力

在中国工程院机关设立科技合作委员会以及专门负责科技合作工作机构的基础上，凝聚全院智慧，集成全院力量，形成推进科技合作的整体合力。当前，中国工程院 9 个学部在组织开展本学部的学术活动及召开学部常委会期间，包括两院资深院士联谊会活动，大多能与地方和企业需求相结合，在各自专业领域开展一些宏观咨询、企业考察、科普宣传等科技合作活动，并收到了较好的效果。中国工程院设立了 7 个专门委员会，分别负责院士增选、咨询、教育、科学道德、科技合作、学术与出版、工程类研究生教育等工作，专门委员会由主任、副主任及每学部 1~2 名院士组成，每年制定相应的工作计划并开展工作。从当前实际情况看，除科技合作委员会之外，其他各专门委员会除了履行主席团赋予的特有职能，与国家部门、行业、企业、军队及地方等有关方面开展的科技服务活动并不多。建设工程科技思想库，加强科技合作，除了继续发挥以学部为核心的纵向专业优势，亟须开发专门委员会为补充的横向综合优势，以构建中国工程院矩阵式科技服务体系。

（五）加大科技合作工作的资金支持力度

加强科技合作是中国工程院服务职能的重要实现途径，是利国、利企、利民的实事，多数院士活动带有普惠性、公益性。为切实增强科技合作工作的组织效果和可持续性，激发合作有关各方的积极性，争取国家财政支持，设立中国工程院科技合作常设专项工作经费，非常迫切，非常必要。

第三分报告：中国工程院学术与出版发展研究

一、中国工程院学术与出版工作的回顾与经验

作为我国工程科技界的最高荣誉性、咨询性学术机构，中国工程院肩负着学术引领的重要使命。自 1994 年成立以来，中国工程院组织举办了大量不同层次、多种类型的学术活动。这些学术活动，为工程科技界的学术交流与合作提供了良好的平台，在国内外工程科技界产生了积极的影响，为传播科学知识、促进科技进步以及培养工程科技人才发挥了重要作用。举办学术活动已经成为中国工程院的一项重要工作。与此同时，中国工程院的出版工作也扎实推进，结合咨询研究和学术活动，先后出版了大批公开出版物和内部资料，为形成学术引领的强大力量发挥了积极作用。

（一）学术活动的回顾

中国工程院自成立以来，学术活动数量从少到多，规模从小到大，组织形式从简单到多样，涉及领域从单一到综合，地域从内地到港澳台并扩展至国外，影响力不断增强。据不完全统计，1994～2010 年中国工程院主办或参与举办的各类学术会议、论坛约 750 余次，参与的院士、专家达到 2 万人次，吸引业内同行和相关领域的人士 10 万余人出席，学术活动的领域涉及中国工程院所涵盖工程科技领域的 100 多个学科，具体内容不仅涉及重大工程技术问题，还涉及生产、生活的方方面面，如工程教育、建设节约型社会等。目前，中国工程院已经形成一定品牌效应的系列学术活动，如："中国工程科技论坛"、"工程前沿研讨会"和"学部学术年会"。学术活动的举办形式呈多样化趋势；举办部门由中国工程院单独主办扩展为中国工程院与中国科协、中国科学院、国家有关部委、相关学术团体、各高等院校、地方政府、科研学术机构等共同举办。

同时，中国工程院还先后开展了大量国际学术交流活动，并与多个国家的学术机构和相关国际学术组织建立了合作关系，已签署多个国际合作协议。随着国际合作的推进，国际学术活动也日益频繁，每年中国工程院组织或参加的国际学术交流活动由成立初期的几次、十几次，逐步发展到 20 余次。通过这

些国际学术交流活动，促进了中国工程院与各国工程院的交流与合作，为我国工程科技人员创造了了解世界工程科技最新进展的平台，同时，增强了世界对我国的了解，促进了国际科技合作，提升了我国工程科技在国际上的地位。

根据中国工程院在学术活动中所起的作用，中国工程院的学术活动分为两大类：中国工程院主导的学术活动；中国工程院参与的学术活动。

1. 中国工程院主导的学术活动

（1）院士大会

每逢双年院士大会期间举办，包括院级和学部级学术报告会、座谈会、院士沙龙等。主要是院士间的高层次学术交流。对于院士之间了解不同领域工程科技的最新发展、促进工程科技进步和学科交叉具有非常重要的意义。

（2）中国工程科技论坛

此论坛创建于 2000 年，现已统一命名为"中国工程科技论坛"。其宗旨是促进工程科技领域中重大的方向性、前沿性问题研究，提高我国工程科技的创新能力和管理水平；推动多学科间的交流，促进新兴、边缘与交叉学科的发展；提出新的经济增长点，为经济建设服务；为工程科技界的专家，特别是青年科技人才提供平台，鼓励优秀人才成长。

截至 2012 年年底，中国工程院已举办"中国工程科技论坛"150 多场，平均每年举办 12 场，涉及 18 个专业领域，参与的院士专家近千人，受众人数逾万人，逐步形成了一个能够体现和代表国家工程科技水平的高端学术品牌、一个能够推动和引领国家工程科技发展的高端学术阵地、一个能够发现和培养青年工程科技人才的高端学术平台。

（3）"院士行"学术报告会

"技术创新院士行"活动是中国工程院最具特点的活动之一，它既是咨询活动，同时也是非常有特色的学术活动。在绝大部分"院士行"活动中，都是在对企业预调研的基础上，根据企业或行业的需求组织有针对性的学术报告会、交流会，以帮助企业开阔技术创新思路，启蒙创新理念。学术报告是"院士行"活动的重要组成部分，并在"院士行"活动中发挥着重要的作用。据不完全统计，从 1998 年起至 2010 年年底，中国工程院已组织"院士行"活动

89 次，共组织了 566 个有针对性的学术报告，约有 17000 多位企业一线的技术骨干听取了院士、专家的报告，影响深远。

（4）工程前沿研讨会

工程前沿研讨会是以学术研讨为主的常设性学术活动，2003 年由中国工程院和国家自然科学基金委员会联合发起、组织、创办。其宗旨是根据国家需求，结合国情，探讨工程科技前沿问题。研讨会力求营造宽松自由的学术交流环境，促进基础应用学科的交叉融合，激发技术知识创新，带动产业发展，为发展国民经济、建设现代化强国服务。迄今已举办 7 次，参与院士专家近百人，出席会议代表近千人。会议还专门出版论文集——《工程前沿》系列丛书。由于有专项经费支持，且学术活动与出版相结合，受到院士、专家的欢迎。

（5）学部学术年会

1996 年，化工、冶金与材料工程学部发起组织了首届学部学术年会，多位院士专家出席会议，1999 年举办了第二届，至今化工、冶金与材料工程学部已举办学术年会 8 次，每次均有 40～100 名两院院士、大量行业专家出席，年会已成为学部和化工、冶金材料领域的系列活动。2005 年以来，土木、水利与建筑工程学部组织学术年会 9 次，分别针对水利、建筑、土木工程等领域，广泛邀请院士专家参加。机械与运载工程学部于 2006 年举办了首届学术年会。年会活动已成为各学部相关领域的重要品牌活动，得到了业内的广泛关注和重视。

（6）学部内的专题学术会议

此类学术活动是中国工程院各学部日常组织最多的一种，大多结合各学部所涵盖行业领域的特点，针对国家经济社会及工程科技各领域发展中的热点、难点问题以及咨询研究中的有关问题开展。会议选题广泛，数量众多，平均每个学部年均举办 10 余场，有些是结合咨询项目、地方技术需求而举办，有些是根据学科的前沿进展而举办。这些活动带有浓厚的学部特色，目前已初步形成系列的有：医药卫生学部举办的医学科学前沿论坛、中国生物产业发展论坛，工程管理学部举办的中国青年科技企业家管理论坛。2007 年 1 月至 2012

年年底，各学部共组织学部学术活动 319 次，1000 多位院士、近两万名专家参加。这些活动结合咨询研究课题，追踪学科的前沿发展，选题广泛，数量众多，学术活动中还针对国家发展的热点、难点问题，充分结合地方、行业需要，安排 3600 多场学术报告，听众达 5.4 万多人。

（7）国际学术会议

中国工程院成功主办"2000 国际工程科技大会"，参与主办"2004 世界工程师大会"、2006 年"国际医学科学院组织（IAMP）第二届全球大会暨疾病控制优先项目全球发行"、"中日韩工程院圆桌会议"、"国际果蔬·食品博览会"、"国际信息技术博览会"、"大洋渔业国际研讨会"等一系列重要的国际会议。2007 年 1 月至 2010 年 12 月，各学部共组织国际学术会议 45 次，204 位院士和 8546 位专家参加会议。国际学术活动规模大、层次高，参与院士专家人数多，学科领域广泛。中国工程院主办的国际学术会议活动，促进了中外学术交流，有力地推动了国内相关领域的发展。

2. 中国工程院参与的学术活动

（1）香山科学会议

香山科学会议是由科技部（原国家科委）发起，在科技部和中国科学院的共同支持下于 1993 年正式创办，相继得到国家自然科学基金委员会、中国科学院学部、中国工程院、教育部、解放军总装备部、原国防科工委、中国科学技术协会等部门的资助与支持。会议宗旨是：创造宽松学术交流环境，弘扬学术民主风气，面向科学前沿，面向未来，促进学科交叉与融合，推进整体综合性研究，启迪创新思维，促进知识创新。基础研究的科学前沿问题与我国重大工程技术领域中的科学问题均可作为会议主题。会议侧重探讨科学前沿、展望未来发展趋势、讨论最新突破性进展、交流新的学术思想和新方法、分析新学科的生长点以及交叉学科的新问题。从 1999 年至 2010 年年底，中国工程院共组织参加香山会议 32 次，1224 多位院士、专家、学者出席了会议。

（2）中部、西部论坛

中国工程院与中国科协从 1998 年开始，与西部 12 省（区、市）区联合主办"中国西部科技进步与经济社会发展专家论坛"，简称"西部论坛"；从

2006 年开始，与中部 6 省（河南、安徽、江西、山西、湖北、湖南）联合主办"促进中部崛起专家论坛"，简称"中部论坛"。中、西部论坛每年举行一次，分别由中、西部省（区、市）轮流申办。每次论坛由中国工程院与中国科协、申办的省政府联合主办，申办省科协具体承办，有关全国性学会和其他省市地方科协联合协办。中国工程院每届都有一位副院长参加，并主持会议或作科普报告。同时，论坛还邀请若干院士出席作报告。迄今为止，已经举办西部论坛 9 期、中部论坛 2 期。论坛筹办及组织主要由中国科协和省科协具体承担，中国工程院承担的工作量不多。

（3）东方科技论坛

东方科技论坛是 1998 年由上海市人民政府、中国科学院和中国工程院共同发起和主办、面向全国的综合性、前瞻性、战略性科学技术研讨会。截至 2010 年 12 月，东方科技论坛已成功举办 171 期，形成上百份建议，有近 7000 人次科学家先后走进论坛，其中包括两院院士 500 多人次。

（4）其他科技会议

中国工程院不定期地与有影响的国际学术会议联合举办专题技术论坛。比如，2008 年与中国系统仿真学会联合，在亚洲仿真会议暨第七届系统仿真与科学计算国际学术会议期间举办"中国工程院系统仿真学术高层论坛"，国内外会议代表 300 多人参加，为推动中国仿真技术的研究起到了很好的引领作用，同时也扩大了中国学术界在国际上的影响。但目前此类学术论坛还未能成为经常性的活动。

（二）出版工作的回顾

中国工程院自成立以来，结合咨询研究和学术活动，先后出版了大批公开出版物和内部资料。自 1999 年以来，中国工程院陆续创办《中国工程科学》（中英文版）、《中国科学技术前沿》等学术出版物，整理出版《工程科技与发展战略咨询报告集》《工程前沿研讨会丛书》，与美国工程院合作翻译出版《美国工程院"工程前沿"丛书》，为探讨工程科技发展动态、宣传推广中国工程院战略咨询研究成果、促进工程科技进步与交流提供平台。

从 1996 年开始，中国工程院与高等教育出版社开始开展战略合作。双方合作拍摄制作出版《中国工程院院士》大型系列画册。2003 年，双方签署了"关于全面开展工程科技出版合作协议"，并根据协议在高等教育出版社成立了独立建制的"中国工程院出版分社"，组织人员专门做好中国工程院机关出版物和院士专著等出版任务。2007 年，中国工程院与高等教育出版社签署"共同主办《中国工程科学》杂志的协议"，并基于该协议登记成立了中国工程科学杂志社，专门承担中国工程院院刊系列之《中国工程科学》（中/英文版）及院士通讯等出版任务。

中国工程院的主要出版物有：

1.《中国工程科学》和《工程科学》（英文版）

《中国工程科学》杂志社共办有《中国工程科学》（CN11 – 4421/G3）、《工程科学 Engineering Sciences》（英文版）（CN11 – 4985/N）两刊。《中国工程科学》于 1999 年 10 月创刊，《工程科学》（英文版）于 2003 年 9 月创刊，由中国工程院主管，中国工程科学杂志社、高等教育出版社有限公司共同主办。两刊均是我国工程科技领域最具权威性的学术期刊，反映我国工程科技领域研究动向，记载我国工程科技领域学术成果，探讨我国工程科技领域未来发展。杂志内容丰富，学科覆盖面广。论文大都涉及国家重大工程技术项目、国家科技攻关项目和自然科学基金课题。截至 2012 年年底，《中国工程科学》共出版 38 卷，《工程科学》（英文版）共出版 22 卷。

2.《中国科学技术前沿》

《中国科学技术前沿》是中国工程院的重点出版物。它以较通俗的语言展示我国工程科学技术事业取得的成就，旨在促进工程科技人员广泛交流，互相学习，努力创新，共同提高。它将为我国制定科技发展规划提供依据，为广大科技工作者的研究、开发、设计及生产提供信息。同时，也将促进国外学术界了解和认识我国工程科技的成就。从 1998 年到 2010 年，《中国科学技术前沿》每年出版一卷，共出版 13 卷。

3. 美国《工程前沿》系列

中国工程院十分重视加强与各国工程院和其他相关的工程组织之间的交流与合作，以推动我国工程科技的发展。美国是当今世界上科学技术最先进的发达国家，在许多学科领域都居世界领先的地位，有许多成就与经验值得我们学习与借鉴。中国工程院和国家自然科学基金委员会共同翻译出版的美国《工程前沿》丛书，把美国国内最新的工程科技发展动态介绍给广大的中国工程科技工作者，为我国工程科技学科建设与研究重点学科发展方向提供了具有很高参考价值的资料。从1995年至2009年，美国《工程前沿》丛书共出版10卷，对推动中美工程科技界的交流与合作做出了积极贡献。

4. 《中国工程院院士》

《中国工程院院士》画册于1996年首次出版，每2年出版一次，是多方位、多角度反映中国工程院院士风采的系列大型画册，曾获"中国图书奖"。截至2012年年底，中国工程院共组织出版《中国工程院院士》画册10卷，内容包含中国工程院历年当选院士的照片、手迹和简介等有关资料，对弘扬院士科研精神、宣传院士光辉形象起到积极作用。

5. 《中国工程院院士通讯》和《News Letter》

《中国工程院院士通讯》创办于1999年，每月一期，它主要是动态地反映中国工程院的各项活动，是全体中国工程院院士沟通信息、交流分享、发表观点、提出建议的重要平台，也是介绍中国工程院组织和开展各项活动的重要信息载体。

《News Letter》主要反映中国工程院开展工程科技与学术活动的动态信息，是中国工程院对外宣传的主要资料之一，旨在与国外工程院、科学院以及科技等部门进行信息交流。截至2012年年底，《News letter》共出版120期。

6. 《中国工程院年鉴》

《中国工程院年鉴》（《中国工程院年报》）是记载中国工程院历史的文献资料，较为全面、系统地反映中国工程院当年开展的工作、取得的业绩和各方面工作情况进展，已成为中国工程院工作的"史记"。1995年至1997年合并出版1卷，从1998年开始，每年一卷，截至2012年年底共出版16卷。

7. 咨询研究报告

中国工程院重大战略咨询研究项目的研究成果大都形成正式出版物，为国家和有关部门的领导决策起到重要参考作用。从2000年起，根据每年结题的咨询研究项目情况，每年出版一套《工程科技与发展战略咨询报告集》，汇编部分中国工程院为国家重大工程科技问题提出的建议和咨询报告，内容包括国家重大工程项目、重大工程科技、发展战略和地区工程科技发展综合研究等方面，并发放有关部门和全体院士为各级领导提供决策参考，有些重大咨询项目单独公开出版了咨询报告。

8. 学术活动论文集

中国工程院每年组织大量的学术活动，肩负学术引领的重要使命。学术活动论文集的出版，有利于总结学术活动的成果，促进工程科技的发展。中国工程院成系列出版的有《工程前沿研讨会》丛书，从 2003 年到 2009 年共出版 11 卷，促进了基础应用学科的交叉融合，激发技术知识创新，带动产业发展，为发展国民经济、建设现代化强国服务。自 2012 年开始，每年出版《国际高端论坛报告集》和《中国工程科技报告集》，现已出版高端论坛报告集 3 卷、工程科技论坛报告集 8 卷。

9. 《中国工程院院士文库》

《中国工程院院士文库》系列专著旨在将中国工程院院士的工程科技成果和学术积累以专著的方式出版，旨在促进科技事业发展，繁荣科技出版事业，资助院士的优秀科学著作出版等，对促进我国科技事业发展、繁荣科技出版事业具有重大意义。院士的学术著作，是院士多年刻苦钻研和辛勤劳动的成果和智慧的结晶，也是整个社会的宝贵财富。这些学术思想得以结集出版，不仅对我国工程科技工作有重要的指导作用，而且具有极高的学习和参考价值，对于促进年轻工程科技人才成长、造就出类拔萃的青年科学家和工程师、推动我国工程科技事业不断发展具有重要作用。

（三）中国工程院学术与出版工作的经验

中国工程院主导的学术与出版工作已从个别领域发展到多个领域、从单一学科发展到多学科交叉、从热点学科发展到边缘学科，取得了喜人的成绩。经过 10 年的努力，以"中国工程科技论坛"为代表的学术活动已经成为我国工程科技界一个学术成果交流、学术思想碰撞的重要平台，为活跃学术思想、促进学科交叉融合、引领科学发展发挥着重要的作用，并把学术引领与战略咨询、科技服务和人才培养等有机结合起来，促进思想库建设的全面、协调发展，以更好地发挥思想库的作用，为国家决策提供坚实的科技支持。中国工程院的学术活动在创新中不断地发展，逐步形成了自身鲜明的特点，积累了宝贵的经验。

1. 结合战略咨询，紧扣科技前沿

中国工程院学术活动始终力求做到高起点、高层次、高水平。始终瞄准国际科技发展最前沿，紧扣科技活跃领域，并与战略咨询研究的重大项目直接联系，在国家重大科技发展战略问题上，从早期开始介入，发挥科技引领作用和先导性。比如，2000 年 8 月组织了"纳米材料与技术工程科技论坛"，在当时引起了巨大反响，对此后我国在纳米领域的研究起到了积极的推动作用。

建院以来，中国工程院组织了一系列涉及国家经济、社会、科技发展的规划和计划、重大工程建设项目等多方面的重大决策咨询研究，包括：国家油气资源、矿产资源、水资源、能源、环境可持续发展战略；制造业发展、大飞机、下一代互联网、数字电视；三峡工程评估、江苏沿海开发；战略性新兴产业发展规划、工程科技中长期发展战略等，取得了一系列重大研究成果，受到党中央、国务院和有关部委的高度重视和赞扬。结合中国工程院重大咨询项目的研究成果开展学术活动，既可以使中国工程院的研究成果得以广泛宣传，又可通过学术活动深化其研究成果。如：围绕"中国水资源问题"，中国工程院先后组织了两次中国工程科技论坛（第 4 场、第 23 场）。在"中国可持续发展水资源战略研究"项目取得重要研究成果的基础上，2000 年 9 月举行了首次相关的第 4 场中国工程科技论坛。在中央确定"西部大开发"的战略后，各方面行动积极，提出了生态环境建设与经济社会的用水矛盾如何解决，西北地区有限的水资源能否支持社会经济的可持续发展等问题。由于存在着各种不同的看法和做法，因此在 2003 年 4 月，又举办了第 23 场中国工程科技论坛——西北地区水资源配置、生态环境建设和可持续发展战略论坛。在论坛的基础上，中国工程院又及时组织了"西北水资源、生态环境及可持续发展战略研究"等咨询项目，并结合该项目于 2011 年 9 月举办了"水与环境"国际工程科技发展战略高端研讨会。在"中国水资源问题"上，论坛、咨询项目和高端研讨的结合相辅相成，在正确处理西部大开发中人与自然的关系，解决经济社会发展与生态环境建设的矛盾等方面起到了更为积极的作用。由此可见，结合中国工程院重大咨询项目的研究成果开展学术活动是一种很好的形式，是建设工程科技思想库的重要内容，有利于促进工程科技领域中重大的方向性、前沿性问题的研究，推动多学科之间的交流，有利于发挥中国工程院学术引领作用，履行好中国工程院作为工程科技界最高荣誉性、咨询性学术机构的职责。

2. 围绕重点热点，关注国计民生

中国工程院院士是学术活动策划的主体，他们所从事的专业大多属于应用科学领域，与科技、社会、地方经济发展密切相关。他们以高度的社会责任感时刻关注着社会和经济的发展战略和热点问题，并根据行业发展的需要、社会的迫切需求，提出学术活动选题，各学部组织的学术活动基本上都是针对产业发展的关键技术和热点难点问题进行专题交流与研讨。"中国工程科技论坛"的选题就充分体现了这一突出特点。如：在核电产业处于发展低谷时，能源学部举办了"中国可持续发展核电战略研讨"，大力宣传核电是安全、清洁的能源，应采取正确的发展战略；青藏铁路通车后，为了保障进藏旅客的安全，医药卫生学部举办了"高原医学与青藏铁路卫生保障论坛"；面对我国土木工程、大型建筑的大规模迅速发展，土水建学部举办了"土木结构工程安全性与耐久性"的中国工程科技论坛，等等。"技术创新院士行"的学术报告，更是根据企业的需求认真准备，针对性十分突出。中、西部论坛的学术报告与省地发展特点紧密结合。中国工程院的学术活动受到专家、企业、地方、社会的广泛好评。

3. 搭建学术平台，培育创新人才

努力搭建民主开放的学术交流平台和才华展示舞台，鼓励青年人展示才华，进一步保证了论坛强大的吸引力和鲜活的生命力。提倡开放式办学术活动，倡导讨论并发挥学术争鸣的科学精神，以此激发创新思想。鼓励青年才俊积极参与学术讨论，在此过程中发现、提携和培养优秀工程科技人才特别是拔尖创新人才，致力充当后备科技人才成长的推手。比如，"中国水资源问题"系列论坛，与战略咨询密切结合，通过论坛的形式，交流了各领域研究成果和综合研究成果，深入分析了我国水资源的现状与挑战，研讨形成了"以水资源的可持续利用支持我国社会经济的可持续发展"的水资源总体战略以及8个方面的战略转变、3项保障措施，为制定和实施我国水资源战略发挥了重要的引领作用。同时，这个平台也为院士发现、提携和培养优秀工程科技人才创造了良好的条件，已经有一批杰出的工程科技优秀专家走进了院士队伍，为院士队伍增添了新的活力。

4. 促进学科融合，催生新兴产业

中国工程院目前有9个学部，涵盖50多个一级学科、近300个二级学科。院士对举办学术活动的积极性普遍较高，学术活动的选题非常广泛，专业领域特点明显。据不完全统计，中国工程院所举办的学术活动涉及所涵盖工程科技领域达100多个一、二级学科，大、中、小型学术会议多种多样。积极促进不同领域的知识渗透和科技融合，催生孵化新兴学科，加速培育新兴产业和经济增长点，推动各专业纵向发展和横向交叉，有机高效地整合了院士专家的智力资源。

二、中国工程院学术与出版工作面临的形势与挑战

（一）学术与出版工作的形势和要求

进入新世纪以来，世界科技发展呈现出新的特点，科学传播、技术转移和规模产业化速度越来越快，知识生产模式、研究日的、成果评价、信息交流方式都在发生改变。我国的发展正处于可以大有作为的重要战略机遇期，经济社会发展呈现出新的阶段性特征，以科学发展为主题、以加快经济发展方式转变为主线，深化改革开放，保障和改善民生，巩固和扩大应对国际金融危机冲击成果，促进了经济长期平稳较快发展和社会的和谐稳定，成为新时期的主要任务。

中国工程院作为工程科技界的最高荣誉性、咨询性学术机构，肩负着学术引领的重要使命。面对新的形势和环境，如何应对未来科技可能发生的革命性突破，前瞻思考世界科技发展大势，为我国科技创新决策提供科学依据，为高端创新型人才培养提供平台，实现我国科技在当今形势下的迅速、持续发展，

是中国工程院学术活动与出版工作需要特别关注的重要内容。中国工程院需要仔细研究当前国内外的学术交流大环境，分析并不断完善学术活动与出版工作的思路和对策，履行中国工程院学术活动所肩负的新的使命和任务，积极应对以下形势与要求。

1. 应对国家经济发展的要求

当今时代，世界科技创新孕育新突破，抢占战略制高点竞争更加激烈。全球将进入创新密集时代，新能源技术、信息技术等重要领域正在酝酿新的突破，可能引发全球产业结构新一轮变革。这既有可能强化发达国家在科技上长期占有优势的局面，进一步拉大我国与发达国家间科技水平差距，对依靠现有技术已经形成和正在形成的生产能力造成严重冲击，也为我们在更多领域同步参与新一轮科技创新，在一些关键领域率先取得突破，带动产业转型升级，提高我国的国际分工地位提供了契机。加快转变经济发展方式是我国经济社会领域的一场深刻变革，科技进步和创新是加快转变经济发展方式的重要支撑，增强自主创新能力，加快建设创新型国家已成为国家重大战略发展目标。

中国工程院需要按照中央的要求，紧扣时代脉搏，面向重大工程科技问题，前瞻部署，密切跟踪，组织开展好战略研究，为国家和地方的经济建设和社会发展提供决策咨询。中国工程院开展的高水平的学术活动，应当始终以国家经济和社会发展、重大战略为主题，紧扣社会热点和科技前沿问题，充分地发挥工程科技最高学术机构的引领作用，为促进工程科技的整体发展和高水平工程学术活动的健康持续发展奠定基础。

2. 应对科技发展形势的要求

当前，世界科技表现出新的发展态势。科技创新、转化和产业化的速度不断加快，原始科学创新、关键技术创新和系统集成的作用日益突出；科学技术进入了一个前所未有的创新群体集聚时代，起核心作用的已不是一两门科学技术，而是呈现出群体突破的态势。学科交叉融合加快，新兴学科不断涌现，重大创新更多地出现在学科交叉领域，学科之间、科学与技术之间的相互融合、相互作用和相互转化更加迅速。一些经济社会发展中的重大科技问题，已不单纯是自然科学与技术问题，科技与经济、社会、教育、文化的关系日益紧密。

中国工程院要瞄准世界工程科技发展前沿，大力促进学科之间、科学与技术之间的交叉融合，为我国在工程科技领域占据制高点提供支持，并将科技的重大专项、技术创新工程、战略新兴产业的发展作为战略研究的优先领域和重要方向，引导广大科技工作者积极地建言献策，贡献力量。

3. 应对创新人才培养的要求

人才资源是第一资源，优秀的青年科技人才是繁荣科技事业的希望所在，只有不断地发现、培养和使用优秀的青年科技新创人才，才能够使科技事业薪火相传。中国工程院需充分发挥文化资源优势和广博的人才资源优势，带领和指引一大批青年科技中坚力量，深入开展原始积累性总结与研究，注重核心人才培养与激励，形成稳定的研究队伍，不断提高科研原始创新能力。积极鼓励优秀青年科技工作者参与学术交流、研讨工程科技问题。在促进产学研结合的同时，提高不同专业、不同地域和不同层次的工程科技水平，为支持我国经济社会发展和迎接新科技革命挑战奠定坚实基础，从而促进中国工程科技事业队伍的可持续协调发展。

总之，中国工程院的学术活动应把握世界科技发展方向，适应国家发展的重大需求，将学术引领、战略咨询、科技服务、人才培养四个方面有机地结合起来，促进思想库建设的全面协调发展，引领工程科技发展的未来，为国家决策提供坚实的科技支持。同时，出版工作紧密配合学术活动、咨询工作，扩大其影响及宣传效果。

（二）学术与出版工作的问题与挑战

毋庸置疑，中国工程院组织开展的一系列学术与出版活动取得了很大的成绩，为应对国家重大需求、促进科技进步以及培养工程科技人才发挥了重要作用，各项学术与出版活动已呈现系列化、多样化、品牌性的良好势头，并已成为各学部工作的重要组成部分。但是，中国工程院成立以来的18年是我国社会前进、经济发展、科技进步最快的18年，最初的中国工程院学术与出版工作体系已明显不适应当今形势的要求。因此，要认真思考和总结中国工程院学术出版工作中存在的问题与困难，提高中国工程院学术活动的水平，形成中国工程院学术引领的强大力量，促进工程科学技术的创新和发展，与时俱进，更好地发挥中国工程院以及中国工程院院士们的作用。

1. 战略布局尚需精雕，引领表率尚需细琢

在中国工程院以往学术活动与出版工作的组织过程中，由于欠缺顶层设计，缺乏对举办学术活动具有指导性意见的指南等材料，难免存在一些随意性较强、战略布局和计划性不强等问题，院级和各学部级对学科发展及学术与出版工作的指导也不够。这些问题客观上造成了部分学术活动的定位与中国工程院的工作和国家的需求和目标尚有一定的差距，学术活动很难聚焦到对工程科技界最重要的问题上，难以实现学术引领的目标。

总结中国工程院学术活动的成功案例，如影响国计民生的"水资源问题"，影响工程科技发展的"大飞机发动机"，医疗卫生的"慢病防治"等，可以发现，对于学术与出版工作，需要采取提前计划、专家评议等审批措施，加强对学术活动的战略思考和顶层设计，需要不断加强和改善学术与出版工作的管理，需要建立年度以及中长期学术与出版工作的指导性意见，以便从国家工程科技战略发展的高度引领和指导学术活动，提高学术与工作的整体水平。

2. 发展动能有待补充，管理体系有待优化

随着中国工程院学术活动的发展与深入，目前已经存在经费不足、人员短缺和管理滞后等问题，严重制约学术活动的发展。

（1）经费不足

受我国经济发展水平等经济因素的影响，目前，中国工程院学术活动经费难以支撑高水平、高质量的学术活动。由于资金有限，中国工程院在举办大规模的学术活动时，离不开与有关单位的合作。这种合作虽可扩大中国工程院学术活动在业界的影响力，但是大大降低了中国工程院的主导性，一定程度上也会制约中国工程院学术活动的发展水平。目前中国工程院仍有部分学术活动由协作单位主导，中国工程院仅仅作为名誉主办方，会导致"贴标签"的现象，这些"贴标签"的学术活动很难保障学术活动的质量，也难以形成中国工程院学术活动品牌与风格。由于缺乏固定的学术活动经费支持，使中国工程院学术活动的可持续和规模化都受到不同程度的影响。

（2）人员短缺

由于中国工程院目前存在机关工作人员短缺，而学术活动的任务繁重、工作量大，依靠现有工作人员完成这些具体琐碎的工作难度较大，多由临时承办人员负责筹备、组织落实具体的活动事项，这种工作模式虽然也能完成举办学术活动的任务，但很难保证活动的质量，且不能形成有影响力的学术活动品牌。

（3）管理滞后

随着学术活动数量的急剧增长，目前中国工程院的学术活动的管理面临新的挑战，对各种学术活动进行统一规范和管理非常必要。学术活动组织需要有专门的管理机构负责，而中国工程院在 2011 年前没有专门的管理机构负责此项工作。从调研的情况看，无论是国内还是国外，凡设立了专门负责学术工作运行管理机构的部门或单位，学术活动开展得普遍较好。只有对学术活动进行系统规划与管理，才能使其更具持续发展的生命力。

现行的《中国工程院学术活动管理办法》规定了学术活动的类型、申报与审批办法及学术经费管理办法。但是，此管理方法涉及范围较宽，是学术活动管理的一个总则，没有对各类学术活动的内容和要求给予具体的规定。相同类型学术活动的前期策划、活动过程中的环节掌握、后期成果的宣传出版、资料汇集整理还没有统一的要求。不同类型的学术活动如何组织，活动内容和形式有何区别，定位有何不同，听众规模和经费支出额度大小等，也缺乏一定的参照标准。出版工作没有统一的归口管理，没有严格的出版物管理办法。这造成中国工程院各种出版物没有统一规范的出版格式和要求，不利于出版物的查找，更不利于打造和形成真正有影响力的系列出版物。

3. 学术质量尚待提高，总结凝练尚待加强

过去的 18 年中，由于学术活动比较分散，名称也没有统一，例如有"国际论坛"、"高端论坛"、"战略研讨会"、"学术研讨会"、"论坛"、"大会"、"青年学术交流会"，等等。没有突出学部活动的特点，各类学术活动宗旨区别不明显，影响了学术活动的质量。同时，中国工程院主办的学术活动开展过程中，还存在着以下问题，如"论坛"、"研讨会"很多情况下类似于报告会，形式比较单一，院士报告多，与听众互动不够，学术氛围欠活跃，创新理念缺乏，学术思想碰撞需加强。

成功地组织一场学术活动，不仅需要在会前进行周密的前期策划，会议举办期间做好认真细致的会务工作，会议结束后，还要及时总结学术活动成果，必要时形成书面意见或对策建议，并对会议文件和资料进行必要的归档。目前，存在对学术活动"重举办、轻总结"的现象，对成功的学术活动的及时总结和认真凝练不足，没有认真地积累好的经验。中国工程院在学术活动的资料收集和出版方面主要存在以下问题：

一是总结学术活动成果时，基本是以各学科综述的方式进行。这种方式虽涵盖面广，但每份资料涉及具体一门学科的只有一到两篇文献，收藏价值有限，因而其影响力也就大大减弱。

二是一些大型的学术活动缺乏系列化的总结和归档。现在的学术活动相关资料的收集缺乏具体而明确的规定，有的是论文集，有的是资料集，并且在资料收集和归档方面缺乏完整性，大多数研讨会举办后就完成了任务，没参加会议的院士、专家对会议成果不能共享。

三是出版物缺乏标准化。在学术活动的资料整理和出版方面，中国工程院没有统一的标准，基本是每个活动自己找出版社，自己设定出版的格式和内容，不能彰显中国工程院的学术影响力。

4. 成果转化仍需落实，品牌效应仍需打造

中国工程院主办的、已经基本形成系列并有一定影响的学术活动，主要有中国工程科技论坛、工程前沿研讨会、学部学术年会等。例如中国工程院着力打造的"中国工程科技论坛"，经过10年的不辍实践，虽然在体现和代表国家工程科技学术水平、推动和引领国家工程科技发展以及发现和培养青年工程科技人才等方面已取得了显著成绩，在学术界产生了良好的反响。但是，作为一个具有重要影响、特色鲜明的学术活动品牌还没有真正形成，仍需要在一些方面加强。

（1）继续促进学科融合

科学和技术融合是科学技术的发展趋势。为了在最有利的方向上影响和加速工程技术融合发展，仅仅耐心等待科学家和工程师们自发地完成其传统工作是不够的。今后，中国工程院的学术与出版工作应在跟踪国外工程科技发展战略的基础上，加强研究科技融合现象，找出哪些技术在最近或将来有可能发生融合，并能开拓出新产品。同时，还要深入调查研究我国工程科技现状，根据我国实际国情，确定融合技术方面的国家研发优先领域，积极推动形成符合我国国情的融合技术发展战略。

（2）继续结合决策咨询

虽然中国工程院在重大决策咨询项目与论坛活动结合方面有好的典型，但是学术活动与重大咨询项目的结合仍然不够普遍。举办专题学术论坛的重大咨询项目仍很少。"院士行"是中国工程院的重要工作之一，通常是针对一项明确的工作，地方提出一些问题，院士们围绕这些问题出谋划策，提供咨询，解决这些实际问题。但在过去的工作中，尚未能将学术活动与中国工程院院士行相结合，并借此扩大中国工程院在工程界、产业界的影响。

（3）加强宣传推广

要成功组织出色的学术活动，宣传与推广工作必不可少，宣传推广好了，然后才能够做出更有影响力的、更有鲜明特色的学术活动品牌。学术活动取得的成果是否能够引起国家、社会、各管理部门的重视非常重要，现在中国工程院学术活动的后期宣传工作还主要靠院士们各自的号召力和影响力，由于力量有限，对整个学术主题的进一步研究和深化不能够起到更好的助推作用。今后，更应该发挥咨询项目的优势，不仅对于有影响力的中国工程科技论坛等进行资助，同时，与科技部、国家自然科学基金委等各部委，与各省市充分联合，以中国工程院学术活动成果为导向，参与这些部门科技项目的立项。

三、中国工程院学术与出版工作的思路与方针

中国工程院学术活动应继续紧扣社会热点和科技前沿问题，以国家经济社会发展的现实需要为指导，以工程科技的前沿攻关、重大问题解决为牵引，根据不同学部和不同学科的特点，突出国际性、前沿性和应用性，关注有望成为战略性新兴产业的领域，既体现特色，又兼顾共性，力求小、精、尖，避免

高、大、全，力争达到推动一批工程科技专业的创新发展，带动一大批社会产业的跨越发展，发现和培养一大批青年科技人才的目的，辐射和引领不同专业、不同地域和不同层次工程科技水平的共同提高，从而不断促进中国工程科技事业的整体发展。

建立符合创新规律的中国特色的学术活动体制机制创新体系，是学术活动体制机制创新的目标，这是一个复杂的系统工程和长期的过程。学术活动体制创新，要在微观上要搞活，使科技人才创新激情和才智充分发挥，创新思想相互碰撞迸发；在宏观上要搞好创新导向，营造良好环境，统筹协调，提高创新效率。同时，加强创新系统中各主体的联系互动、产学研有机结合，创新要素顺畅流动；鼓励创新成果向现实生产力转化。针对当前的学术环境特点，建立、强化学术自律和学术诚信机制。

未来中国工程院学术活动与出版工作的思路主要是：

（一）聚焦前沿热点，明确论坛主题

聚焦，指要聚焦主题。中国工程院作为国家工程科技界最高荣誉性、咨询性学术机构，其基本任务之一，就是要为传播工程科技前沿知识、促进科技进步以及培养中青年工程科技人才服务。"聚焦"就是在今后的学术活动与出版工作中，应继续紧扣社会热点和科技前沿问题，根据不同学部和不同学科的特点，突出国际性、前沿性和应用性，关注有望成为战略性新兴产业的领域，辐射和引领不同专业、不同地域和不同层次工程科技水平的共同提高，从而不断促进中国工程科技事业的整体发展。努力在聚焦、引领和辐射的过程中，把学术引领、战略咨询、科技服务、人才培养四个方面有机地结合起来，促进思想库建设的全面协调发展，为国家决策提供科技支持。实现"聚焦"要做到"三个引领"：

1. 引领科技创新

紧扣工程科技和经济社会发展中的战略性、前瞻性问题，精心策划、认真组织各种类型的学术活动，通过学术思想碰撞激发科技创新，促进科学问题的研究，促进多学科的交叉融合和重大工程科技问题的解决，引领科技创新和工程科技事业的长足发展，为加快转变经济发展方式提供强大的科技支撑。

2. 引领学风健康

积极营造诚信、宽松、和谐的学术环境，倡导求真务实、孜孜以求的科学精神，发扬学术民主，提倡学术争鸣，鼓励自主探索，带头抵制不良的学术风气、不端的学术行为和浮躁的社会氛围，自觉维护科学道德尊严，积极鼓励优秀青年科技工作者参与学术交流、研讨工程科技问题。

3. 引领发展理念

通过学术活动宣传科学研究和咨询研究成果，正确引导社会舆论，加速成果的传播与转化，普及科学知识，提高全民科学素质，促进可持续发展，引领健康的科学发展理念。

综上，高水平学术活动应当始终以国家经济和社会发展重大战略为主题，紧扣社会热点和科技前沿问题，充分发挥中国工程院最高学术机构的学术引领作用，为促进工程科技的整体发展和高水平工程科技学术活动的健康持续发展奠定基础。

具体到学术与出版的选题上，应面向工程科技发展的热点问题，突出宏观性、战略性、前瞻性、工程性、应用性。在确定主题时，应着重关注以下问题：

（1）与国计民生相关的热点、焦点问题；

（2）有助于催生新的经济增长点、促进新兴学科发展及与新兴产业有关的重要工程科技问题；

（3）与中国工程院战略咨询研究项目紧密结合的重要问题；

（4）党和国家交办需解决的重要问题。

（二）聚集多方人员，发挥各方作用

"聚集"指聚集人员。要进一步解放思想、开阔视野，只要有利于中国工程院学术活动的健康发展，只要有利于学术活动的宗旨弘扬和主题拓展的发展力量，我们都可以积极吸纳整合。特别是对那些有实力、有需求、更具优势、且有强烈愿望的单位，要给予一定的关注，要给予适当的参与空间。同时，在保持中国工程院学术高端性的前提下，可以考虑广泛联系和邀请重点行业、大型企业、高校、科研院所共同承办或协办，以相对固定的委托方式，或者以中国工程院、各学部或者各部门的名义建立务实有效的合作关系，形成优势互补、资源共享的合作机制，既可弥补和解决学术活动在经费保障、会务组织以及人力不足等现实问题，也可为更多的科技事业单位提供发展的高层次平台，在普惠共赢中，不断提升学术活动的影响力和吸引力。与此同时，要进一步加强各学部对学术活动的组织和服务力量，理顺关系，加强协作，增配力量，强化素质，培养和建强一支高水平的机关队伍，不断处理好内部聚力与外部"聚集"的关系，共同推动论坛的健康持续发展。

应将中国工程院学术活动作为一个以院士为核心的、较为开放的学术活动平台，充分调动非院士高层次专家的积极性，扩大影响。中国工程院学术活动主要以院士为核心，虽然每位院士能够代表其专业方向的最高学术水平，但是如果想树立中国工程院的学术品牌，就要解放思想，不能"关门办学术"，要吸收更多的专家来参与，例如吸引院士候选人和其他高层次专家（长江学者、杰青、千人计划人选等）参与。这样能够形成竞争，调动更多的人才和力量，可以为加强工程科技界的学术交流与合作、促进咨询研究等工作起到积极的作用。同时，还可以依托中国工程院的优势和院士的独特学术影响力，发挥其在培养和提携人才，特别是创新型科技人才培养方面的重要作用。

"聚集"是学术活动主体和服务队伍的聚集、内力与外力的聚集，应注意把握以下原则：

1. 邀请院士专家参与

国际高端论坛应邀请国内外工程科技领域顶尖专家参与交流，专家应围绕论坛主题事前做好充分的发言材料准备。中国工程科技论坛和学部学术活动也要邀请相应的院士专家，并做好充分准备。

2. 充分发挥承办单位作用

负责学术活动组织的院士所依托单位，应派专人或团队负责做好论坛的材料准备与会务组织等具体事务。

3. 积极发挥机关人员作用

机关内部明确分工，学术与出版办公室与相关学部办公室按照分工加强对论坛的服务与协调力度，做好相关院士的服务及与承办单位的协调工作。

（三）聚合办会方式，搭建交流平台

聚合，强调对办会方式的聚合。中国工程院的学术活动是一个开放的学术交流平台，因此必须始终致力营造自由、严谨、开放、求实的学术研讨氛围，努力形成"百花齐放"、"百家争鸣"的生动局面，努力实现学术交流、思想交锋、形成共识、解决问题的目的。围绕这一目的，要进一步深入思考如何完善学术交流平台的机制措施，力求做到实事求是、广开言路、鼓励互动、思想碰撞，切实使论坛成为孵化创新思想、催生新兴学科、扩展科技视野、深化科学认识、弘扬学术民主的重要阵地。比如针对在社会上意见分歧较大、关注程度较高的社会热点问题，可以设立正反或多方意见阵营展开辩论；也可围绕发展前景存在较强不确定性、较大争议性的科学问题，在交流平台上提出来供与会专家深入讨论，等等，并研究建立专项的奖励机制，提高大家交流认识、贡献思想的积极性，努力把交流平台打造成为中国工程科技界最具权威、最具前瞻性、最具活力、最具先进性的学术高地。

为充分反映与会院士和专家的各种学术观点，可通过多种形式营造"百花齐放"、"百家争鸣"的学术氛围。

1. 形式多样

针对前沿热点或争议较大问题，可组织正反或多方学术观点展开辩论；可配合国际高端论坛安排青年论坛专场；可视情况将国际高端论坛与中国工程科技论坛或学部学术活动有机结合等。

2. 时间保证

对国际高端论坛，要保证至少有半天以上时间进行充分的座谈研讨；如采用高端论坛与其他学术活动结合的方式，必须单独安排半天以上时间进行高端论坛环节。

3. 组织周密

国际高端论坛现场主持人应紧扣论坛主题组织展开讨论。发言人应在会前围绕主题进行充分准备，并提交一份中英文书面发言稿（2000～5000字为宜）。中国工程科技论坛等学术活动的组织方要做好速记、录音录像、会议接待、设备保障、会议资料印发等有关会务工作。

（四）聚变学术成果，锻造特色品牌

聚变，指学术成果的转化与积累。学术活动的目的是通过交流碰撞提升学术水平、解决现实问题。因此对于学术活动产生的积极成果要及时地总结、归纳、提炼和宣传，通过"广而告之"，实现广而思之、广而研之，最终达到"广而用之"的目的。如果通过学术活动不仅使参与者受益，而且对整个专业领域，乃至相关的社会产业的发展都起到积极影响，那么学术活动一定会越办越好。

中国工程院的学术活动，如"中国工程科技论坛"、"工程前沿研讨会"、"院士行"学术报告会等，在科技界已经产生了较为广泛的影响，并形成了一定的品牌效应。应在此基础上，对全院学术活动资源进行进一步整合，完善与中国工程院最高学术机构相匹配的学术活动发展机制，不断提高全局性、前瞻性战略规划和顶层设计的能力，不断加强运行机制、组织程序、管理规定和成果宣传等制度体系建设。同时，不断拓展和丰富论坛的内涵和活动方式，不断发挥和放大论坛的辐射和带动作用，努力把几个典型的学术活动打造成为中国科技界最具权威、最具前瞻性、最具合力、最具先进性的学术高地，并在社会上产生更加广泛和深远的影响力。

四、中国工程院学术与出版工作的策略与建议

随着中国工程院学术与出版工作的深入，与战略咨询研究工作越来越密不可分。这种结合主要表现为：第一，学术活动孕育新的咨询项目，根据学术活动中学术思想的碰撞火花，酝酿出新的咨询研究项目；第二，学术活动本身就是咨询研究工作的一部分，在咨询研究过程中发挥着重要的学术交流与研讨、科学思想碰撞与融合的作用；第三，战略咨询研究成果可以通过学术活动得到广泛宣传和有效推广，从而对社会经济发展、工程科技进步发挥更大的促进作用；第四，出版工作作为咨询和学术两项重要工作的载体，承载着起承转合的作用。面对工程科技思想库建设的新形势、新要求，建议在未来的学术与出版工作中采取以下方案：

（一）构建会议体系，规范出版管理

1. 构建会议体系

抓好学术活动的顶层设计，首先就要做好中国工程院学术活动与出版工作的总体战略布局，要突出重点会议，对重点会议要加大投入，形成示范效应。不断扩大学术活动的规模，打造以中国工程科技论坛为代表的中国工程院特色品牌学术活动，构建每年"1-2-7"百场学术会议体系，为学术工作的健康持续发展奠定基础。"1-2-7"百场学术会议体系如下：

每年10场国际工程科技发展战略高端论坛，意在"扶树"，通过国际高端论坛向国际舞台展示学术活动蕴育出的成果。

每年20场中国工程科技论坛，意在"育苗"，通过学术活动的广泛宣传和有效推广，从而对社会经济发展、工程科技进步发挥更大的促进作用。

每年70场学部学术活动，意在"播种"，在各个学部根据学术活动中碰撞出学术思想的火花，酝酿出新的咨询研究项目或更高级别的学术活动。

2. 调整职能机构

学术与出版委员会负责进行中国工程院学术活动战略目标的顶层设计，设计未来5~10年或者更长期的学术战略目标。要明确中国工程院学术与出版委员会的指导和领导作用，整合院内外优势资源，结合咨询项目研究，有目的、有重点地选择对国计民生具有重大影响的、确实影响工程科技发展的重要问题作为学术活动的主题。每届学术与出版委员会的第一次会议应制定任内学术战略目标，并制定中长期学术战略目标，并定期修订上届学术与出版委员会的学术战略目标。每年定期召开学术与出版委员会例会，讨论当年学术战略目标与出版计划。要充分发挥中国工程院学术与出版委员会的指导和领导作用，充分发挥学术与出版的组织和协调作用，要整合院内外优势资源，结合咨询项目研究，有目的、有重点地选择对国计民生具有重大影响的、确实影响工程科技发展的重要问题作为学术活动的主题。

学术与出版办公室负责组织并协调各个学部和学术出版委员会的工作。条件成熟时，可考虑建立学术与出版中心，并由其负责各个学术活动项目与出版计划的实施与落实。

3. 健全管理制度

对于打造品牌的重要学术活动，要提高评审标准，建立一套严格的程序进行审批，加强运行机制、组织程序、管理办法等制度建设，保证学术活动的针对性、时效性，提高学术活动的组织规范和实际效果，坚持"有所为，有所不为"。

充分发挥学术与出版委员会的指导作用，完善与高水平学术活动相适应的科学规范的管理支撑体系。包括：加强运行机制、组织程序、管理规定和成果宣传等制度体系建设；进一步加强各学部对学术工作的组织和支持力量；进一步规范中国工程院的各类学术活动，对学术活动计划的制定、申报、审批等工作细则进行修订、完善，制定新的《中国工程院学术活动管理办法》。其中应包括会议命名、会议筹备、会议有关报批文件、会议通知、委托函及委托协议、供应商协议、招商章程及协议、会议预决算、会议总结、会议照片、资料汇编、代表名录、会议调查表及结果反馈资料等。

对于出版工作，目前中国工程院尚没有严格的出版物管理办法，造成各种出版物没有统一规范的出版格式和要求，不利于出版物的查找，更不利于打造和形成真正有影响力的系列出版物。应尽快制定《中国工程院出版工作管理办法》，规范各类出版物的出版格式，并收集、归档相关资料，为今后的出版工作提供素材。

（二）吸纳外部力量，整合出版资源

1. 吸纳外部力量

由于现阶段学术活动面临资金与人员紧张的问题，因此在保持中国工程院学术高端性的前提下，可以考虑广泛联系和邀请一些主流行业、大型企业、综合高校、重点院所共同承办或协办，以长期固定的委托方式，或者以中国工程院、各学部或者各部门的名义建立务求实效的合作关系，形成优势互补、资源共享的合作机制，既可弥补和解决中国工程科技论坛在经费保障、会务组织以及人力不足等现实问题，也可为更多的科技事业单位提供发展的高层次平台，在普惠共赢中，不断提升论坛的影响力和吸引力。

2. 整合出版资源

目前《工程前沿研讨会》《中国科学技术前沿》《中国工程院院士》、美国

《工程前言》系列丛书、《中国工程院年鉴》等出版物虽然已经成为品牌，但是这些出版物均是根据不同时期的需求而逐步设立的，并非根据中国工程院整体战略咨询、学术活动发展的需求而进行的顶层设计，部分重要工作尚未纳入出版资源进行整合，在未来的工作中仍需不断整合完善，创办不同工程科技领域战略研究的系列研究报告和学术出版物，推动出版工作成为战略咨询、学术活动的重要平台。

（三）改革会议形式，提高出版水平

1. 创新会议形式

在学术会议形式上，应建立"小发言、大讨论"模式，每个会议由不同专题组成，由一位主讲者介绍学术争论的基本情况，由多位讲者简短发言阐述观点、提问并讨论，最后由院士点评。吸引院士候选人与其他高层次专家（长江学者、杰青、千人计划人选等）参与，由中国工程院邀请院士候选人参加相关学术活动，由相关专家提问、讨论，最后由院士点评。会议报告时间与讨论时间的比例有明确规定，其比例要求为 1:1 至 1:2。会议对所有科学家开放，专家们可按香山科学会议的宗旨和要求提出举办会议的申请，在指定大部分参会代表的同时，保留少量参会名额，让其他专家通过个人申请的方式参加会议。

2. 及时总结归档

成功地组织一场学术活动，不仅需要在会前进行周密的前期策划，会议举办期间做好认真细致的会务工作，会议结束后，还要及时总结学术活动成果，必要时形成书面意见或对策建议，并对会议文件和资料进行必要的归档。应对学术活动相关资料的总结方式和归档方式统一规范，以便对学术活动的资料进行系统性、标准性及系列化的总结并归档，便于日后查询。应根据不同的活动类型规定不同的出版标准和格式。比如可以"中国工程院院集"的方式，统一内容和格式，跟出版社联起来，形成一个系列化、周期化的专辑，既便于查询和总结，也可以扩大专辑的影响力。论坛承办方及各学部办公室积极配合做好学术成果的总结和归档工作，以提高学术活动的可追溯性，为后期积累查阅、提升推广及应用转化提供支撑。相关档案将在论坛结束后固定期限内交学

术与出版办公室。

3. 适时适度宣传

做好学术活动的宣传与推广，可在活动前通过网络、书面通知等方式对活动的主要内容、主要参与人及对业界的影响等对外公布，以吸引更多的专家和学者参与学术活动；在活动结束之后，或通过媒体等方式对外公布本次活动取得的成果，或通过内部通报等方式对相关学术活动进行总结，也可在学术活动结束后，组织相关人员评选本次活动的优秀学术论文，作为活动文集发布。通过这些方式对学术活动进行宣传和推广，从而提高学术活动的影响力，对工程科技事业的发展起到更大的促进作用。

为及时反映论坛成果，供广大工程科技人员借鉴与服务决策咨询，引领我国工程科技发展，论坛结束后一周内，相关学部办公室应将现场照片（包括每位报告人的现场发言照）、通讯稿或简报、报告人的主题发言摘要、PPT 或简要 PPT 等活动报道电子版提交至学术与出版办公室，整理后将在中国工程院网站上发布。

每场论坛结束后，将以专家报告为主要内容出版成套出版物。该出版物不以营利为目的，内容包括专家简介（含专家标准照）、专家报告文字稿（电子版），还可以请负责组织学术活动的院士就论坛整体情况和主要观点提炼整理一篇论坛综述。上述出版物内容应列入中国工程院出版计划，作为系列丛书正式出版。

（四）创建品牌会议，打造一流刊物

1. 创建品牌会议

着眼增强战略性、前瞻性和宏观性，按照层次分明、重点突出、形式多样、内容丰富的要求，每年完成"1-2-7"计划，其中，国际工程科技发展战略高端论坛作为重点突破，主要面对未来 20 年重大工程科技领域发展前沿，汇集国内外顶级专家智慧，为推进工程科技发展、经济社会和人类文明进步做出贡献。办好中国工程科技论坛，总结经验，加强宣传，扩大影响，建设我国工程科技界的学术高地；充分发挥各学部积极性、创造性和学科特色，积极开展学部学术活动，坚持长效、提高质量，开创学术活动"百花齐放、百家争鸣"的新局面。

2. 打造一流刊物

中国工程院承担着学术引领、学术推广、培养人才等重要任务，而学术期刊的出版正是实现这一任务的载体之一。中国工程院要创办不同层次的学术期刊。一类是代表国家水平，反映甚至预测世界工程科技的前沿及现状，起到工程科技助推器的作用，可谓之"阳春白雪"；另一类属于学术普及，把前沿、高深的理论用通俗易懂的文字传达到工程科技应用基层，使之在工程实践、人才培养上真正发挥生产力的作用，可谓之"阳阿薤露"。

在未来的工作中，中国工程院应加强与国内一流出版社深入合作，形成优势互补、资源共享的合作机制。积极推动创办中国工程院院刊，并努力使之创办成为世界一流水平的学术刊物；在时机成熟时，建立中国工程科技知识中心，其中拳头产品可能就是期刊。选取一至两种杂志试点，打造精锐团队，发挥辐射效应，逐步建立世界一流学术系列期刊，这是"阳春白雪"的代表。同时，继续办好《中国工程科学》《工程科学（Engineering Sciences）》杂志；做好与国家自然科学基金会合作的美国《工程前沿》编译与出版工作，发挥"阳阿薤露"的学术普及作用。

在学术活动方面形成特色出版物。包括高端论坛每年出 10 本论文集，成为世界经典；中国工程科技论坛每年出 20 本论文集；学部级学术活动也有相应的出版物。努力探索，逐步建立科技会议录索引（Index to Scientific & Technical Proceedings，简称 ISTP）。

第四分报告：中国工程院在国家工程科技人才培养中的作用研究

一、工程科技人才培养的宏观形势与中国工程院的历史使命

当今时代，工程科技在解决全球社会共同重大挑战中扮演着愈来愈重要的角色，工程科技人才培养在国家经济社会建设中的地位显得尤为突出。中国工程院自建院以来，借助自身高端智力资源，就工程科技人才培养中的重大问题和紧迫问题开展深入的战略研究，为政府有关部门提供决策咨询，为人才培养相关的社会各界提供咨询服务，在国家工程科技人才培养中发挥了重要作用。

（一）需求与挑战

新世纪以来，不断变化的经济发展环境和创新创业环境，给全世界的工程科技人才培养提出了新挑战。面对工程科技人才结构性短缺问题，美国将加强科学、技术、工程和数学（STEM）基础教育视为人才战略的重要支柱，奥巴马总统在 2009 年倡议发起"创新教育"运动，由政府、企业和民间团体共同推动，从课外活动入手，计划用 10 年时间进一步提高美国毕业生的创新能力。英国政府强调要不断重视科学、技术、工程和数学专业毕业生的数量和质量，英国商业技能部发布的《更大雄心》（Higher Ambitions）报告指出，商业界最关心的是学生离开大学的时候应该更好地用一系列就业技能把自己武装起来，大学要持续变革工程科技人才培养模式，从而让毕业生具备更好的就业技能。吸引更多的年轻人进入到工程师行列，并培养出具有国际视野的、具备解决实际问题能力的新一代工程师成为各国工程教育共同关注的焦点，并因此不断反思其工程教育方面的不足，出台许多改进措施，全面启动从培养计划到课程、从课内到课外、从管理体制变革到培养模式创新的人才培养体系改革[①]。

经过新中国成立 60 多年特别是改革开放 30 多年的快速发展，我国工程科技人才队伍建设取得了历史性成就，培养出了一批批具有实践创新能力的工程科技人才，为社会主义现代化建设，为国家工业现代化发展提供了强大的人力

---

① 世界工程组织联合会，国际工程技术科学院理事会，国际咨询工程师联合会编. 工程：发展的问题、挑战和机遇［M］. 王孙禹等译. 北京：中央编译出版社，20112.

资本和源源不断的智力支持。但与此同时，我国在工程科技人才的培养理念、模式、机制、结构和条件等诸多方面，仍然存在着与产业调整和社会发展脱节的问题，严重影响和制约人才培养质量，无法满足中国经济发展方式转型以及产业升级的迫切需要。特别是我国高等工程教育虽然表面上取得了诸多成就，如培养规模占高等教育的比例已经位居各国前列，但却没有表现出对经济转型和创新型国家建设的足够敏锐，在培养目标、实习实践、师资培养、课程设置等方面长期裹足不前，而在孕育具有世界影响的工程教育思想方面更是少有建树。

当前，我国正处在工业化和城镇化加速发展的关键时期，经济社会发展对于工程科技人才有着巨大而迫切的需求。实施创新驱动发展战略，科技是支撑，人才是关键。2006 年 6 月，胡锦涛同志在两院院士大会上强调，要抓紧并持之以恒地培养造就创新型科技人才，把培养造就创新型科技人才作为建设创新型国家的战略举措，加紧建设一支宏大的创新型科技人才队伍。党的十八大报告提出，加快确立人才优先发展战略布局，实施重大人才工程，加大创新创业人才培养力度，充分开发利用国内国际人才资源，加快人才发展体制机制改革和政策创新。习近平总书记在 2013 年两会上强调，要加强科技人才队伍建设，为人才发挥作用、施展才华提供更加广阔的天地，鼓励人才把自己的智慧和力量奉献给实现"中国梦"的伟大奋斗。

中国工程院从 2007 年到 2009 年开展的"创新型工程科技人才培养研究"重大咨询项目的研究结果表明：随着国家科技创新目标的确立，建设创新型国家的战略部署已进入实施阶段，国家对科技的投入不断加大，经济社会发展对工程科技人才提出巨大需求，未来 10 年将是我国加快培养创新型工程科技人才的重大战略机遇期①。目前，中国的工业化形势是规模远胜于水平，中国的人力资源情况也是规模远胜于水平，这极大地制约了中国在世界范围内的竞争力的提升。面对科技人才队伍总量不足、结构不合理、质量上不去的现实窘境，中国必须在新世纪第二个 10 年中，造就数量充足、质量保证、具有创新

---

① 中国工程院"创新人才"项目组. 走向创新——创新型工程科技人才培养研究 [J]. 高等工程教育研究, 2010, (1).

创业精神、能够助力国民经济快速发展的工程科技人才。加快培育一批世界水平的工程科技专家、高层次高技能人才对我国经济社会的发展具有举足轻重的作用，也是当前的一项紧迫任务。面向未来，中国必须要从战略的高度提高工程科技人才的培养质量，为实现产业升级和创建创新型国家提供大量的工程科技人才。

（二）条件与优势

中国工程院是我国工程科技界的最高荣誉性、咨询性学术机构，在参与工程科技人才培养方面具有得天独厚的战略优势。

中国工程院凝聚了我国工程科技界一大批杰出的高层次专业技术人才，这是中国工程院参与国家工程科技人才培养的最大优势。院士都是我们国家的宝贵财富，他们分散在不同的工作单位，联系着广泛的人才培养资源；他们不仅积极参与国家工程科技研究工作，而且十分重视培养和提携工程科技各学科领域的青年后备人才。

中国工程院设有 7 个专门委员会，其中有两个是关于教育的委员会，即中国工程院教育委员会和中国工程院工程研究院所研究生教育学术委员会。多年来，两个委员会紧紧围绕国家工程科技人才培养和队伍建设的战略需求，大力开展咨询研究，积极向相关部门提供咨询意见和政策建议，受到教育界、科技界、产业界的广泛认同与支持。两个委员会在联系创新资源、营造专业氛围、激发高校积极性、建立工作机制方面取得了明显成效，为中国工程院在培养人才中发挥更大作用奠定了基础。

中国工程院一贯重视工程科技人才培养的战略咨询研究，围绕我国工程教育改革与发展、工程师制度改革以及工程科技人才继续教育等问题连续组织开展一系列咨询研究，并提出了高质量的研究报告和咨询建议。从 2010 年开始，中国工程院与教育部合作，联合开展"工程科技人才培养"专项研究，共同推动我国工程科技人才培养改革和发展不断深入。在工程科技咨询研究的过程中，一大批中青年工程科技人才得到了锻炼，逐渐成长为各自领域的工程技术骨干，同时也培养了一支初具规模的专家咨询队伍。

中国工程院与政府、企业、高校、研究院所建立了广泛的联系，积极参与推动工程科技人才培养改革实践，积累了丰富的经验。如：配合人力资源与社会保障部，积极推进工程科技人才继续教育培养工作，倡导建立工程创新训练基地，为企业优秀的工程师提供创新培训，增强工程科技人才创新精神，提高创新能力。配合教育部积极推动工程研究院所与高等学校联合开展博士研究生培养试点工作，实现产学研合作，优势教育资源互补，搭建科技创新平台，提高我国工科博士生培养质量，促进双方进行高起点、宽领域、全方位的科技创新与交流，服务国家创新体系建设。

当然，中国工程院参与工程科技人才培养也存在一定的不利因素。一是相对于普通高等学校而言，中国工程院在人才培养方面的教育经验有限，没有直接从事人才教育培养的实践活动。二是与中国科学院等科研机构的人才培养相比，中国工程院更是不具备直接培养人才的功能与条件。当前除中国科学院和中国社会科学院这两大科研机构外，中国农业科学院、中国林业科学院、中国水电科学院、中国军事医学科学院、中国气象科学研究院、中国石化研究院、北京钢铁研究院等大型科研机构都具有研究生培养资格，这些科研机构的人才培养相比高校而言具有自己的特色，较为成熟。比如中国科学院拥有相当数量的博士生导师和较为完善的人才培养机制。三是中国工程院是国务院直属的事业单位，其行政角色相对高校而言比较浓，人才培养能否受到应有的重视也是一个问题。同时，相对于国外工程院独立、私立的非政府组织性质而言，中国工程院的独立性也受到一定约束，在创新性工程教育思想的形成、传播、实践方面也有可能会受到一定限制。

（三）思路与行动

思想库是由专家组成的多学科的，为决策者在处理社会、经济、科技、军事、外交等各方面问题出谋划策，提供一系列思想、战略和方案的公共政策研究机构。人才是思想库的核心和根本，人才培养是思想库建设中重要而又关键的组成部分。中国工程院要建设国家工程科技思想库，其实力和优势来源于其拥有的700多位院士，正是这些各领域内的顶尖专家奠定了中国工程院国家工程科技思想库的基础。与此同时，中国工程院主动发挥国家工程科技思想库的作用，紧密团结和依靠广大科技工作者，深入开展一系列咨询研究、学术交流和人才培养等工作，为党和国家的重大战略决策提供了科学思想和科技支撑。

当前，面对加快转变经济发展方式、建设创新型国家、实施创新驱动发展战略的重大任务，中国工程院应当肩负更大的责任和使命，更好地发挥院士们的集体智慧，发挥跨学科、跨部门、高水平的群体优势，进一步加强工程科技思想库建设，需要配合国家人才战略，进一步做好工程科技人才培养的战略咨询研究，主动关注国家工程科技人才培养事业，为政府和高校做好人才培养提供战略性、前瞻性和实效性的咨询研究和政策指导，为加快培养和造就一支规模宏大、素质优良的工程科技人才队伍，支撑中国实现工业化、信息化、城镇化、农业现代化同步发展做出更大的贡献。

二、中国工程院参与工程科技人才培养工作的回顾与总结

《中国工程院章程》规定，"推动我国工程科学技术队伍建设，激励优秀人才成长"是中国工程院的职能和任务之一。中国工程院高度重视工程科技人才培养工作，围绕国家工程科技人才培养和队伍建设的战略需求，主动开展工程科技人才培养方面的咨询研究，积极向相关部门提供咨询意见和政策建议，大力提携和帮助拔尖创新人才成长，受到教育界、科技界、产业界的广泛认同与支持。

（一）历史回顾

建院以来，中国工程院参与人才培养工作的基本历程，大致分为5个阶段：

第一阶段（1994~1998年）：成立伊始，高度重视工程科技人才培养。1995年，张维院士在第二次院士大会上作了"我国和西方四国工程教育的比较及其与本国工业化的相互作用"的大会报告。1996~1998年，张维院士和朱高峰常务副院长牵头组织了"工程教育"咨询项目，并向国务院呈报《我国工程教育改革与发展》咨询报告。1998年8月，中国工程院有关负责人应邀担任中国高等工程教育研究会副理事长，对学会活动给予许多具体指导。

第二阶段（1998～2002年）：第一届教育委员会以学术交流为重点。在中国工程院教育委员会成立之初，学术交流是参与人才培养的主要形式。教育委员会先后主办了科技人才培养与开发学术研讨会、'99工程教育国际学术研讨会、中日韩工程院圆桌会议暨工程师资格认证与工程教育国际研讨会、中美工程教育双边研讨会等重要学术会议，并创办了"工程科技论坛"和"青年企业家管理论坛"。

第三阶段（2002～2006年）：第二届教育委员会以咨询研究为重点。在此期间，中国工程院组织开展了大量人才培养咨询研究，如农林高等教育咨询项目、高层次工程科技人才成长规律研究、高等工程教育人才培养目标多样化研究、具有中国特色工程教育培养模式与发展道路研究、中德工程教育比较研究、我国工程师制度改革研究。2005年，中国工程院与教育部、国务院学位办商定，成立工程研究院所研究生教育委员会，积极参与工程院所研究生教育培养改革实践，并开展相应学术指导、交流协调及咨询研究工作。

第四阶段（2006～2009年）：第三届教育委员会以开展合作为重点。工程科技人才培养和队伍建设是一项系统工程，需要相关部门、高校、研究院所和企业的密切合作。2006～2010年，中国工程院在加强与教育界、科技界、产业界的联系、交流与合作，共同推进工程科技人才培养方面取得了重大进展。例如，经中国工程院多次倡议，人力资源和社会保障部、教育部、中国科协等部门联合成立了"全国工程师制度改革协调小组"，其中由教育部牵头，中国工程院、中国科协及国务院有关部委、有关行业协会组成"工程教育工作组"，共同推动建立了工程教育专业认证制度。

第五阶段（2009至今）：第四届教育委员会进一步深化人才培养工作。《中国工程院2010～2014年度工作纲要》明确提出，今后中国工程院工作要围绕国家工程科技思想库建设和院士队伍建设两个方面的八项重点开展。2010年，在中国工程院的积极推动下，教育部启动了"卓越工程师教育培养计划"和高校与科研院所联合培养博士生试点的工作，并联合设立"工程科技人才培养专项基金"，按年度资助高校教师积极参与开展工程科技人才培养方面的学术研究。中国工程院还主动配合教育部联合建立了"卓越工程师教育培养计划"专家委员会，指导相关高校实施"卓越计划"。

（二）主要成就

建院以来，中国工程院根据国家工程科技人才培养和队伍建设的战略需求，围绕科教兴国战略和人才强国战略的实施，发挥院士们的整体力量，团结全国工程教育界、科技界和产业界，围绕工程教育和工程科技人才成长、使用中的各类问题，积极开展咨询研究、搭建对话平台、密切交流合作、加强宣传出版，推动了我国工程教育的改革与发展，提高了工程教育、工程科学技术在国民意识中的地位，为政府科学决策提供了重要的参考依据，为我国创新型工程科技人才培养和队伍建设做出了重要贡献。

1. 扎实推进院士队伍建设，为国家工程科技人才发展树立了标杆，发挥了精神激励和方向引领作用

截至目前，中国工程院已选举产生885位院士，现有院士760人（2013年8月22日）。这支队伍凝聚了我国一大批德高望重、学识精湛的工程科技拔尖创新人才，汇集了来自不同学科领域、不同工作部门、不同地方的科技精英，代表了我国工程科技人才队伍建设的最高水平，不断地激励和鼓舞着一代又一代工程科技人才的成长和发展。院士在参与工程教育咨询中，不断把新的教育思想传递到社会各界，在提供科技服务过程中，用实实在在的创新实践影响和培育着一代代工程科技尖端人才。

2. 咨询研究成果受到中央领导、教育界、科技界和产业界的广泛认同，有力地推动了我国工程教育领域的制度建设和人才培养进程

教育委员会成立近14年来，围绕我国工程教育改革与发展、工程师制度改革以及工程科技人才继续教育等问题连续组织开展17项咨询研究，提出50余份研究报告和咨询建议。2009年至2011年开展的"创新型工程科技人才培养研究"项目，受到国务院领导及中组部、教育部和人力资源与社会保障部的高度重视，其中许多建议已经被相关部门采纳。2010年以来，中国工程院与教育部联合设立"工程科技人才培养专项"，列入教育部社科基金项目计划并面向社会公开招标，吸引大批高校教师和相关研究人员持续参与工程教育研究工作。

3. 积极开展与教育界、科技界、企业界的合作，有力地推动了院校工程教育的改革与发展，促进了工程科技人才的合理使用与科学管理

多年来，中国工程院积极与教育界、科技界、企业界开展多种形式的广泛合作。与教育部共同实施了"卓越工程师教育培养计划"，共同设立了"工程科技人才培养研究"专项课题；与人力资源和社会保障部合作推动了工程师制度改革和工程科技人员继续教育改革。积极推动高校与工程研究院所联合培养博士研究生试点工作，积极推进产学研协同创新、融合发展，产生了积极成效。

4. 充分利用会刊、论文集、新闻媒体、网络资源等载体开展宣传活动，提高了工程教育和工程科学技术在国民意识中的地位

中国工程院教育委员会依托相关高校创办《高等工程教育研究》和《国际工程教育前沿与进展》会刊，并不定期出版"工程教育国际研讨会"论文集，并利用新闻媒体、网络资源等渠道，广泛宣传咨询研究成果、介绍国外工程教育动态、提出对工程科技人才培养的建议，提高了工程教育和工程科学技术在国民意识中的地位，为政府部门的决策、学校的教学改革、企业的人才培养和使用提供了科学的参考。

5. 广泛组织学术研讨会、年会、论坛、出国考察等学术交流活动，搭建了优秀工程科技人才的成长平台和工程教育改革发展的交流平台

组织开展丰富多彩的学术交流活动，是中国工程院参与工程科技人才培养工作的重要方式。教育委员会成立后不久，成功地举办了"工程教育国际研讨会"，组织开展了国内或国际学术研讨会、年会、论坛、出国考察等多种形式的学术交流活动。如今，有着 10 多年发展历程、举办过上百场次的中国工程科技论坛，已经成为中国工程院一个具有相当影响力的学术交流品牌活动，为院士发现、提携和培养优秀人才创造了良好条件。

6. 设立"光华工程科技奖"，激励工程科技创新，提携优秀工程科技人才成长

"光华工程科技奖"旨在对工程科技及管理领域取得突出成绩和重要贡献的中国工程师、科学家给予奖励，激励其从事工程科技研究、发展、应用的积极性和创造性，促进其工作顺利开展，并积极推动科技创新与人才培养的有机结合。从 1996 年至 2012 年，光华工程科技奖已颁奖 9 届，共奖励了 173 位在工程科学领域取得重大成就、做出重要贡献的工程师和科学家，产生了良好的社会效益和积极的社会反响，为国家经济建设和工程科技事业提供了源源不断的后备力量。

（三）基本经验

中国工程院在参与工程科技人才培养的多年实践中，积累了宝贵经验，大致可以概括如下。

1. 组织领导是首要前提

中国工程院始终把工程科技人才培养和队伍建设放在重要的战略地位，先后成立了中国工程院教育委员会和工程研究院所研究生教育学术委员会，并由院领导亲自担任主任委员；重大咨询项目通常由院领导牵头，直接组织领导，并定期听取咨询课题的研究进展；亲自主持重要的学术交流活动并作大会发言；亲自带队开展调查研究，广泛听取各方面的意见和建议，积极推动中国工程院与教育界、科技界、产业界的战略合作。

2. 院士资源是基础保障

院士是工程科技领域的学术攻关带头人，也是培养和提携后备工程科技人才的引路人。中国工程院一直注重发挥院士的群体优势，初步形成了以院士为核心的相对稳定的咨询研究团队，重大咨询研究项目由院士牵头，还通过学术会议、院士建议等方式为我国工程教育改革发展、创新型工程科技人才的培养和使用积极献言献策。如"创新型工程科技人才培养研究"重大咨询项目吸引了中工程院 9 个学部的 170 位院士以及来自不同高校和研究机构的近 300 位专家共同参与。

3. 针对需求是核心目标

多年来，中国工程院紧紧围绕工程教育的改革与发展、创新型工程科技人才的培养和工程师制度改革三大领域，就如何构建与产业结构相适应的工程教育体系，如何形成有中国特色的工程科技人才培养模式，如何充分发挥企业中的工程科技人员的作用，如何建立符合我国国情的工程师资格认证制度等工程科技人才培养中重大而紧迫的问题开展咨询研究。

4. 调查研究是科学方法

中国工程院一直把调查研究作为咨询工作的必要环节，提出的研究结论、咨询建议都有充分的调研素材和调查数据做支撑。借助于中国工程院广泛的政产学研合作网络，重大咨询课题研究一般都有相应的实地调研和数据分析。例如，"开发我国工程科技人员创新能力的对策研究"课题共回收66个国有大中型企业的单位答卷和4677份工程科技人员的个人答卷，并实地调查访谈了5个企业和部分工程科技人员；"高层次工程科技人才成长规律研究"课题共发放问卷5000份，回收有效问卷4640份。

5. 工作机制是重要支撑

中国工程院没有直接隶属的科学研究和人才培养机构，两个教育委员会也不直接参与人才培养。但在多年的工作实践中，中国工程院大胆创新工作体制机制，主动寻找工作抓手，为国家工程科技人才培养事业做出了独特的贡献。例如，与教育部社科基金合作开展"工程科技人才培养研究"专项课题，创办"中国工程科技论坛"、"国际工程科技发展战略高端论坛"，与北京航空航天大学联合共建"高等工程教育研究中心"，等等。

6. 开放协调是动力源泉

工程科技人才培养和队伍建设是一项系统工程，需要相关部门、高校、研究院所和企业的密切合作，全体院士和全国广大工程科技工作者的共同努力。在教育委员会筹备阶段，宋健院长就提出了开放办院的指导思想。多年来，中国工程院积极与教育界、科技界、企业界开展了多种形式的联系、交流与合作，为参与工程科技人才培养工作的顺利开展创造了积极有利的条件。通过广泛联系与合作，不但实现了人才培养功能，而且提升了各种活动的实施效果和社会影响力。

三、英美等国工程院在参与工程科技人才培养方面的经验及启示

积极关注和推动工程科技人才培养事业，是当今世界各国工程院普遍开展的一项重要活动。中国工程院建设国家工程科技思想库，做好人才培养工作，

必须要以开放的姿态积极学习和借鉴其他国家工程院在参与人才培养中的成功经验，为今后进一步做好工程科技人才培养工作提供借鉴。

（一）英国皇家工程院的人才培养工作

英国皇家工程院（The Royal Academy of Engineering，RAE）的宗旨明确提出，要鼓励工程领域的创优和创新，把最优秀的工程师团结起来，充分发挥他们独特的知识和工程经验，支持各层次工程教育，为社会创造财富。工程教育被视为英国皇家工程院"最重要的"工作领域，主要包括：①提供针对性强、形式多样、资助到位的教育计划，覆盖了中小学阶段、大学阶段和继续教育阶段；②根据国家发展需要，制定工程教育政策，引导工程教育发展。英国皇家工程院开展的人才培养活动的经验和做法主要包括：

1. 积极开展全方位的教育计划

英国皇家工程院针对工程教育的不同发展阶段，设有覆盖面广、针对性强、形式多样、资助到位的教育计划，鼓励和资助工程科技人才的教育培养。

在大学前的普通教育阶段（欧美国家现已拓展到 K-12 甚至 P-12），英国皇家工程院通过伦敦工程项目（LEP）、工程参与项目（EEP）等计划，将工程活动带入中小学，激发中小学生学习工程和工程职业的兴趣，鼓励青年学生选择科学、技术、工程和数学（STEM）科目，并选择就读工程专业。

在院校教育阶段（包括证书水平和学士、硕士、博士的学位水平），英国皇家工程院有选择性地设立了两人教育计划：一是高等工程教育 STEM 计划，旨在增加和扩大科学、技术、工程和数学学科的参与人数，并提高这些领域工作者的技能和知识基础。一是工程领导力计划，鼓励英国工科大学生进一步开发技能，培养在工程事业上的兴趣，并能在毕业后短时间内进入工程领导岗位。

在院校教育后继续教育阶段（包括初期职业发展 IPD 和继续职业发展 CPD，或又称 LLL，即 Life-Long Learning），英国皇家工程院设立了专业工程师计划，为已进入职业领域的工程人才再培养提供保障。该计划选拔合适的工程师攻读全日制、前沿性的工程硕士课程和接受世界一流的管理教育，并为他们提供巨额的奖学金，帮助其职业发展。

2. 开展工程教育政策研究

英国皇家工程院开展广泛活动，加强工程、政府和外界社会的联系，与国内和国际的政策制定者建立联系，以确保在一些关键领域，诸如气候、健康和安全等问题的政策制定中，工程被放在核心地位。它同样鼓励工程师和公众的辩论和对话，提升工程的社会形象，以引起更多关注。

英国皇家工程院的政策包括工程政策、国际化政策、教育政策、公共事务、公众参与、工程伦理、工程哲学以及多样性计划。其中，教育政策是很重要的一部分。目前，英国皇家工程院的教育政策主要有两个方面。一个是面向工程行业的教育（Education for Engineering），另一个是面向企业工程师的教育（Engineers for Enterprise）。

面向工程行业的教育是工程专业学会向英国政府及其下属机构提供关于面向工程行业人才培养的协调性和明确性建议的机制。它涉及工程基础方面的学习，特别强调数学、科学、信息通信技术、设计和技术，从而确保教育系统在适应社会所面临的挑战上充分发挥积极性和主动性。该计划由英国皇家工程院主持，其成员来自广泛的工程专业团体。面向工程行业的教育分成政策组和工作组，成员由专业工程学会的负责人、英国皇家工程院成员、英国工程委员会和工程科技委员会的成员组成，其政策制定主要反映了行业协会对工程教育的诉求。

面向企业的工程师研究是英国皇家工程院近年在人才培养政策上的重要举措。该研究从2005年开始实施，旨在改革工科课程，以培养应对21世纪的挑战的专业工程师，强调如何加强本科工程教育，以符合产业的要求。研究由英国皇家工程院院长牵头的监督组带动，由英国皇家工程院院士、南安普顿大学副校长William Wakeham领导的项目管理组具体负责实施，日常事务由高等教育学会工程学科中心负责执行。

以下两份研究报告是面向企业工程师研究的重要成果。

（1）《培养面向21世纪的工程师》

该报告是从2005年至2006年，由英国皇家工程院院士Julia King教授领导的工作团队承担的研究项目的成果。项目首先调查英国产业界目前和未来对本科工程教育的需求，接着又针对工程科技人才培养的工学院开展调查，最终形成研究报告。报告认为，产业界预见到在未来10年中高质量工程师的短缺状况将呈上升趋势，产业界和大学都十分赞成改进大学的工科课程，使毕业生更有积极性，更符合产业界和商业界的需求；对研究过程的专注和不断增长的研究资金支持，保障了研究的高质量，而现在必须将注意力转移到教学上来，使工程科学生的学习方法和教学方法符合21世纪学习者要求，并能传授产业界需要的知识和技能。

（2）《培养面向产业的工科毕业生》

该报告在2008年出版，旨在确认如何增加符合产业技能要求的、具有就业能力的工科毕业生。报告指出，在英国的竞争优势日益依赖于提高STEM技能水平的背景下，如果没有足够数量的受过良好教育并保持积极性的工科毕业生，英国的工商业将处于不利地位。报告评述了高等工程教育的现行做法，并详细阐述了大学为满足工商业需求而运用的一系列相关激励手段。报告得到经验丰富的委员会指导，在写作过程中提出了国家战略的重大问题，同时也突出强调了资源优化问题。

3. 建立常设管理机构监督教育活动

英国皇家工程院的常设工程教育管理机构是教育和培训委员会（Standing Committee for Education and Training，SCET）。该委员会为英国皇家工程院理事会下属，任务是对英国皇家工程院的委员会在开展工程教育和培训方面活动监督并负责，并与在这些领域发挥作用的其他组织建立和保持联系。与英国皇家工程院在工程领域追求卓越的使命一致，委员会有如下使命：监测可能对工程教育产生影响的进展，培养学生的实践能力及影响工程职业的其他能力；根据当前合作计划的需要，适时地发起相关研究；为英国皇家工程院的活动和讲座选择合适的主题和讲者；建立广泛的社会联系，并在合适的情况下与政府部门和其他相关机构协作办公。

教育和培训委员会有两大主要工作：①对政府咨询报告做出回应。教育与培训委员会要参与政府的咨询活动，对政府和其他组织的咨询报告做出回应。如：从2010年3月至2011年1月间，教育和培训委员会参与了英格兰高等教育拨款委员会，高等教育质量保障署（QAA），商业、创新和技能部等多个机构的 10 项报告的咨询调研，并给出反馈意见；②发表政策声明。近年来，该委员会主要发表了 3 份政策报告：《工程高等教育》（Engineering Higher Education，1996）、《毕业前的工程经历》（Pregraduate Experience of Engineering，2001）、《培养 21 世纪的工程师》（Educating Engineers for the 21st Century，2007），旨在引导和推动英国工程科技人才培养实践改革。

4. 来源多样的经费资助

多元化的经费来源是英国皇家工程院的教育计划得以顺利运行的保障。英国皇家工程院从英国政府商业、创新和技能部（Department for Business，Innovation and Skills，BIS）、英格兰高等教育拨款委员会（HEFCE）获得大量的资金资助。此外，在专业工程师的培养计划中，英国石油服务集团、塞恩斯伯里管理奖学金、松下信托等公司都提供了大额的奖学金。另外，英国皇家工程院的院士，如 Angus Paton、Henry Royce、Robert Malpas 等人，也都以私人名义为优秀工程师的再学习提供助学金资助。

（二）美国工程院的人才培养工作

与英国皇家工程院相比，美国工程院参与工程科技人才培养活动的形式、平台、领域更加多样，特别是在提供政府工程教育咨询、提升公众工程科技素养、建立工程教育共同体等方面发挥着重要作用。美国工程院把工程教育作为其使命至关重要的部分，在活动、项目、研究方面投入大量人力、财力。在每年美国工程院年鉴主体部分"Program Reports"栏目中，工程教育（Engineering Education）总是作为第一部分内容出现，而美国工程院主页域名"edu"也能反应美国工程院在人才培养中的定位和作用。美国工程院开展人才培养活动的主要经验和做法有：

1. 教育项目多元，覆盖工程科技人才培养全程

（1）提升社会公众的工程认知和工程素养

只有公众意识到科学和工程对社会发展的重要性时，才会有更多年轻人投入其中，因此美国工程院每年都会开展专门用来提升公众工程认知和工程素养的项目，而这种"公众"的对象包括专业人士、大中小学生、普通民众等。

如："评估美国公众的技术认知能力"项目，主要评估 K-16 师生和一般公众的技术认知能力，研究这些目标人群中进行有效和广泛评估的机会和障碍；"技术素养计划"项目，旨在确定美国人如何能更好地认识技术依赖型的社会，为教育者、政策制定者和普通公众制定一系列拓展项目，并组织多场信息化研讨会，对于中小学校技术学习水平的开发助益良多。

（2）对工程课程或工程教学的关注

在美国，工科院校教师"重科研、轻教学"的情况同样存在，教师评价中的科研导向也在不同程度上存在。评价科研的指标体系虽不完美但却比较完善，而教学效果的评价尚不完善。针对这种情况，美国工程院组织了一系列研究项目，积极推动工程课程及教学评价的改进。如："开发评价工程教学的指标：测量得到改进的东西"项目，最终产生了一套开发和实施评价工程学科领域内的学术教育或"教学学识"的指标；"工程课程：认识空间设计和机会开发"项目，探讨工程课程结构对学生学习工程基础知识、培养基本技能，进而产生和保持工程兴趣的影响；"探索 K-12 工程教育的内容标准"项目，提出了充分利用现有标准来提高美国 K-12 工程教育质量的方法，以提升美国 K-12 工程教育的质量。

（3）不断扩大 K-12 工程教育项目或活动

K-12 工程教育旨在把工程的思想、要素、标准推广到 K-12 教育阶段，从而为工程教育体系的整体推进做好基础性的工作。美国工程院认为，培养学生和企业员工的领军素质不应被看作是基础工程培训和教育之外的事，而应该与工程基础教育同步进行，并在团队工程项目组织实施过程中加以打磨和完善。美国工程院每年都会发布了一系列相关报告，引导公众关注并积极推动 K-12 工程教育。如《K-12 工程教育：明确地位和提升前景》报告，明确了 K-12 教育阶段加入 STEM 教育的重要性和实现路径，提出了重点实现工程设计、融入适当的数学和科学及技术知识与技能、培养学生的工程思维习惯三大原则；《K-12 教育中的工程》报告指出，工程教育可以提高学生在科学、数学方面的学习能力和成绩，也能使得学生加深对工程师工作及其对人民生活的影响的认识，激发年轻一代对从事工程职业的兴趣，提高所有学生的技术素养。

2. 教育活动和手段多样，影响力扩展到社会方方面面

（1）工程前沿系列研讨会

美国工程院组织开展的工程前沿系列研讨会，主要汇聚产业界、学术界和政府部门的工程专家，讨论工程领域和生产部门的前沿技术和研究。目标是介绍30到45岁之间的优秀青年工程师互相认识，并促进下一代工程领导者之间建立联系，便利合作、技术与方法在工程领域内的传播，以建立和维持美国的创新能力。除在美国本土组织工程前沿研讨年会外，它还与德国、日本、印度、中国和欧盟开展5个双边分会。

（2）工程教育前沿会议

美国工程院每年都组织工程教育前沿会议，开展工程基础学习和专业技能培养方面的新教学方法的交流和互动。参加会议和研讨的人员会介绍自己在课堂上、实验室、项目、实验、计算机教学及就业指导方面的好的方法，并与同行交流创新做法，从中学到最佳实践，且在此过程中建立合作伙伴关系。工程教育前沿会议的目的是，介绍和推广培养应对21世纪挑战和机遇的未来工程师的创新性的、有效的学习策略；提升与会工科教师的专业凸显度；扩大与会教师之间的专业合作和相互支持的机会；激发美国所有工学院对工程教育前沿的关注和兴趣；长期的档案记录作为工程教育前沿会议创新思想在局部和全局内的实施的结果之一，提升学生知识、技能、能力和态度；通过局部地区和更广范围内实施工程教育前沿会议的创新思想，从长远看，有助于改善工科生的招生状况以及促进毕业生的专业发展。

（3）工程教育年度奖项

美国工程院每年都会筹集超过100万美元的经费，用于奖励在工程和技术教育领域的创新以及推动社会更好地认识工程和工程教育方面所做出的积极贡献。美国工程院设立的与工程教育有关的最重要的奖项是"伯纳德·M·戈登工程和技术教育创新奖"（Bernard M. Gordon Prize for Innovation in Engineering and Technology Education）。该奖项于2001年设立，奖励培养优秀工程领导者的教育模式或经验方面的成就，关注点是课程设计、教学方法、技术辅助学习方面的创新，以提高学生的能力、激发学生成为领导者的愿望。该奖项有 50 万美金，一半给获奖者，一半给获奖者所在的机构以支持他们持续开发，帮助其改善研究条件、发表已被承认的创新成果。

（4）扩大工程教育多样性参与

美国工程院积极致力于促进美国工程教育参与人员的多样化，尤其是吸引更多的少数族裔和女性参与工程教育。该院工程劳动力多样性委员会在 2005 年完成的一个持续 3 年的改革研究专项，提出了多项政策措施，包括加强社区学院通向工程职业的途径，在社区学院和大学中加强工程学习，建设名为"工程师女孩！"网站，推出杰出女性工程师计划，对教师进行性别平等观念的培训。其中，特别值得一提的是"工程师女孩！"网站建设计划，它的建立目的是吸引年轻女性对工程的注意力，尤其是中学生在做重要的可能影响其一生职业选择的教育决定的时候，网站试图传递从事工程职业也可以出人头地的信息，网站已经成为教育者、父母和学生们稳定的信息渠道。此外，"设计你的生活"项目（Engineer Your Life Project，EYL），是一项鼓励就读学院的高中女生考虑攻读本科工程学位的全国行动倡议，参与者除美国工程院外，还包括美国工程协会联盟、美国土木工程师协会、波士顿 WGBH 基金会及其他几个工程协会。

3. 重大研究和计划扎实推进，充分发挥其高端引领作用

新世纪以来，美国工程院发起的两项活动影响较为深远，一是 2001 年 10 月美国工程院工程教育委员会发起的"2020 工程师"研究计划，二是 2009 年在全国范围内推动大挑战学者计划。前者旨在加大工程教育改革力度，造就适应 2020 年需要的工程人才，进而巩固与提升美国在全球竞争中的优势地位，其最终报告产生了重大影响，在工程教育领域具有里程碑意义。后者是针对美国工程院所提出的 14 项"工程大挑战"而出台的拔尖工程人才培养计划，目前已经在全国 30 多所重点工科院校开展。

（1）"2020 工程师"研究计划

该计划历时 3 年有余，得到美国自然科学基金会、Honeywell 国际基金会、美国 NEC 基金会和 SBC 基金会的支持。

项目第一阶段在分析 2020 年工程实践的技术、社会、国际与专业大背景的基础上，提出了对 2020 年工程师的期望与其关键特征，为工程师、教师、雇主与学生塑造了对未来工程与工程师的共同愿景，并于 2004 年春发表了第一份研究报告《2020 工程师：新世纪工程的愿景》，提出在快速的技术进步推动的世界上工程师需要表现出来的特性和能力，即：他们必须不但技术过硬，而且具备成为可能变成商业和公共服务领域的全球公民的素质。

项目第二阶段主要针对美国的工程教育进行深入探讨，为 2020 工程师的培养提出了工程教育变革的战略指导与相关举措。在此期间，由美国工程院举办的高峰会议邀请了近百位来自学术界、产业界与政府部门的专家，讨论工程教育的深化改革问题。会议论文主题涉及各个方面，包括合作教育、工程教育联合体、欧林（Olin）工学院的经验、多样化、卡内基基金会的职业教育项目、认证体系以及工程教育改革历程等。在此基础上，该计划于 2005 年形成并发表第二份报告：《培养 2020 工程师：适应新世纪的工程教育》，提出了引导工程教育者、雇主、专业协会和政府机构的建议，因为他们要重新设计工程教育过程的"系统的系统"。

（2）大挑战学者计划

大挑战学者计划（Grand Challenge Scholars Program，GCSP）是美国工科院校在美国工程院推动下，针对美国工程院提出的 14 项工程大挑战而实施的工程拔尖人才培养新战略，旨在通过改革工程人才培养模式，培养能够应对 21 世纪工程大挑战的卓越工程师。大挑战学者计划把综合性、跨学科的学习内容和非课程活动参与结合起来，并以此培养实践创新能力，是一个涵盖学生选拔、课程设置、教师配备、过程控制、资格认定的全面计划，是对"大工程观"的再次强化。

2009 年 3 月，美国杜克（Duke）大学工学院、欧林工学院、南加州大学（USC）工学院联合成立协作组，宣布启动大挑战学者计划。美国工程院迅速回应支持，并提出培养能够应对 21 世纪大挑战的新型工程师的基本课程架构。这一架构融合了课程和非课程项目或活动，包括：大挑战项目——独立完成或团队合作完成涉及大挑战主题的设计、研究活动或创业项目；"工程＋X"的跨学科课程——为了使工科学生能够在工程和非工程学科之间的交叉领域工作，课程一般具有院校特色并不断更新，形式有授课、研讨会、讲座等；创业精神——每个学生都必须参与将创新和发明市场化的课程或元课程组件，这些课程或元课程组件可能牵涉识别、评估和发展商业机会的整个过程，或是为公众利益而帮助非营利组织引进技术；全球视野或全球关注——参加课程学习、国际项目、海外留学或实习、强调国际化或跨文化的国内外活动，从而学习在全球经济中发展创新或解决全球关切的伦理问题所要求的基本原则；服务性学习——参加一门课程或元课程组件，以增强社会意识，提高利用技术专长解决社会问题的动机，旨在使学生把课堂学习与当地实际结合起来，并在此过程中锻炼执行力。

（三）日本、韩国、澳大利亚工程院的人才培养工作

日本工程院非常关注工业和工程教育的问题，将企业界对工程人才培养的希望传递到教育界。由于日本工程院有大约一半以上的院士来自于教育和科研机构，这种意见的传递和实施是比较顺利的。日本工程院依赖于院士们的个人关系网络去运作，去发挥各种影响，主要研究报告递交给有决策权力的个人。日本工程院关注日本长期的技术发展计划的制定，常常为日本工程科技发展的长期任务以及工程科技人才的培养提出自己的意见。如，在 2010 年 9 月 10日，日本工程院向日本内阁总理大臣菅直人递交《关于综合科学技术会议"科学技术基本政策制定的基本方针"的意见》，提出要加强科学技术·创新·教育三位一体的综合改革，推动日本 21 世纪的可持续发展。

韩国工学翰林院也把工程教育作为自己重要的一项工作内容，并针对不同年龄段的学生组织开展丰富多彩的教育活动。如针对小学生，韩国工学翰林院邀请企业、大学、研究机构的科技研究人员，定期为小学 4～6 年级的学生开设物理、化学、电子、通讯等方面的科普课程，培养学生关注未来工程技术的兴趣。针对青年学生，韩国工学翰林院成立了青年工程师荣誉社团，组织优秀的在校工科学生参观访问企业，邀请企业首席执行官为学生作演讲，或者组织学生与科学家、企业家的座谈会，培养学生从事工程师职业的荣誉感和自豪感。韩国工程翰林院还举办大学校园专利战略活动，由企业提出选题，鼓励理

工大学学生和教师联合参与专利研发竞赛，不但激发了产学研合作创新的热情，而且为企业培养储备了大批后备研发设计人才。

澳大利亚技术科学与工程院重视鼓励科技和工程方面的研究及教育，积极推动相应专家和技术人员的教育与培训。作为澳大利亚全国工程领导小组（Australian National Engineering Taskforce，ANET）的成员单位，澳大利亚技术科学与工程院主要通过组织开展教育论坛的活动方式，参与和促进澳大利亚本国工程教育实践的改革和发展。教育论坛是澳大利亚技术科学与工程院举办的五大主题论坛之一（其余主题论坛为能源、健康技术、国际合作、水），每年都有100多位院士及其助手自愿参与，主要致力于加强教育界与工业界的联系，培养跨学科工程科技人才，影响国家课程制定。此外，澳大利亚技术科学与工程院还积极推进各类工程教育项目。如"科学和技术教育参与促进项目"（Science and Technology Education Leveraging Relevance，STELR）是面向澳大利亚9年级或10年级学生的一个工程教育活动项目，主要是在这个阶段为学生开设与工程科技相关的动手探究课程，帮助学生了解从事与科学思想和科学方法有关的科学家的工作，提高学生对科学及工程的认知，以增加学生选择科学和工程事业的兴趣，从而解决澳大利亚面临的工科学生短缺的问题。目前，该项目属于商业性项目，参与学校还需要缴纳必须的课程、教材及培训费用，未来项目实施目标群体还有可能拓展到其他年龄段的学生。

（四）经验与借鉴

从以上分析中可以发现，国外工程院把工程科技人才的培养作为一项重要甚至是核心工作来做，采取的手段、措施多种多样，并在全社会产生了广泛影响，真正体现了人才培养智囊团、发动机、宣传队的角色。

1. 使命担当

英美各国工程院主动承担工程科技人才培养的重要使命，并视之为中心工作，在工程活动中，经常性地加入工程后备人才培养的内容。日韩澳工程科技智库机构（不限于各自国家的工程院）同样也将工程科技人才培养作为中心工作来做，尤其注重在科技政策、产业政策、公共政策咨询中体现人才培养旨趣，推动工程教育与工程实践的紧密结合。

2. 主题关注

英国皇家工程院的工程人才培养主题十分广泛，既有扩大工程教育参与，也有提升在职工程师工程素养；既有产学合作教育，也有国际联合培养工程人才的具体措施；既有针对大学后教育阶段的措施，也把工程素养的培养扩展大 K－12 或 K－16 阶段；既有吸引潜在工程学生的举措，也有具体到课程设置、教学效果、教师评价等方面的项目，可谓细致入微。

3. 组织建设

英国皇家工程院和美国工程院都成立了专门负责工程教育的执行机构，并在具体的项目开展中充分吸纳利益相关者参与，与在工程教育领域发挥作用的其他组织建立和保持联系。美国工程院大部分工程教育的项目、会议、报告都是由工程教育学术促进中心负责具体实施的，英国皇家工程院的教育职能主要通过教育与培训常务委员会来实施，专职机构的设立为工程科技人才培养功能的发挥提供了有效的组织保障，也更有利于在全社会范围内调配资源。美国工程院还非常注意与美国科学院、美国国家医学科学院、美国国家科学基金会（提供许多资金支持）、优秀工科院校（如亚利桑那州立大学工学院、南加州大学工学院、欧林工学院）的合作，并在活动开展、计划实施、课题研究等方面切实融合各方力量，既能造成广泛的影响，又能保证行动的质量和效果。英国皇家工程院在开展工程科技人才培养项目中，与国内许多工程协会合作，形成了工程专家、企业管理者、教育研究者共同参与人才培养咨询的工作模式。

4. 工作平台

美国工程院借助于网络、研讨会、出版物、咨询建议等方式充分扩大了教育理念、教育活动、教育手段的波及面和社会认可度，对于营造全社会关注工程人才培养具有重要帮助。以手段而言，STEM 教育、CDIO 模式、项目导向、奖励资助等都在激发教师、管理者、校外团体、学生等学习工程、关注工程、促进工程的热情。美国工程院始终把工程科技人才培养作为自身工作的重要组成部分，在开展各项活动的过程中，加入工程科技人才培养的内容，并注意汇集各界的智力资源，构建工程教育培养共同体。

5. 运行机制

国外工程院在工程科技人才培养方面开展的活动形式多样、内容丰富，呈现出多样化的趋势，值得我们借鉴。国外工程院在组织开展人才培养活动中，特别注重工程行业的多样化参与，从而在激励社会各类人员参与工程行业中不遗余力，尤其是对中小学生的激励成为一个重要方面。把 STEM 的内容嵌入中小学的教学内容中，出台各种激励学生选择工程作为自己的专业和将来的职业，这种"从娃娃抓起"的工程人才培养理念值得重视。

6. 经费筹措

国外工程院经费来源上实现了多元化，英国皇家工程院的经费大部分为靠自身争取到的第三方资助，2010 年度，来自国家财政的资助为 1250 万英镑，而同期来自第三方的资助为 3850 万英镑，是国家财政拨款的三倍多。2009 年美国工程院年度营运收入为 1.3538 亿美元，其中，捐赠 156.6 万美元，会费（年费）加杂项收入为 23.6 万美元，合同和赠款的间接收益为 324.2 万美元，营运拨付 205.4 万美元，这也能体现其开辟多方财源的能力。再如，工程教育前沿研讨会得到奥唐纳尔基金会（O'Donnell Foundation）的慷慨支持，主要议题是如何提高年轻教师工程教育的创新性方法。

国外工程院主动而全面地承担工程科技人才培养使命，深入筹划工程教育未来发展，采取各种手段推动工程教育革新，扮演着工程科技人才培养的参谋团和推动者角色。与高校这种专门从事人才培养活动的机构相比，国外工程院都具备高端智力资源丰富、与产业联系紧密、社会影响面广、话语渠道畅通的独特优势，在构建工程教育共同体、推进全社会育人氛围形成、树立世界领先的工程教育思想、指导人才培养机构有效开展培养活动等诸多方面可以大有作为。此外，从美国工程院谋划和推动工程教育的行动路径中还可以发现，营造政府、社会、学校共同参与工程科技人才培养的局面，挖掘蕴藏在社会各界中的工程科技人力资源，体现开放性、深刻性、长远性，同样是做好人才培养工作的重要保障。

四、中国工程院参与工程科技人才培养的主要任务、保障措施与研究重点

工程科技人才培养是中国工程院国家工程科技思想库建设的重要内容之一，是应对国家工程科技及产业发展未来需求的战略关切，重点就是要充分利用自身工程科技领域最高咨询机构的智力汇聚和其他资源优势，通过与高教界、科技界、产业界等社会各界的广泛合作，为政府的工程科技人才教育决策提供有价值的、可操作的战略咨询，为高教界和产业界开展工程科技人才培养提供有专业权威性的指导意见。具体而言，主要包括 3 个方面：一是就国家工程科技人才队伍建设中的重大战略问题开展研究，为相关部门政策制定提供咨询建议；二是搭建教育界、科技界和企业界的合作桥梁，积极推动工程教育的改革与实践；三是汇聚中国工程院的智力和其他资源优势，鼓励和提携拔尖创新工程科技人才成长。

（一）主要任务

中国工程院参与工程科技人才培养工作的主要任务是：关注工程教育及其相关议题，强化工程科技人才培养的战略咨询，倡导工程科技人才培养创新；引领工程教育前沿，提供创新性、前沿性、实践性的工程教育思想，举办方向性的工程教育活动，反映工程界、科技界、教育界的呼声；力促工程教育改革实践，推动工程教育改革，参与各类工程教育活动，奖励优秀工程教育实践。

1. 不断凝练战略咨询方向

中国工程院要站在工程科技发展的前沿和国家综合实力增长的高度，关注产业界乃至整个国民经济发展的整体利益和长远需求以及经济和科技发展的重大前沿问题及其对人才培养的高端需求，关注工程科技人才培养中的重大问题、战略问题，通过广泛的社会调研和科学的战略论证，提出在适应国家目标、社会需求、经济发展的前提下，我国工程科技人才培养活动如何开展的方略。要有"顶天"的研究，要有"立地"的保障，既要搞好顶层设计，也要做好细致调研，抓落实，抓典型，把战略思考和实施细则结合起来，加强协同

创新，发挥整体效应。

2. 开展高层次的学术活动

广泛开展不同层次、多种形式的国际国内学术交流与合作，为全国工程科技界特别是在一线工作的优秀中青年专家的成长创造开放的学术环境。主动围绕中国工程科技人才培养中的重大问题定期举行讨论，参与或组织相关学术活动（会议、论坛、项目等）；设立"中国工程教育论坛"，定期开展学术交流，形成交流品牌，扩大思想库影响。以高规格、制度化、国际化、规范化为举办工程教育会议（论坛）的主要方向，突出实效性、权威性、前沿性，及时吸纳科技界、工程界、教育界的前沿思想。积极开展国际工程科技人才培养前沿与动态研究，及时把握国际发展现状和趋势，及时吸收、归纳、提炼新思想、新模式、新方法、新理论，积极推广。

3. 建立广泛开放的信息平台

信息库是思想库的重要载体。要建立工程科技人才培养信息库，汇聚中国工程科技人才培养相关信息与资料，将与中国工程科技人才培养有关的各种信息，无论是思想库项目组原创还是外界引进，无论是实证案例还是理论假设，无论是统一的观点还是不同的意见，都要科学分类、归档备查。中国工程院关于高等工程教育的历次考察报告和研究项目以及今后同类文献，应当收进思想库。建立中国工程教育数据库，加强工程科技人才培养方面数据的搜集、整理和保存，结合中国工程院科技数据中心建设，建立开放式的工程教育电子数据平台。数据库数据要尽可能翔实、客观、全面、准确、系统、有序，通过数年努力，使之成为中国工程教育信息最完备、应用最广泛、最具权威性的数据集成系统。

4. 加强成果报送与宣传

要加强与政府相关部门的合作和沟通，主动将中国工程院开展的工程科技人才培养战略咨询成果转化为相应政策建议，向政府部门报送，指导和推进工程科技人才培养实际工作开展。提升有关报告和刊物的质量，办世界一流出版物，为长期扩大中国工程教育思想的传播范围做奠基性工作。要支持办好工程教育两个刊物和一份报告：《高等工程教育研究》《国际工程教育前沿与进展》

和《中国工程教育发展报告》，为其进一步提高质量和扩大影响提供必要的工作渠道和经费支持，扩大中国工程院在国家工程教育界的学术影响力。《中国工程教育发展报告》要及时总结中国工程教育发展成果，分析其特点、问题、发展趋势，并提出对策与建议，争取在每年人大会议召开之前举行年度报告发布会。加强工程教育的宣传，让广大教育工作者和社会公众加深对工程教育的理解，为工程人才培养工作营造良好的社会氛围，扩大中国工程院工程教育活动的影响力。把网络平台打造成为改进工程科技人才培养的重要载体，扩充中国工程院官网功能，注重内容更新，使其成为宣传工程教育思想、开展工程教育项目的前沿阵地。

5. 表彰奖励制度

继续发挥奖励制度的引领和激励作用，重视发现和提携工程科技人才，引导中青年人才在工程科技实践中健康成长，着力培养优秀工程科技人才特别是拔尖创新工程人才。把"光华工程科技奖"办成中国工程科技界的重要奖项，评选和举荐工程科技杰出人才。设立新的奖励项目，适当扩大奖励范围和对象，尤其是工程科技人才培养中的新措施、新实践，重视对一线人才培养工作的奖励。

（二）保障措施

借鉴国外工程科技思想库建设经验，中国工程院工程科技人才培养功能的实现也必须从组织、人员、经费等方面进一步完全保障措施。

1. 院内层面的组织保证

充分发挥中国工程院教育委员会和中国工程院工程研究院所研究生教育学术委员会作用，在中国工程院机关设立专门类似于英国皇家工程院教育和培训委员会和美国工程院工程教育学术促进中心的主管工程科技人才培养活动、研究和项目的"教育工作办公室"，作为两个委员会的日常工作机构。其主要职责是：①配合教育部、科技部、人力资源和社会保障部等政府相关部门开展工程科技人才培养活动，负责相关工程教育研究基地的工作协调；②协调组织开展工程科技人才培养方面的战略咨询研究工作，为国家工程科技人才培养献计献策；③负责协调办理教育委员会和工程研究院所研究生教育委员会日常工作。教育工作办公室配备专职工作人员，可以组织成立专业化的调研队伍和写作班子，同时还要注意与院外专家、咨询公司、社会专业人士合作，注意提高工作效率。

2. 专家队伍与咨询基地

要形成以院士为主体，充分发挥院内外专家才智的咨询工作队伍，并建立知识互补、能力相济、程序合理、行动有效的咨询工作机制。要尽量避免咨询团队组织的随机性，建立相对稳定的咨询工作队伍，建立以咨询项目培养人才尤其是高层次工程科技战略咨询人才的制度。

要坚持面向国家需求的战略性咨询方向，实现"工作机构 + 分布式基地"的工作模式。"工作机构"即为中国工程院教育工作办公室，"分布式基地"是紧密依托清华大学、浙江大学、华中科技大学、北京航空航天大学等院外咨询研究基地，形成以基地为骨干的工作机构网络和以"院士 + 专家 + 工程教育研究人员"的咨询研究工作体系。在咨询研究基地设立工程教育创新管理博士点和博士后科研工作站，吸引大批博士后和博士研究生参与中国工程院战略咨询，整合产学研战略合作资源，共同推进工程科技人才培养的战略咨询研究工作。加强咨询、研究与教育功能为一体的基地建设，抓紧培养一批对工程科技人才培养咨询研究工作有兴趣、有精力、有时间的青年教师和研究生，为中国工程院国家工程科技思想库吸引和培养后备研究人才。坚持开放式基地建设模式，充分挖掘产学研合作资源，注重吸纳来自企业的工程科技人员，体现专业性和学科综合性的优化平衡的特色。

3. 经费预算制度保障

要建立稳定的工程科技人才培养战略研究资助经费预算，通过教育部人文社科"国家工程科技人才培养"专项基金以及中国工程院咨询项目，资助相关研究机构开展工程科技人才培养研究。完善经费保障制度，尽力建立多样化的经费来源，为各项工程科技人才培养咨询研究提供充分的物质基础：一是争取国务院及有关部委的经费支持，特别是与教育部、科技部、中科院等有可能进行工程科技人才培养合作的部门；二是积极争取产业界支持，这需要激励相关行业企业参与有关活动或项目，建立互惠机制；三是中国工程院院内经费对工程科技人才培养项目的适当倾斜。此外还可以以联合培养形式开拓产业界、科技界、教育界及海外教育资源，同时节约使用、科学合理使用有限的经费资源。

4. 人才培养中的协同创新

用大工程观统领产学研合作的工程科技人才培养，构建产学研联合的人才培养体制机制，更大程度上激发企业、大学、科研院所参与中国工程院工程科技人才培养活动。要抓好人才培养战略咨询、卓越工程师计划、联合培养博士生试点、继续工程教育等层面上的结合。继续强化"工程科技人才培养"专项研究招标工作，并力争设置更多工程科技人才培养咨询方面的专项课题。逐步加大专项资助力度，吸引更多、更强的研究力量参与工程科技人才培养研究。要争取把部分中国工程院咨询课题列入或与其他国家社科基金课题或自然科学基金课题合作，减少各类小课题数量，激发各院校和科研机构开展相关研究的积极性。同时，要依托重大咨询项目，与院所合作设立中国工程院博士后工作站，吸引优秀博士毕业生参与战略咨询研究，培养工程科技战略咨询高端人才，积极创新和探索有别于与传统学科博士后人才培养的模式和路径。

（三）研究重点

中国工程院在工程科技人才培养战略咨询方面，已经积累了较为扎实的课题研究经验和相对稳定的选题方向，这是今后开展相关战略咨询研究的重要基础。结合中国工程教育发展现状、经济社会发展需求和国际工程教育发展趋向，在此提出今后需要重点关注的研究领域。

1. 产学研用合作研究

工程创新与人才培养并重，尤其是二者的结合，才是对产学合作的完整理解。要利用中国工程院与产业界的天然联系，利用中国工程院的专业权威及其对行业乃至全社会的影响，积极为高校与企业、高校与地方政府搭建合作平台。搜集产学合作培养高水平工程科技人才的成功案例，认真分析、研究、提升和推广，以全球化的眼光对产学合作可持续发展的条件、基础和路径进行研究，推动这方面的政策设计和法制建设。大学、科研院所、企业联合培养博士生将成为未来高层次人才培养的重要支撑，要根据相关的社会需求和联合培养的特点，研究和设计工程研究院所与高校联合培养工科研究生的基本合作模式和途径，特别是联合培养期间的成果所属、资金使用、校（院）内协调等问题。

2. 继续工程教育发展研究

要积极研究、参与、倡导和推进继续工程教育，研究继续工程教育的对象、内容和方式，研究如何利用中国工程院的资源和人才优势，合作推进继续工程教育。要挖掘和开创继续工程教育的新类型、新模式、新理念、新方法。要研究如何把工程科技人员的知识更新和工科专业教师的工程经验积累纳入继续工程教育的范畴。要研究针对不同类型、不同层次工程科技人员的知识缺口的相应的知识更新要求和考试制度，针对不同类型、不同层次学校的工科教师的工程轮训要求及其在企业的业绩考核。研究建立轮训制度，设计考核标准，把接受继续工程教育与工程师职业资格认证挂钩，与工科教师的职称晋升挂钩。研究让一线工程师和普通企业中的工程科技力量进入大学接受创新型教育的途径和办法。

3. 工程师制度研究

要研究工程科技人才队伍的结构、素质现状，为推动注册工程师认证，开展国际标准研究和中国标准设计发展服务。要特别强调研究的独立性，引领而不是被动地接受国际标准。要研究如何建立和实施严格、合理、规范的工程师资格认证制度，确保中国工程项目的创新价值和技术质量，确保中国工程师在全社会和全世界的职业声誉；尤其要考虑中国实际，不可盲目借鉴发达国家的工程师制度。

4. 工程教育基础化研究

工程的创新和可持续发展有赖于公众的支持，普及关于发明、创造、节能和环保以造福人类的工程文化是一个不可忽略的环节。工程教育基础化旨在把工程的思想、要素、标准推广到基础教育阶段，为激励中小学生选择工程专业和职业，从而提升未来工程劳动力的规模和质量做好基础性工作。基于这一理解，要研究工程教育基础化的路径和模式，它包括工程教育的社会化（作为社会系统工程的组成部分）、全程化（连接 K12 教育）、通识化（像文科和理科一样成为大学通识教育的内容）3 个方面。

5. 工程教育国际化研究

中国工程教育深深扎根于中国特色的经济社会发展实际，尤其是教育发展实际，是国家发展这个大系统的有机组成部分，必须做好中外工程教育的比较研究，把借鉴世界先进经验和坚持中国工程教育优良传统结合起来。同时，未来中国必然是引领世界工程科技发展和工程教育发展的国家，因此还要研究中国工程教育走出国门、面向世界的战略规划，并探索若以此为长远目标，未来需要做哪些奠基性工作。

第五分报告：国外著名工程科技思想库概况研究

一、思想库简介

思想库是思想生产机构，以其思想为决策者提供咨询，从而促进决策优化，并且提升公众认识以改善决策制定与执行环境。"思想库"的称谓①最早出现在 20 世纪 40 年代，起初是指战争期间美军讨论战略和作战计划的保密室（Think Box）②。第二次世界大战结束后，"思想库"开始指美国军工企业中的研究与发展部，其中最出名的当属道格拉斯飞机公司的研究发展部。20 世纪 60 年代，自称"思想库"的机构开始公开出现在美国的《华盛顿星报》《纽约时报》《福布斯》和英国的《经济学家》等报纸杂志上，泛指民间军事研究机构和为政府提供决策参考的非政府研究机构。20 世纪 70 年代，"思想库"已成为西方政治生活中极为重要的概念，涵盖从事战略、军事、国际关系研究等领域的机构，也泛指从事当代政治、经济、社会问题研究的众多机构。

按照美国宾夕法尼亚大学"思想库与公民社会项目"（The Think Tanks and Civil Societies Program）推出的《全球著名思想库排行榜》（The Global "Go – To Think Tanks"）（以下称《宾大排行榜》），截至 2011 年，全球有 7000 家思想库机构在从事不同领域、不同类型的研究，这些研究在影响和推动社会公共事务构建、国内政策宣传、国际和平维护等多方面起着越来越重要的作用。

由于《宾大排行榜》着重研究纯粹思想库或单职能型思想库，没有把工程院、科学院、工程师组织等兼具思想库功能的机构列入考察对象，而本研究重点在工程科技思想库，不但要考察纯粹工程科技思想库，而且要考察兼具工程科技思想功能的工程科技研究机构。因此，本研究以《宾大排行榜》世界顶尖思想库分领域排名为基础，从中选择 7 家与科学技术相关的思想库，包括

---

① 汉语中的"思想库"译自西方媒体、著作中的"think tank"一词。在"思想库（think tank）"一词出现之前，西方还有"思想水库（idea reservoir）"、"思想工厂（idea factory）"、"脑库（brain）"等词汇指代思想库雏形机构或类似机构。从概念与词汇演变看，西方思想库工作者与研究者，不但关注思想的生产与储备，而且更关注思想的传播推动。think tank 之 tank 不止是"库"或"工厂"，而是"坦克"，是坦克一样的强力开路机与推进机。实际上，"思想库"作为 think tank 的汉译，比较平淡、乏力，没有"思想坦克"形象，更不能表达出现代"思想坦克"的应然影响力。鉴于公众的接受心理与阅读习惯，本课题组仍然沿用"思想库"这一名称。

② Paul Dickson. Think Tanks [M]. Athenaeum, 1971.

兰德公司、布鲁金斯学会、贝塔斯曼基金会、马克斯·普朗克协会、日本工学研究所、斯德哥尔摩环境研究所、弗雷泽研究所，作为案例研究对象，同时集中针对主要国家级的工程院、科学院、工程师组织及国家级工程科技组织进行考察，并筛选出 3 个有代表性的国家工程院（美国国家科学院联合体、英国皇家工程院、日本工程院），3 个有代表性的国家工程科技组织（美国工程技术认证委员会、英国工程技术学会、欧洲工程师协会联盟），以及 2 个有代表性的国际组织（世界工程组织联合会和世界卫生组织），作为案例研究对象。此外，研究还充分运用 2011 年 8 月中国工程院"国家工程科技思想库"项目 3 个考察团赴美国、加拿大、德国、瑞典、英国、日本、韩国、澳大利亚等国考察所获资料，并根据考察所得资料丰富案例叙述和深化案例分析，进一步提升研究质量。

（一）思想库的界定

从现有的研究成果来看，对思想库的界定众说纷纭，有的从功能特征角度进行界定，有的从规模角度进行界定，有的从作用角度进行界定，也有从制度安排等角度进行界定。

从功能特征来看，保罗·迪克森（Paul Dickson）认为严格意义上的思想库是一种相对稳定的、独立于政府决策机制的政策研究和咨询机构。它具有两大特点，即独立性和现实性。安德鲁·里奇（Andrew Rich）认为思想库是"一种独立的、不以利益为基础的、非营利的组织，依靠专家及其思想获得支持，并对公共决策产生影响，在经济运作上，是非营利组织，实施和发布有关公共政策议题的研究；在政治上，是激进机构，积极寻求公共信任的最大化，并寻求专家及其思想进入并影响政策决定"[1]。宾夕法尼亚大学思想库项目负责人詹姆斯·麦克甘（James G. McGann）强调，思想库研究"国内与国际问题"、"促进决策者与公众在诸种公共政策问题上形成明智的决策"[2]。安德

---

① Andrew Rich. Think Tanks, Public Policy, and the Politics of Expertise ［M］. Cambridge：Cambridge University Press，2004：11.

② James G McGann. Global Trends in Think Tanks and Policy Advice ［M］. Philadelphia：Think Tanks and Civil Societies Program，2007：2.

鲁·古德曼（Andrew C. Goodman）认为思想库是一个倡议研究特殊问题、鼓励发现解决这些问题的方法、促进科学家和知识分子追求这些目标的组织机构①。

从规模角度看，一种观点认为，思想库是专指拥有大量资金和大批高层次学者，从事政治、社会、经济、科技、军事和外交各领域重大问题研究，提供最佳理论、策略、方法和思想的组织。另一种观点认为，真正具有普遍意义的思想库并非像布鲁金斯学会和兰德公司那样的大型研究机构，而是那些只有10多个研究人员，年度预算仅为几十万美元的小型研究机构。在美国，这类研究机构占美国政策研究机构总数的约80%②。或许由于这些认识分歧，1967年《经济学家》估计美国思想库数量仅为40家，《纽约时报》统计的思想库则高达400家，而《华盛顿邮报》甚至称当时美国已拥有上千家思想库。

从作用的角度来看，日本综合研究开发机构将思想库定义为："是民主社会的一个主要政策角色，思想库是政策团体为确保多样化，开放性和政策分析、研究、决策和评估过程的可靠性，以知识和智力为基础而提供的软基础设施。"③

从制度安排的角度来看，麦克·凯莱（Mike Kelley）将思想库定义为："一种组织安排，在其中，企业部门、政府机构以及个人，把数以百万的经费拿出来，交给组织的研究人员，而这些研究人员必须花费时间来完成研究，最后研究者与机构将其研究成果以研究报告或专书的形式公开或不公开呈现。"④

目前，我国大陆学者还没有给出确切的思想库定义，他们有时照搬西方学者早期的定义；有时对思想库进行非常简单的定义，而绕开近期西方学者对思想库界定问题上的细节的争论。有的定义较为笼统，如华长明认为思想库是一

---

① John C. Goodman. What Is A Think Tank [EB/OL]. Research. NCPA. (2005 – 12 – 20) [2011 – 03 – 12]. http：//www. ncpa. org/ pub/what – is – a – think – tank

② Donald E. Abelson. Do Think Tanks Matter? Assessing the Impact of Public Policy Institutes [M]. Montreal：McGill – Queen's University Press, 2002：17.

③ National Institute Research Advancement, NIRA's World Directory of Think Tanks, P ix. [EB/OL] Index. NIRA. (s. d.) [2013 – 03 – 16] http：//www. nira. or. jp/past/ice/nwdtt/2005/.

④ Peter Kelley. Think Tanks Fall between Pure Research and Lobbying [J]. Houston Chronicle, 1988, (23).

种高级形式的咨询机构——"综合性咨询机构"①。有的定义又较为抽象，如汪延炯认为："思想库是提供卓越的全部整理有序的科学思想使决策者能深化改进，犹如在权力和知识间架设一座桥梁，思想库从各种途径提供与政策有关的信息（知识），达到决策者（权力）的耳眼，以增强政府决策的能力"②。我国台湾学者赛明成（Ming – Chen Shai）在详细比较西方思想库与亚洲国家和俄罗斯思想库的区别之后，认为用西方思想库的理念去界定东亚国家思想库是困难的。在赛明成看来，中国思想库无法保持知识分子的自立性（intellectual autonomy）③，他们的观点是为领导和政党服务的④。中国的政策研究机构要称为"思想库"，必须采用一个较之西方社会思想库概念而言非常宽松的理解⑤。

综上可见，思想库研究者关于思想库的界定各有侧重，也存在一定分歧。结合宾夕法尼亚大学思想库项目数据库索引来看⑥，有关思想库的界定大多着重强调其作为知识和公共政策的桥梁的作用，并认为思想库是具备创造从"无"到"有"的能力，体现一种勇往直前的、创新的价值指向，具有强大的推动力和影响力，能推动和影响公共政策的形成，而不是一味地储存思想而静观其变。本课题借鉴各家研究成果，并在独立考察国内外著名思想库的基础上认为：思想库就是思想工厂，其核心是产生思想和推广思想，是一个倡议研究特殊问题、鼓励发现解决这些问题的方法、促进科学家和知识分子追求这些目标的组织机构。工程科技思想库是工程科技领域的思想工厂，其核心是产生和推广工程科技思想，是一个倡议研究工程科技领域特殊问题、鼓励发现解决工

---

① 华长明. 现代咨询 [M]. 北京：航空工业出版社，1998.

② 汪延炯. 论思想库 [J]. 科学软科学，1997（2）：56 – 61.

③ 关于中国知识分子，主要是社会科学研究者自主性的思考与批评，还可以参见：邓正来：《关于中国社会科学自主性的思考》，《中国社会科学季刊》1996 年冬季卷。

④ Minf – Chen Shai and Shaun Breslin. "China's Think Tanks and Beijing's Policy Process." Paper presented at the 2nd Annual Global Development Network Conference, Tokyo, Japan 2000 [EB/OL]. Subject. The Beijing Center (s. d.) [2011 – 6 – 10]. http：//new. thebeijingcenter. org/catalog/library_ subject. php? sub_ bySubject = gjqiitmjduxh.

⑤ Ming-Chen Shai and Diane Stone. "The Chinese Tradition of Policy Research Institutes". In Think Tank Traditions：" Policy Research and the Politics of Ideas, edited by Diane Stone and Andrew Denham, Manchester and New York：Manchester University Press，2004，141-162.

⑥ TTCSP（Think Tanks & Civil Societies Program）. Background. [EB/OL]. Background. TTCSP（s. d.）[2011 – 6 – 10]. http：//www. gotothinktank. com/background.

程科技问题的方法，促进科学家和知识分子追求实现工程科技目标的组织机构。

（二）思想库的发展历史

关于思想库的发展阶段，学术界有不同的观点。本课题以宾夕法尼亚大学思想库项目数据库数据（TTCSP）数据统计表为基础[1]，认真分析各个时期最具代表性的思想库的类型，将现代思想库的发展历史分为3个阶段：

1. 第一阶段：学术型思想库（20世纪初到"二战"前）

现代意义上的思想库起源于20世纪初，第一阶段思想库中最具代表性的是布鲁斯金学会。19世纪20年代后期，美国圣路易斯的工业家罗伯特·布鲁金斯（Robert S. Brookings）建立了3个研究机构（政府研究所、经济研究所和罗伯特·布鲁金斯经济和政府研究学院），并在1927年将这3个机构合并为布鲁金斯学会。新成立的学会声称，将在"经济、政治和一般社会科学的广阔领域"进行"科学的研究"；"努力阐明相关的经济、政治和社会的实际情况……与政治机构中任何团体的特殊利益不相关并保持独立——无论是政治的、社会的还是经济的利益"[2]。布鲁金斯学会凭借学者的知识和专长来影响公共政策，并对其他公共政策研究思想库的形成和发展产生深远的影响。同时期的其他代表思想库还有拉塞尔·塞奇基金会、全国经济研究所等。

这一时期的思想库以对政府政策的相关研究来丰富自身的成果，带有某种理想主义的成分，追求研究的客观、独立、不直接参与政治。它们主要依靠出版书籍、研究报告和个人关系网来影响政策。这个时期的思想库具有更多的学术独立性，因为不依赖于政府，所以其研究成果具有更多的客观性。但与此同时，没有政治背景或商业背景的支持，国家和社会对其宣传的思想和对策的认可度和接受度又大打折扣。因此，在战争结束后，社会百业待兴，由于政府和思想库的双向需要，政府合同型思想库开始涌现。

---

① James G. McGann. The Global "Go - To Think Tanks" 2007 [R/OL]. (2011-01-18) [2011-5-28]. http://www.fpri.org/research/thinktanks/mcgann.globalgotothinktanks.pdf.

② Harold Orlans. The Nonprofit Research Institute: Its Origins, Operation, Problems and Prospects [M]. New York: McGraw-Hill 1987.

2. 第二阶段：政府合同型思想库（"二战"到 20 世纪 60 年代）

"二战"之后，美国越来越多地介入国际事务，并且随着冷战爆发，美国和苏联在军事、政治、外交上都进入敌对冷战的状态。这一时期成立许多通过与政府签订某种协定或合同来直接为政府的政策制定或者政策实施进行研究的机构。

兰德公司是这一时期最具标志性的思想库。战后初期，兰德公司首要主顾是美国国防部，尤其是美国空军。兰德公司庞大的科学家队伍广泛运用系统分析、博弈论和各种模拟试验，利用研究与发展行业所创造和完善起来的方法和技术来分析公共政策问题，取得丰硕的成果。这一时期建立的其他代表思想库还有威斯康星大学的贫困研究所和城市研究所，它们主要通过与政府签订合同，来考察研究 20 世纪 60 年代和 70 年代早期吸引美国人注意力的社会和经济问题。

政府合同型思想库的出现大大提高了思想库的社会地位和其思想的社会认可度。但随之而来的就是独立性的相对削弱，因为要直接服务于政府，无论从研究的目的来说，还是从研究的方法手段和成果来说，都带有政治上的偏袒。这种倾向发展到后来，就出现影响或干预政府政策型思想库。

3. 第三阶段：影响/干预政策型思想库（20 世纪 70 年代至今）

20 世纪 70 年代后，世界范围内思想库开始大量涌现，根据宾州大学思想库项目组《2008 全球著名思想库》（The Global "Go – To Think Tanks" 2008）报告中"世界新增思想库统计图"，1988 年至 2004 年每年增加 140 至 170 家不等[①]，各种政策宣传思想库开始出现，与传统的公共政策研究机构不同，"政治意识形态运动型思想库具有浓厚的意识形态色彩。它们的首要目标是推销政治主张，向政策制定者灌输它们的思想"[②]。说明此领域发生的根本变化的最好例子是传统基金会，"它不太像一个思想库而更像是一个意识形态的公

---

① James G. McGann. The Global "Go-To Think Tanks" 2008 ［R/OL］. Index report. FPRI. （2011 – 01 – 18）［2011 – 05 – 28］. http://www.fpri.org/research/thinktanks/GlobalGoToThinkTanks2008.pdf.

② 任晓. 第五种权力——美国思想库的成长、功能及运作机制［J］. 现代国际关系，2000，（7）.

司，公开宣称自己是一个新保守派运动的推销机构"①，这一点也得到该会会长埃德温·福伊尔纳（Edwin J. Feulner）的确认。他说："传统基金会要重申自由和真正自决的价值，并竭力维护它们……传统基金会就是这场静悄悄革命的急先锋。"②

发展至今，当代思想库的目标更多是通过和政府的接触，为政治家的决策带来可信度较高的思想，同时积极推动社会和人类发展。全球思想库在政治、社会、人文、生物、科技等方面，研究项目逐步扩大，研究进程逐步深化，研究影响逐步加强。

（三）思想库的特征

许多学者都对思想库的特征做过描述。汪新华（Wang Xinhua）从全球思想库的角度提出思想库的 3 个特点：组织结构类型多样性；跨学科和跨国性；实践工程的高度集中③。刘元力和李春梅从工作性质的角度得出思想库的 5 个特征：主要从事跨学科对策性的研究，而不从事具体的发明创造；重视研究趋势，设计未来；服务于决策部门和企业；往往依附于决策部门和企业而存在；研究人员尽量提高研究结果的准确性与可靠性④。黄可和梁慧刚从进行战略情报研究活动的角度分析认为，著名思想库的一致特点包括：制定周密和实际的研究计划；确立广泛而可靠的信息数据来源；积极探索新的研究方法和手段；配备现代化的技术手段；重视内部和对外的信息交流活动；建立强大的专家咨询团队；采用多种形式的产品宣传和成果推广⑤。王春法和张国春从体制和机制两方面分析美国思想库认为，从体制上说，思想库一般具有以下一些特点：独立性、现实性、政治性；在运行机制上，思想库一般体现出以下几个特点：以集体智慧服务于决策；以社会影响和声誉为生命线；围绕项目配置科研资源；开放竞争的用人机制；与政府、大学、企业有着良好的互动关系；健全的

---

① Patricia Linden. Power houses of Policy [J]. Town and Country, 1987.

② 转引自：吴天佑，傅曦. 美国重要思想库 [M]. 北京：时事出版社，1982.

③ Wang Xinhua. Trends towards giobalization and a global think tank [J]. FUTURES. 1992, (8).

④ 刘元力，李春梅. 国外智囊机构现状浅析 [J]. 山西科技，1995，(2).

⑤ 黄可，梁慧刚，等. 国外思想库的发展特点与趋势 [J]. 现代情报，2009，(2).

社会功能与成果推销机制；完善的筹款机制①。贾西津认为民办思想库具有4个重要特征：组织性、独立性、非营利性和公共政策研究的专业性②。金海、孙震海等人认为，思想库具有创新性和政策相关性等特征③。穆占劳从思想库取得成功的角度分析思想库的特点是，自主性和独立性，科学性和中立性，与政策研究密切关联，与政府的扶持、重视和引导有关，官产学三位一体的有机结合④。狄会深认为思想库具有五大特点：从事政策研究，具有实用性、实效性和对策性的特点；以影响政府的决策为目标；非营利性质；独立性，即不受政府、政党、利益集团、公司等的左右，但实际上，大多数思想库都有一定的背景和政策倾向性，很多思想库只是在形式上保持所谓的独立性；一般有明显的政治倾向和意识形态主张⑤。

综合相关研究成果及本课题组调研考察情况，本课题组认为：思想库是通过研究和分析，以优化政策或决策为导向的、独立性的非营利性咨询机构。其中，非营利性是指思想库不是以获取利润为目的，但是不抗拒赢利的结果；独立性是相对而言的，是指思想库自身的运行机制具有独立性，当然依附型思想库的独立性比独立性思想库要差，但只是程度上的差距。

（四）思想库的类型

目前，相关研究主要从6个角度就思想库进行分类，即：人员规模、职能、隶属、组织结构和文化、意识形态、经费来源。

1. 人员规模类型

初期思想库研究者简单地从人员规模的角度，把思想库分为大型和非大型思想库两大类，大型思想库是人数达到100人以上的思想库，否则就是非大型思想库。也有人采用更细致的人数标准把思想库分为小型（10人以下）、中型（10～300人）和大型（300人以上）⑥。

① 王春法，张国春．美国思想库运行机制及其启示［J］．民主与科学，2004，（3）．
② 贾西津．民办思想库：角色、发展及其规制［J］．探索与争鸣，2007，（10）．
③ 金芳，孙震海，国锋、等．西方学者论智库［M］．上海：上海社会科学院出版社，2010：53.
④ 穆占劳．美国思想库与美中关系研究［D］．北京：中共中央党校，2004：21-25.
⑤ 狄会深．美国思想库对美国外交政策的影响［D］．北京：外交学院，2005：16.
⑥ 李建军，崔树义．世界各国智库研究［M］．北京：人民出版社，2010：10-14.

目前，思想库大多进行的是跨学科研究，人员是多学科背景的结合，数量相应也越来越大，分工也越来越细致，在这种形势下，规模分类显得较为笼统，而且也不容易形成具体人数标准。另外，思想库是以机构思想的产出和影响为核心，大小并不决定思想产出和影响的实际能力，因此，从人员规模角度进行思想库分类并没有太多实际意义。

2. 职能类型

宾夕法尼亚大学思想库项目组 2003 年报告《回应 911：思想库是否游离于局外?》(Responding to 9/11：Are Think Tanks Thinking Outside the Box?)，从职能角度将思想库分为三大类：学术型思想库（academic think tanks）、合同型思想库（contract think tanks）、倡导型思想库（advocary - oriented think tanks）[①]。

学术型思想库以研究为导向，被称为"没有学生的大学"，经费来源主要开源于私人捐赠。布鲁金斯学会、胡弗研究所、美国企业研究所等属于这一类型。

合同型思想库以接受委托研究为主，又称为政府契约研究组织，这类机构常以公司的形态出现，所进行的研究以配合委托者的意愿为主，尤其是特定政府机关常为某项政策方案的拟定或政策执行的成效，委请思想库进行专题研究，除非委托机关愿意公开，不然不会公开发布研究结果。如兰德公司、都市研究所等属于一这类型。

倡导型思想库以影响政府决策为主要目标，重点在改变决策人士对于某些政策问题的看法，或者希望他们继续维持某种立场，例如在重大公共投资、医疗保险、社会福利或国防设施等方面。这类思想库有强烈的政策偏好、政党属性与意识形态的强调。美国传统基金会是这类思想库的典型代表。

从职能角度进行思想库分类时会出现多元划分、不便归类的现象；或者说，同一思想库可以划归两种或更多类型。随着全球思想库研究范围不断扩大、研究领域不断深入，同一思想库会"扮演"不同角色，如未来工学研究所既承担本研究所自主研究，同时也通过签署合同进行委托研究。

---

① James G. McGann. Responding to 9/11：Are Think Tanks Thinking Outside the Box?［M］. Philadelphia：Think Tanks and Civil Societies Program, 2003：7.

3. 隶属类型

宾夕法尼亚大学思想库项目组 2005 年报告《美国思想库和政策建议》(Think Tank and Policy Advice in the US)，从隶属关系的角度，将思想库大致分为两大类：独立型思想库和附属型思想库①。其中，附属型思想库又可以具体分为附属国会和政府型思想库、附属大学型思想库、附属企业型思想库三小类。

从隶属关系角度进行思想库分类会出现交叉而非单一划分的现象，独立型大类中的思想库小类也可以是依附型大类中的思想库小类，如独立型大类中的学术型思想库，它可能依附于大学，可以归到依附型大类中的依附大学型思想库。

4. 组织结构和文化类型

宾夕法尼亚大学思想库项目组 2005 年报告，还从组织结构和文化角度将思想库分为五大类：多样化学术型思想库、专业化学术型思想库、合同研究或合同咨询型思想库、倡导型思想库、政策企业型思想库②。

多样化学术型思想库倾向于引导对政策问题整体范围的研究和分析，包括外国政策和环境，不包括经济。这类思想库的特征是：在学术界有信誉、支持和影响，学者和学者的研究得到尊重；类似于"没有学生的大学"机构；有专业学者团队；跟随已建立学科；研究时间长；客观、独立；有与学术机构相同的产出和奖励；生产长篇书籍、期刊论文、专题论文；实行学院的、双方自愿的管理模式。布鲁金斯学会、美国企业研究所、战略和国际研究中心等属于这一类型。这类思想库的产出成果仅供学生和教授阅读，不直接为国会和白宫立法机构服务。

专业化学术思想库关注一个问题或学科，例如经济或福利改革。它跟多样化学术型思想库相似，但是有如下特性：专门化程度的不同；有专门的研究议

---

① James G. McGann. Think Tanks and Policy Advice in the US [R]. NY：Foreign Policy Research Institute：2005，(8)：11－36.

② James G. McGann. Think Tanks and Policy Advice in the US [R]. NY：Foreign Policy Research Institute：2005，(8)：6－8.

程、投资者和客户群；经常研究一个问题，研究议程领域狭窄。美国国家经济研究局、汉堡经济研究协会等是这类思想库的代表。

合同研究或合同咨询型思想所完成的大多数研究和分析都是政府机构委托项目内容。这类思想库的特征是：与政府机构关系密切，有政策导向；依赖于政府发包的合同；政策或计划咨询者；从事政策分析而非研究；研究人员选择项目和研究范围的空间很有限，通常是根据合同要求进行研究；赋予研究者有限自由；生产成果仅给合同机构，不能广泛传播，且分析成果只能归委托方，而非思想库或研究者；体现委托机构的研究方法；多学科研究；有咨询公司的文化和组织结构；根据合同设立奖励系统、生产计划和生产成果。属于这一类型的思想库典型有兰德公司和城市研究所。

倡导型思想库促进一个观点的形成，观点的分析具有强烈的党派性。这类思想库的特征是：其使命由意识形态、道德或党派的世界观所决定；将要实现的目标包括目的、支持者、意识形态、党派、平台；受问题、哲学和支持者的驾驭；推销思想的组织；拒绝学术和技术为导向的政策分析；奖励它们实现目标的能力，以及积极地进行某种思想的推广；采用立见分晓的检验方法而非出版记录或学术认证；产出有助于支持者怎样发挥作用和提升某种独特哲学。卡托研究所和健全经济市民委员会等是典型代表。

政策企业思想库追求包装和出售其思想。这类思想库的特征是：注重企业效力和效率的组织运行；将管理、营销和销售手段运用于政策研究；吸收和制定其研究模式以满足忙碌的官僚、政客和政策制定者的需求；成果简短而具有新闻性，关注当前的立法和政策焦点；像报纸一样组织；研究成果的产出有严格的规划和时间表；奖励那些依照严格时间表并具可操作性的政策建议。传统基金会和经济政策研究所等属于这类思想库。

组织结构和组织文化可能因外在因素变化而发生变化，因此，绝对准确分类有时会有一定的难度。

5. 意识形态类型

宾夕法尼亚大学思想库项目组 2005 年报告，还从意识形态（有的学者认为是政治或哲学倾向）将思想库分为四大类：保守派、自由派、中间派和进步主义派①。再根据中间派的意识形态是否更偏保守派和自由派，又分为中左、中右和中间派三类。中左派指意识形态居于中间派偏保守派，中右派指意识形态居于中间派偏自由派，此处的中间派意识形态则指不偏靠自由派和保守派。

保守派思想库通常会同时拥护市场经济政策和传统主义社会政策。自由派思想库也同样，尽管强调自由放任的经济是主体，但同时也认为政府在社会政策方面表现不佳。中间派的学者视角广泛，强调用独立的、无党派的立场来制定政策，这使他们成为保守派和进步派的混合体。进步派通常支持政府介入经济问题，但同时又支持政府少介入社会问题。

四类思想库派别间界限并不是十分清晰，不同学者对某一机构归类的看法不一致。例如，麦克甘认为兰德公司是中间派，而金芳等人则认为是中间主义；麦克甘认为密尔肯研究所是自由派思想库，而金芳等人认为是中右思想库。

6. 经费来源类型

宾夕法尼亚大学思想库项目组《2010 全球著名思想库》（The Global "Go - To Think Tanks" 2010），依据经费来源与独立性程度将思想库分为六大类：自治和独立型思想库、半独立型思想库、附属大学型思想库、附属政党型思想库、附属政府型思想库、半官方思想库②。

自治和独立型思想库独立于任何利益集团或捐赠者，其经营运作完全独立于政府，其资金来源也基本上独立于政府，接受政府的资助部分不超过所有预算的15%。

半独立型思想库独立于政府，但受制于为其提供大部分资金的利益集团、捐助者或合约机构，后者对其经营运作施加较大影响。这类思想库与学术多样化思想库有相似特征，典型代表有卡内基国际和平基金会、布鲁金斯学会和企业研究所等。

---

① James G. McGann. Think Tanks and Policy Advice in the US ［R］. NY：Foreign Policy Research Institute：2005，（8）：6，11 - 12.

② James G. McGann. The Global "Go - To Think Tanks" 2010 ［R/OL］. ThinkTankIndex. The Global "Go - To Think Tanks" 2010 . （2011 - 01 - 18）［2011 - 5 - 28］. http：//www. gotothinktank. com/wp - content/ uploads/2010Global GoToReport_ ThinkTankIndex_ UNEDITION _ 15_ . pdf.

附属大学型思想库由大学在其他机构、团体的协作下创建，其经费来自校方的拨款和其他资助。其主要特征是：附属于大学的某一个系，其中有的是大学中的独立单位，研究人员来源于大学中的各个系；主要附属于政治学、国际事务、经济学、历史和公共政策等院系；成果更多倾向于学术型而非直接针对政策问题；由于研究人员教学和任期的关系，政策分析这一主业会受到一定影响。亚太研究中心和胡弗研究所等是这类思想库的典型。

附属政党型思想库正式隶属于某一政党。其特征是：负责开发党派的一揽子思想、政策和计划；常见于欧洲，在欧洲几乎所有的主要政党都有自己的思想库；研究领域被限定为党派利益及其哲学思想。进步政策研究所是典型代表。

附属政府型思想库直接隶属于政府首脑或政府部门，是由国家拨款的纯官方思想库。其主要特征是：为政府提供服务；为那些制定日常、短期政策的政府机构提供服务；受政府的关注点和议事日程所局限。国会研究部是典型代表。

半官方思想库大多接受政府或大企业的委托合同研究。其特征与合同型思想库或咨询机构相似，这类思想库的代表有兰德公司和斯坦福国际咨询研究所等。

从经费来源角度区分各思想库普遍和特殊的性质，便于研究者在案例调研分析时从各思想库年度报告或者经费报告中读取详细而准确的据数，进而更好定位、比较和分析思想库类型。

7. 被调研思想库的类型及特征

从国家工程科技思想库项目组国外调研考察情况来看，美国和加拿大两国的思想库主要有以下 4 种类型：

第一，半独立型，如加拿大工程院（The Canadian Academy of Engineering）、美国工程院（The National Academy of Engineering, USA）。

第二，准政府型，如加拿大国家科学院理事会（The Council of Canadian Academies）、美国国家研究理事会（The National Research Council）。加拿大国家科学院理事会管理人员宣称理事会为独立型、非营利性社团（an independent, not - for - profit corporation）。但是，因为它发挥一些政府职能，多数思想库研究者将它归入准政府型。

第三，独立型，如斯坦福国际研究院（SRI International）、兰德公司。兰德公司管理人员宣称公司为独立型思想库。但是，因为公司承担许多（美国）政府研究项目，一些研究者将它归入半独立型。

第四，大学所属型，如哈佛大学肯尼迪学院贝尔佛科学与国际事务研究中心（Belfer Center for Science and International Affairs）、斯坦福大学莫理逊人口与资源研究所（Morrison Institute for Population and Resources Studies），既是大学内部科学研究机构，又是有相当影响力的思想库。

从职能看，被调研机构有单职能型思想库，也有多职能型思想库。多职能型思想库集科技管理、（硬）科学研究、技术开发、决策研究及思想生产等多种职能于一体；单职能型思想库主要职能是决策研究及思想生产，其他工作只是次要职能。

综合前面分析及考察调研情况，本课题组借鉴宾夕法尼亚大学思想库项目组《2010 全球著名思想库》（The Global "Go – To Think Tanks" 2010）中提出的经费来源分类角度，将本次研究选取的 15 个著名工程科技思想库案例作出分类（见表 6 – 1）。

表 6 – 1　案例分析思想库的类型及理由

思想库	思想库类型	确定类型的主要理由
兰德公司	半独立型思想库	独立于政府，而非利益集团；2010 年和 2009 年兰德公司从联邦政府机构以合同、捐赠和费用等形式获得的收入分别占总研究收入的 83%和 80%
布鲁金斯学会	自治和独立型思想库	显著独立于任何利益集团或捐赠，并且在其运行和筹集资金都是独立于政府的；布鲁金斯学会为保证机构运行的独立性，一方面对政府的资助实行限制；另一方面不接受秘密的研究，以避免使研究机构沦为政府的附庸单位
美国国家科学院联合体	半独立型思想库	资金来源的两大途径为美国政府机构、私人和非联邦资源，其主要资金来源是国会和联邦政府授权管理和资助组织的活动。资金绝大部分来源于美国政府机构，远远超过 15% 的比例；行政上不依附于任何机构，向政策决定者提供客观的专家建议

思想库	思想库类型	确定类型的主要理由
美国工程技术认证委员会	自治和独立型思想库	独立于政府或其他利益集团的组织，由一些相关的专业协会组成，一个学校或机构要想申请工程教育认证，资金由该学校或机构提供
英国工程技术学会	半独立型思想库	独立于政府，并且捐赠与慈善活动获得的资金成为该机构主要的资金来源
英国皇家工程院	半独立型思想库	63%的资金来自政府
马克斯·普朗克协会	半独立型思想库	经费80%来自于联邦政府和州政府，20%来自社会捐赠或者个人捐赠
日本工程院	自治和独立型思想库	非营利的、非政府组织，不靠政府资助；运作所需费用主要靠会员的会费
未来工学研究所	附属政府型思想库	非营利型机构；属日本文部科学省下属的科学技术厅管辖
斯德哥尔摩环境研究所	半独立型思想库	独立的、非营利、非党派的国际研究机构；管理层的成员有14名来源于政府机构
弗雷泽研究所	自治和独立型思想库	从研究项目到资金资源都是独立的，不接受政府的拨款和研究合同，并未依附于任何政党、企业与个人；有正式的管理人员和研究人员，有4个固定的办事处，研究并不完全依赖于大学；完全独立的机构，其结论和建议也同样独立的
贝塔斯曼基金会	半独立型思想库	独立的、无党派的、非营利性的研究机构组织；捐赠或者缔约机构提供主要的资金来源
欧洲国际工程师协会联盟	自治和独立型思想库	非政府国际组织，非营利的协会，不给它的国家会员或人员提供任何的经济效益；它不进行政治的、宗教的或者商业团体的活动
世界工程组织联合会	自治和独立型思想库	基本上无政府捐助资金，且不附属于任何机构和个人的独立管理机构
世界卫生组织	半独立型思想库	2006－2015年第十一个总体规划中指出，世界卫生组织的资金越来越多的来自自愿捐款

二、组织结构

管理学大师哈罗德·孔茨（Harold Koontz）认为，"组织结构的宗旨是为创设一种使人们完成任务的环境"①。组织结构只有与当时组织所处的内外部环境相结合，因时因地地进行设计和改革，才能使机构发挥最大效用，因此，不存在放之四海而皆准的、完美的组织机构。组织结构在整个思想库运行中起着"框架"作用，组织结构若与思想库的性质、目标、业务活动有效地匹配，不仅能够从整体上保证思想库有效运营，且有利于组织文化的形成和繁荣，有利于增强思想库内部成员的忠诚度，进而更好促进思想库发展。本课题主要从横向的组织结构类型和纵向的组织结构设置两个维度来考察国外著名工程科技思想库的组织结构设置特点，并为我国工程科技思想库的组织结构建设提供参考。

（一）组织结构类型

从横向的组织结构类型来分析，本课题考察的工程科技思想库主要有项目式组织结构和矩阵式组织结构两种类型。

1. 项目式组织结构

项目式组织结构的每个项目组作为独立的单元，有自己的技术人员和管理人员，在项目的责任范围内有充分自主权，以保证更好地实现项目工作目标。在这种项目式组织结构里，每个项目组都像一个微型公司在运作，以完成特定项目任务。

美国国家科学院联合体具有项目式组织结构的特征。美国国家科学院联合体由美国国家科学院（The National Academy of Sciences，简称 NAS）、美国国家研究理事会、美国工程院、美国医学研究院（The Institute of Medicine，简称 IOM）构成。美国国家科学院联合体领导者共三人，科学院院长（兼任研究理事会主席），工程院院长（兼任研究理事会副主席），医学研究院院长。

在美国国家科学院联合体中，4 个机构之间没有从属关系，独立运行又相

---

① 哈罗德·孔茨. 管理学（第10版）. ［M］. 张晓君，等译. 北京：经济科学出版社，1998：13.

互合作。4个机构各自开展研究并提供报告。因此，美国国家科学院联合体的项目式组织结构完全是为迅速、有效地对项目目标和客户需要做出反应而设置的。这正是这种组织结构的优点所在。但是从思想库的资源配置角度考虑，由于项目式组织在几个同时进行的项目上存在任务的重复，会导致成本浪费和效率缩减；同时，不同项目团队的成员之间交流知识或技术技能的机会相对减少。

为有效地整合资源，美国国家科学院联合体通过国家研究理事会实现协调管理，将有用的共同的资源整合起来，用于委托或自定项目研究，从而实现资源的整合利用。作为美国国家科学院联合体的主要运营机构，国家研究理事会内部将项目组织划分为5个部分：行为、社会科学和教育部；地球和生命部；工程与物理科学部；医学项目研究所；政策与全球事务部；交通研究委员会。这样的划分几乎涵盖科学院、工程院、医学院内部所涉及的所有研究领域，从而在接受新的研究咨询任务时，能够调动相关的智力支持，多方配合完成任务。

2. 矩阵式组织结构

在矩阵式结构的组织中，设有项目式结构研究部门或分组，同时又叠加有职能式的部门，如财务、人力、后勤等部门，这样既能有效加强研究部门之间的横向联系，又能实现领导者对组织的直线管理。

布鲁金斯学会是矩阵式组织结构的典型代表。学会董事会有选举主席的权力，主席负责学会管理。经济研究、外交政策、城市政策、治理研究、世界经济与发展五大领域各有一个副主席带领——这里可划分为项目式组织结构。另有专人负责出版社、宣传、财务、筹资、后勤、科研协调等，这些重要事务的管理人员同时也是学会的副主席。另外学会还设有总顾问，负责管理学会的法务、管理和政策咨询，行政主管和管理主任则负责学会的行政事务管理事宜——这样则是职能式的组织结构。因此综合起来布鲁金斯是矩阵式组织结构。

兰德公司也是矩阵式组织结构，公司一方面将所有的研究人员按照他们所学知识的学科类别分组，一方面又按照研究课题成立研究小组，从按学科划分的各小组中抽调研究人员组成课题的研究队伍，从而形成一种矩阵结构。

美国工程技术认证委员会、欧洲工程师协会联盟、弗雷泽研究所、世界工程组织联合会、英国皇家工程院、英国工程技术协会、日本工程院、世界卫生组织、贝塔斯曼基金会、斯德哥尔摩环境研究所等机构，也采取矩阵式组织结构。

从以上工程科技思想库组织结构类型分析中可以看出，大部分思想库采取矩阵式组织结构。此种组织结构的类型兼收直线主管组织和横向协作组织的长处，既有利于整个思想库的有效管理，同时又符合思想库需要多学科专家共同协作的特点，针对特定的任务进行人员配置有利于发挥个体优势，集众家之长，提高项目完成的质量，提高劳动生产率，能在实现规模经营的同时保持精炼的组织结构。

但在矩阵式组织结构中，来自各项目部门的人员有两个汇报关系：项目研究情况，向项目领导汇报；行政管理诉求，仍要向他们的职能部门汇报。由于工作优先次序而产生不安和冲突，额外的管理和行政活动在无形中增加了机构的运作成本。

为应对矩阵式组织结构的因业务增加而造成开支或成本增长的问题，思想库多采取的是合理规划预算和分配，加强吸收外来资金从而满足研究发展的需要；为应对矩阵式组织结构本身具有的纵向、横向多管理线条交叉造成管理难度加大的缺陷，一些思想库采取措施明确统一组织的目标，制定分工详细、权责明确的规章制度。

除项目式、矩阵式两种组织结构类型之外，思想库组织结构还可以划分为3种类型：第一种是大学基层组织，不设下级组织，但可以包括若干个项目小组，如哈佛大学肯尼迪学院贝尔佛科学与国际事务研究中心、斯坦福大学莫理逊人口与资源研究所等；第二种是联合型独立组织，本身是独立组织，与相关组织组成联合体，联合体有统一领导，如美国工程院（与美国国家科学院、美国国家研究理事会和美国医学研究院组成联合体，统称为国家科学联合体），加拿大工程院（与加拿大皇家学会和加拿大健康科学院组成加拿大国家科学院理事会）；第三种是非联合型独立组织，如斯坦福国际研究院和兰德公司。

（二）组织机构设置

职能部门是思想库组织结构的主要组成部分，通过对组织机构职能部门设置的分析，可深入比较不同思想库在组织结构上的区别，从而加深对工程科技思想库的了解。

1. 最高决策机构

最高决策机构是决定思想库发展战略方向及重大事项的职能机构。从本课题选取的 15 个思想库案例来看（见表 6 - 2），著名工程科技思想库的最高决策机构一般包括两种：全体大会和董事会。

表 6 - 2　部分著名思想库的最高决策机构列表

思想库名称	最高决策机构
兰德公司	董事会
欧洲工程师协会联盟	全体大会
美国工程技术认证委员会	董事会
弗雷泽研究所	董事会
世界工程组织联合会	全体大会
布鲁金斯协会	董事会
日本工程院	全体大会
美国国家科学院联合体	各理事会
英国工程技术协会	董事会
斯德哥尔摩环境研究所	董事会
贝塔斯曼基金会	董事会
世界卫生组织	全体大会
日本工学研究所	理事会
马克斯·普朗克协会	理事会
英国皇家工程院	理事会

（1）全体大会

在以全体大会为最高决策机构的思想库中，全体大会往往具有决定本组织重大决策或总体决策、选举重要领导群体、决定组织财政预算的权力。大会通常是每年举行一次。从表 6 - 3 见可，欧洲工程师协会联盟和世界卫生组织属于区域型或世界型的思想库，所管辖的组织非常庞大，成员遍及全球，需要通过代表全体成员的全体大会来进行最高决策，以保证决策的公平、民主，不过这也会导致思想库应对突发性问题的反应能力有所降低。

表6-3 部分工程科技思想库全体大会概况列表

思想库名称	全体大会的主要职责	大会周期
欧洲工程师协会联盟	决定总体政策、财政事务和换届选举；审批活动，公布上一年度财务报告及下一年的年度预算；具有任命注册会计审计财务报告向执行委员会报告的责任；根据大会规定的程序任命内部审计师（Internal Auditors）监督协会财务运行情况	每年一次；但经1/3成员国会员同意后可增开
世界卫生组织	决定组织政策；任命总干事；监督财务政策；审核通过提议的项目预算；听取执行委员会报告，在有关何种事务需要进一步采取行动、研究、调查或报告进行指导	每年五月在日内瓦开会

（2）董事会

从表6-4可以看出，包括兰德公司、布鲁金斯学会、弗雷泽研究所、马克斯·普朗克协会、斯德哥尔摩环境研究所、美国国家科学院联合体、英国皇家工程院等在内的大部分工程科技思想库，其理事会或董事会的组成对机构的决策和运行具有比较大的影响，因此理事会或董事会是这些机构的最高决策机构。

表6-4 部分工程科技思想库之董事会/理事会概况列表

思想库名称	董事会/理事会人员数量	现任董事会/理事会成员构成	更替周期
兰德公司	无严格规定	政界：美国前负责采办、技术与后勤的副部长保罗·卡密尼斯基（Paul. G. Kaminski）；新美国安全中心主席、美国前海军部长理查德·丹泽（Richard J. Danzig）；美国前财政部长保罗·奥尼尔（Paul O'Neil）；美国前国会议员理查德·格哈特（Richard Gephardt） 商界：《华尔街日报》前出版商、道琼斯副主席凯伦·艾略特·豪斯（Karen Elliott House）；三溪水牧场（Triple Creek Ranch）总裁、美国前驻芬兰大使芭芭拉·巴雷特（Barbara Barrett）；洛杉矶国际机场前执行董事莉迪亚·肯纳德（Lydia H. Kennard）；西田集团（Westfield, LLC）首席执行官彼得·罗伊（Peter Lowy）；索尼影业主席兼首席执行官迈克尔·林顿（Michael Lynton）；卡苏集团终身荣誉主席卡罗斯·斯利姆·赫鲁（Carlos Slim Helú）；全球晶圆（GLOBALFOUNDRIES）前董事、超微公司海克特·鲁尔兹（Hector Ruiz） 学术界：斯坦福大学资深研究员弗兰西斯·福山（Francis Fukuyama）；弗洛里达国际医学院教务处副处长佩德罗·乔西·小格瑞尔（Pedro José Greer, Jr., M. D.）	无严格规定

续表

思想库名称	董事会/理事会人员数量	现任董事会/理事会成员构成	更替周期
美国工程技术认证委员会	法定人数取决于由大多数理事出席的会议，2/3 的会员团体有至少一个理事代表出席	理事长，前任理事长，理事长当选人，秘书，财务总监各 1 名——构成执行委员会；公共理事 5 名，其他成员团体的理事长共计 40 名——构成代表理事	财务总监两年一届，其他执委会成员一年一届
弗雷泽研究所	无严格规定	主席 1 名，副主席 2 名，其他董事会成员 47 名	无资料说明
布鲁金斯协会	无严格规定	董事长约翰·桑顿；银湖投资集团创始人兼总裁格兰·哈钦斯（Glenn Hutchins）；高盛集团有限公司的前副总裁苏珊·诺娃·约翰森（Suzanne Nora Johnson）；凯雷集团创始人兼总经理戴维·鲁宾斯坦（David M. Rubensteinr）；总裁塔尔博特；41 名荣誉董事；46 名其他董事	三年一届
美国四院联合体	科学院：17 人工程院：18 人医学院：23 人委员会：12 人	科学院理事会成员由院长、副院长、内务部长、外务部长、财政总监各一名及 12 名从其他院士中选出出来的理事，理事会成员均来自大学中，在各个领域具有突出成就的专家；工程院的理事会构成与科学院大致相同，只在理事会中多一名主席，理事会中有来自 4 名来自商界的成员；医学院的理事会成员有 5 名来自基金会、其他协会、医院的成员；科学院院长拉尔夫·西塞罗主管科学院和医学院，工程院院长查尔斯·威斯特主管工程院和兼管委员会，医学研究所哈维主管医学院，另有 10 名来自大学的教授	科学院理事长六年、内务部长四年、其他理事三年一届；工程院、医学院三年一届；委员会不详

续表

思想库 名称	董事会/ 理事会人员数量	现任董事会/理事会成员构成	更替周期
英国工程 技术协会	16 人	总裁 1 名，代理总裁 3 名（其中 2 名一年/届，1 名两年/届），副总裁 6 名（其中一年/两年/三年/届的各 2 名）；普通会员 6 名（其中一年/两年/三年/届的各 2 名）。董事会成员的学历水平有比较多的差别，从学士到博士不等。但是各自在学术界或者媒体届、商界具有丰富的从业经验，因而组成背景丰富的董事会	总裁一年/届
斯德哥尔摩 环境研究所	未找到制定 相关规定的文本	董事会中，除主席之外，其余 14 位董事会成员皆由瑞典政府任命安排。其中有欧盟议会的成员琳娜（Lena Ek），联合国环境规划署署长、库伯基金会会长安吉拉·克洛普（Angela Cropper）等	四年一届
马克斯· 普郎克协会	会长 1 名， 另有 12~32 名 理事会会员	应有适量的来自协会的研究者和学者；每个部门（生物学医学部、物理化学部、人文部）选举一名科研人员参与到理事会；职称理事会员包括会长、科学委员会的主席以及下设三个部门的主席、秘书长以及三个部门选举出来的科学会员、3 个科学会员、5 个部长大臣或副部长（代表联邦政府和州政府——德国联邦政府提名 2 名政府官员或副部长作为理事会会员；从国家教育和财政部长中任命共计 3 名部长作为理事会会员）	六年一届
英国皇家工程院	12~18 人	理事会的必然成员包括皇家工程院的院长、前任院长、高级副院长、常务副院长、名誉财务主管、荣誉部长以及每个常务委员会的主席。此外还有 12 至 18 名普通成员	院长五年一换届； 其他成员三年一届

在上述工程科技思想库中，兰德公司、布鲁金斯学会、弗雷泽研究所属于偏向独立型或半独立型思想库，这些机构的主席或会长在董事会中占一个席位，其余的董事往往是政界、商界或者教育界具有影响力的人物。这些人员可能在该思想库研究领域中并没有很大的学术成就，但是多样化的董事会构成能够保证思想库资金来源的稳定性和丰富性，而稳定的资金来源一方面能够保证思想库运行的需要，一方面还能保证思想库研究的独立性。董事会成员的数量没有严格的限定。

马克斯·普朗克协会、斯德哥尔摩环境研究所、美国国家科学院联合体等属于偏向依附政府型的思想库。这些思想库的理事会或董事会中，往往有政府任免的成员，如马克斯·普朗克协会的职称理事会中有 5 个部长或副部长，代表联邦政府和州政府（德国联邦政府提名 2 名政府官员或副部长作为理事会会员；从国家教育和财政部长中任命共计 3 名部长作为理事会会员）。斯德哥尔摩环境研究所董事会中，除主席之外，其余 14 位董事会成员皆由瑞典政府任命安排。

理事会或董事会成员的任期通常符合思想库的业务特色及需要。美国工程技术认证委员会和英国工程技术协会承担着工程认证的业务，且会员中有大量的团体会员，他们的董事会或理事会成员的任期大都是一年，一年一换的任期虽然时间比较短，不利于保证管理层的稳定性，但是却能使各团体会员的利益均衡，保证管理的民主。

董事会成员的构成能够对机构产生以下 3 个方面的影响。

首先，对决策研究过程与结果产生影响。如斯德哥尔摩环境研究所董事会里面由政府安排的人员，与政府关系密切，在坚持思想库研究独立性的前提下，瑞典政府对思想库的决策具有监督和引导的作用。

其次，对研究报告的发布或宣传过程与结果产生影响。思想库的研究报告能够产生多大的影响力，一方面与报告的科学性息息相关，另一方面则与董事会人员的构成有很大关系。如：兰德公司聘任的美国前财政部长保罗·奥尼尔（Paul H. O'Neil），能够发挥在政界与金融界的人脉关系和影响力；布鲁金斯学会的许多学者担任过美国政府的高层决策者，包括国家经济委员会主任萨默斯（Larry Summers）、美国驻联合国特使赖斯（Susan Rice）、副国务卿斯坦伯格（Jim Steinberg）等①。这些国家决策者的存在，对思想库发布报告的影响力产生了直接的作用。

再次，提升思想库社会形象和影响力。前财政部长、各商业巨头、大学教授的加入，能够无形中提升思想库的社会形象，增加权威性，而社会形象和权威性的提升能够反过来使思想库吸引到更多的资金，稳定思想库的运营基础，确保思想库研究的顺利进行，保证思想库的稳定发展。德国科学与工程院（ACATECH）理事会由经济、科技、世界政治领域的知名人士组成，为工程院的战略事务特别是获得商界的投入提供咨询意见。理事会主席是前联邦德国总统罗曼·赫尔佐克（Roman Herzog），尤疑能为思想库的社会形象和影响力加分。

综上所述，由于董事会人员的构成能够对思想库的运行及运行绩效产生重要影响，同时，"董事会不仅要帮助组织明确使命，还要成为使命的监护者，确保组织履行对使命的基本承诺"。"董事会也是非营利组织首要的资金筹集者——这一重要角色在营利性组织中是不存在的"②，因此，建设优秀的工程科技思想库离不开优化的董事会人员配置。

在不同的工程科技思想库中，董事会有不同的选拔方式。从现有资料看（见表6-5），在15个工程科技思想库中，以全体大会为最高决策机构的思想库，如世界工程组织联合会、欧洲工程师协会联盟、世界卫生组织、日本工程院，其理事会或董事会的领导者都由全体大会选举产生；其他以理事会或董事会为最高决策机构的思想库中，除斯德哥尔摩环境研究所是由政府任命领导者之外，其余理事会或董事会都有提名候选人的权力。"强势而有效的董事会几乎都是通过提名任命而产生的"，③由董事会提名任命的董事会可领导保证选举的实效和权威，有利于将决定组织发展方向的重大决策掌握在董事会利益集团的手中，同时也能避免因选举而耗费组织大量人力物力的弊端。"董事会在

---

① 王莉莉.旋转门：美国思想库研究［M］.北京：国家行政学院出版社，2010：5.
② 彼得·德鲁克.非营利组织的管理［M］.吴振阳译.北京：机械工业出版社，2007：126.
③ 彼得·德鲁克.非营利组织的管理［M］.吴振阳译.北京：机械工业出版社，，2007：127.

合作型组织中是由会员通过选举产生的。在这种组织中，董事会主席无权提名谁进入董事会。通过这种方式产生的董事会可能代表这一部分或那一部分成员的利益，但不能代表整个组织的利益"。① 当然，通过全体大会提名选举的董事会领导者能够充分尊重组织成员中大部分人的意愿，保证选举结果的民主。

表6-5 部分工程科技思想库董事会/理事会领导人产生方式

思想库名称	董事会/理事会领导产生方式
欧洲工程师协会联盟	全体大会选举产生
美国工程技术认证委员会	董事长室进行选举
世界工程组织联合会	全体大会选举
布鲁金斯协会	董事会推荐选举
日本工程院	全体大会选举
美国国家科学院联合体	理事会有提名选拔的权利；成员可推举
英国工程技术协会	提名委员会提名，向董事会提交
斯德哥尔摩环境研究所	由瑞典政府委派
贝塔斯曼基金会	董事会选举
世界卫生组织	全体大会选举
马克斯·普朗克协会	理事会选举产生
英国皇家工程院	理事会邀请院士提名，全体大会选举

2. 最高行政领导

彼得·德鲁克（Peter Drucker）认为："领导就是创设一种情境，使人们心情舒畅地在其中工作。有效的领导应能完成管理的职能，即计划、组织、指挥、控制。"② 有效的领导者是对机构进行计划、组织、指挥和控制的重要角色。一个思想库的成功或失败跟思想库的组织管理者有密切关系。在管理中，思想库的总裁或总经理处于管理最核心的地位，他们的个人事业和影响力在很大程度上决定一家思想库的发展方向和影响力范围。

本课题对15个工程科技思想库的最高行政领导的学历与学术经历等方面进行考察，发现若干共同特征（见表6-6）。

① 彼得·德鲁克. 非营利组织的管理［M］. 吴振阳译. 北京：机械工业出版社，2007：127.

② 彼得·德鲁克. 彼得·德鲁克管理思想全集［M］. 赵雪章译. 北京：中国长安出版社，2006：3.

表6-6 部分工程科技思想库领导者简介

思想库名称 领导者姓名	学历	政/商从业经验； 学术经历
兰德公司 詹姆斯·托马斯 （JamesA. Thomson）	普度大学理学硕士、博士；新罕布什尔大学理学学士	从政经历——曾任白宫美国国防部官员，处理国防和军备问题。 学术经历——普度大学大学、佩波戴恩大学、新罕布什尔大学荣誉博士
美国工程技术认证委员会 卡兰·沃森 （Karan Watson）	德克萨斯理工大学电气工程专业学士、硕士、博士	学术经历——曾任电器与电子工程师协会（IEEE）的项目评估委员会会员；服务于本协会的工程认证委员会；目前作为美国工程教育协会（ASEE）的董事代表任职于本协会
弗雷泽研究所 彼得·布朗 （Peter Brown①）	2007年获得圣·乔治私立学院优秀毕业生称号，2005年不列颠哥伦比亚大学的荣誉博士	从政/商经历——加拿大康纳克证券公司（Canaccord）的创立者和执行总裁；国家金融证券管理法案过度委员会代表；加拿大行业协会董事会会员；曾任不列颠哥伦比亚大学董事会、温哥华证券交易所董事，1986年世博会组委会副主席。加拿大特许会计师协会顾问
世界工程组织联合会 玛利亚·普列多 （Maria J. Prieto Laffargue）	西班牙纳瓦拉大学工商管理硕士；西班牙马德里理工大学电信及电子工程博士	从政/商经历——1987年国家电信部主管（National Manager of Telefónica Systems）；1991年西班牙中央银行下属集团首席执行官；1994年西班牙能源公司的主席助理；1996年智利国家学院气象学研究所所长（环境部分支机构）；工商联合会教授 学术经历——曾任西班牙工程院的院长；本协会的执行副总裁；现任罗马俱乐部会员
布鲁金斯学会 斯特罗布·塔尔伯特 （Strobe Talbott）	牛津大学文学硕士，耶鲁大学文学学士	曾从事新闻业、政治和学术研究，专供美国外交政策，尤其是对欧洲、俄国、南亚，以及核武器控制。曾任克林顿政府副国务卿；时代周刊总编和外交事务杂志专栏作家、外交记者、白宫记者、国务院记者、东欧记者； 学术经历——耶鲁全球化研究中心主任

---

① Board of directors. Home ［EB/OL］. Corp Gocernance. Canaccordfinancial. （s. d. ）［2012 – 11 – 12］. http：//www. canaccordfinancial. com/EN/IR/CorpGovernance/Pages/BOD. aspx.

思想库名称 领导者姓名	学历	政/商从业经验； 学术经历
美国国家四院联合体 国家科学院 拉尔夫·西塞伦 （Ralph J. Cicerone）	美国麻省理工学院电气工程学士；伊力诺伊大学香槟分校电气工程博士	密歇根大学电气和计算机工程专业任教；1978 年加州大学圣地亚哥分校的斯科利普斯海洋学研究所；1980—1989 年在科罗拉多国家大气研究中心担任资深科学家；1989 年，加入加州大学欧文分校，并成立地球系统科学系，任教授；1994～1998 年，担任物理学院院长；1998～2005 年，担任加州大学欧文分校校长
美国国家科学院联合体 国家工程院 查尔斯·韦斯特 （Charles M. Vest）	1963 年，西弗吉尼亚大机械工程学士；1964～1967 年密歇根大学机械工程博士	从政/商经历——曾任美国杜邦公司董事 14 年，美国国际商用机器公司董事 13 年，美国竞争力委员会副主席 8 年； 学术经历——1968 年密歇根大学任助理教授；1981～1986 年密歇根大学工程学院副院长；1986～1989 年密歇根大学工程学院院长、副教务长；1990～2004 年，任麻省理工学院院长；17 所大学荣誉博士学位
美国国家科学院联合体 国家医学院 （哈维·费恩伯格） Harvey V. Fin‑eberg	哈佛大学医学学士和博士学位	从政经历——1976～1979 年，马萨诸塞州公共卫生局；1982～1985 年，国家健康研究中心主席 学术经历——1997 年～2001 年，任哈佛大学教务长；曾担任 13 年哈佛大学公共卫生学院院长，担任世界卫生组织顾问；1995～1996 年，哈佛大学公共卫生学院公共卫生协会主席
英国工程技术协会 尼格尔·巴顿 （Nigel Burton）	伦敦大学电气工程专业毕业；声学博士	从商经历——在瑞银华宝和德意志银行这样全球领先的机构从事 14 年的银行投资和股票研究，担任能源和公用事业的总经理（Managing Director）；其间发起和实行对世界上 20 多个国家的能源和公用事业公司的私有化、兼并、收购、融资计划；现任沙特石油服务公司（PetroSaudi Oil Services）财务总监 学术经历——曾任伦敦青年学会主席、伦敦中心协会主席、全国青年委员会主席、审计投资委员会主席
贝塔斯曼基金会 冈特·迪伦 （Gunter Thielen）	亚琛工业大学机械工程专业和经济学专业	从商经历——曾任德国巴斯夫公司多个行政岗位工作；1980 年进入贝塔斯曼基金会，任纽伦堡的某媒体集团首席执行官；1985 年接手贝塔斯曼集团的媒体和信息服务集团，成为贝塔斯曼基金会执行董事

思想库名称 领导者姓名	学历	政/商从业经验； 学术经历
世界卫生组织 玛格丽特·陈 （Margaret Chan）		世卫组织传染病部门的助理总干事以及总干事大流行性流感的代表；在加入世卫组织之前是香港卫生署的署长
日本工学研究所 平泽泠	工学博士；东京大学名誉教授	内阁府文部科学省、经济产业省等审议会和评价关系委员会。 学术研究经历——于1996年开始科学技术厅科学技术政策研究所主任，2000年开始，政策研究院大学教授
马克斯·普朗克协会 彼得·格鲁斯 （Peter Gruss）	达姆施塔特理工大学生物学学士；德国癌症研究中心病毒研究所海德尔堡大学生物学博士	学术研究经历——美国马里兰州贝塞斯达的国家卫生研究所分析病毒研究室；海德尔堡大学微生物学研究所教授；1986年成为马克斯·普朗克协会协会生物物理化学研究所的所长
英国皇家工程院 布朗勋爵 （Lord Browne）	剑桥大学物理学学士；加利福利亚斯坦福大学商学硕士	从商经历——曾任英国石油公司行政总裁和财务总监；美国标准石油公司的财务总监和副主席；英国勘探的首席执行官兼总经理；立合斯顿（Riverstone）控股公司（欧洲）的总经理和任事股东；泰特美术馆董事；高盛集团非执行董事；英特尔公司非执行董事；大英博物馆董事；戴姆勒—克莱斯勒顾问委员会成员 学术经历——英国科学促进会主席；美国艺术与科学院院士；外交政策协会资深研究员；多个大学的荣誉博士

说明：斯德哥尔摩环境研究所和日本工程院两个思想库对领导人的介绍信息缺乏，故没有在表格中显示出来。以上个人信息均来自各个思想库官网。

（1）通常有较高学历

不论是哪一种思想库的领导人，通常都有较高学历。如美国国家科学院院长拉尔夫·西塞罗（Ralph J. Cicerone）是美国麻省理工学院电气工程学士、伊力诺伊大学香槟分校电气工程博士；作为工程科技思想库的领导者，其学术背景多与工程有关。弗雷泽研究所和世界卫生组织的主席学历信息不可获，其他思想库的领导人都有理科或者工科的学位。

（2）职业背景与思想库研究优势领域相匹配

从对思想库领导的个人经历来看，不论哪个思想库的领导者，都有丰富的政界、商界或者学术界阅历。兰德公司以军事合同起家，同政府一直有密切的联系，而现任主席詹姆斯·汤普森（James A. Thomson）曾任美国国防部官员，处理国防和军备问题。布鲁金斯学会不仅在宾夕法尼亚大学的工程科技思想库排名中位居前列，而且在公共政策、安全和世界事务方面也具有突出影响力和显著的排名，其领导人是在克林顿政府担任过副国务卿、具有丰富从政经验的斯特罗布·塔尔博特（Strobe Talbott）。弗雷泽研究所的主席彼得·布朗（Peter Brown）虽无从政经验，但由于弗雷泽研究所最具优势的研究领域是自由经济，因此丰富的商界经验也深受欢迎。而专门致力于工程发展和科技进步的思想库如马克斯·普朗克协会会长彼得·格鲁斯（Peter Gruss）、美国国家科学院院长拉尔夫·西塞罗，虽然较少有从政或从商的经历，但一直都致力于工程科技研究或教育领域，在学术界具有很大的影响力。

（3）通常担任过多个机构的领导人

上述任何一个思想库的领导者，都不只在现任思想库有管理经验，而是在多个机构从事过管理工作。这样多样化的管理经验能够为思想库的发展和决策带来丰富的借鉴意义和可靠的经验支撑，还可以与其他机构保持良好的合作沟通关系。

（4）拥有丰富的职场经验与广泛的业内联系

思想库领导人丰富的职场经验往往制造出一种"桃李满天下"效应。如美国国家科学院院长拉尔夫·西塞罗曾经在密歇根大学电气和计算机工程专业任教；1989 年，加入加州大学欧文分校，并成立地球系统科学系，任教授；1994～1998 年，担任物理学院院长；1998～2005 年，担任加州大学欧文分校校长。这样的从教经验，培养出无数的学生，其中既有从事学术研究的人，也有在政界和商界工作的人。这样的人担任思想库领导人，既能够吸引优秀人才往思想库聚集，又能够扩大校友资助的面度。布鲁金斯学会除总裁塔尔博特之外，董事会主席约翰·桑顿（John L. Thornton）的个人背景和关系网更加国际化。他曾经担任高盛公司总裁兼首席运营官，目前是清华大学"全球领导力"项目教授、美国艺术与科学学院院士、汇丰银行北美执行主席。"在世界范围内，他与南非前总统曼德拉、澳大利亚前总理陆克文、英国前首相布莱尔、英国石油公司总裁、英特尔总裁、福特总裁、新闻集团默多克等众多政界、商界领导人关系密切。另外，桑顿曾借助与中国高层领导人的关系递交布鲁金斯的研究报告，进而影响上海国际金融中心的建立"。① 通过广泛的人际关系网络，桑顿搭建起一个强有力的人际舆论传播网，在美国甚至世界范围的思想库中起到重要的影响作用。

3. 咨询部门

为保证思想库发展的科学性和稳定性，董事会（或者一个管理部门）往往由专业咨询（顾问）团队来进行辅佐。从现有资料看（见表6-7），兰德公司、美国工程技术认证委员会、日本工程院、马克斯·普朗克协会、英国工程技术协会都对咨询部门及相关制度的建设具有比较成熟的水平。

马克斯·普朗克协会设有科学顾问委员会（Scientific Advisory Boards）。委员会对协会各机构或部门的研究活动以及资金使用等方面进行评估，向协会的研究机构和协会会长提供建议。顾问委员会有世界知名的科学家，成员均来自马克斯·普朗克协会外部；根据协会的规模和研究活动，委员数量在5～15人之间。科研人员和研究团队成员也有机会以个人身份向顾问委员会递交研究报告。在协会的官方网站上，能够找到专门为顾问委员会列出的工作指南，可见科学顾问委员会在协会研究和管理中的重要性。

英国工程技术协会设有知识管理委员会，其职能主要有：为协会的知识管理战略方向的变化提供建议；支持知识管理策略发展和提高；对董事会的协会制定更长远战略目标的最终方案提供保证；不断审查的知识管理产品和服务组合，以确保它们继续满足用户需求；向受托人、全球运营委员会以及可能影响到协会计划的有效和快捷的交付的长远目标问题提供咨询意见；确保知识管理活动与各种战略或计划相符。2011年，该协会有一个由5位资深政策顾问组成的小组，有13个研究课题，有200多位高级专家，与许多相关机构或组织（包括英国皇家工程院）密切合作，开展政策方面的咨询研究。

---

① 王莉丽. 旋转门：美国思想库研究［M］. 北京：国家行政学院出版社. 2010：105.

表 6 - 7 部分工程科技思想库咨询部门列表

思想库名称	咨询部门	简 介
兰德公司	人力资源部 研究部 人员管理部	人员发展和管理处部门下面一个下属部门进行辅佐，该部门主要进行人力资源方面的研究（涉及行为和社会科学、经济、管理学、政策学、技术和应用科学等），从而为人员发展和管理处提供正确的建议和意见
美国工程技术认证委员会	认证委员会 全球委员会 工业咨询委员会 学术咨询委员会	提供关于组织各个方面政策的建议，由理事和会员组成
日本工程院	管理委员会	在组织、行政、财务、优先项目及其他关乎组织发展的重大问题上向董事会建言献策
英国工程技术协会	知识管理委员会	英国工程技术协会下的知识管理委员会，由董事会授权，保证董事会关于战略计划的有效交付；监控战略方案
马克斯·普朗克协会	科学咨询委员会	每个研究机构下面都设立科学顾问委员会，是用于常规评估的主要机构，委员会对于马克斯·普朗克协会下属机构起到外部顾问功能，对关乎协会和机构的发展负责。通过评估，委员能够就关于机构研究活动以及资金有效使用方面的问题向马克斯·普朗克协会的研究机构和协会会长提供建议

美国工程技术认证委员会对咨询部门的建设更重视，和其他思想库成立的单独的咨询部门相比，委员会的咨询机构由认证理事会、全球理事会、产业顾问理事会、学术顾问委员会 4 个委员会构成，分别为协会提供工程认证咨询、全球事务咨询、产业（行业）咨询及学术咨询，保证协会发展政策的正确性。

德国科学院设有独立的专家组，负责对咨询研究建议进行评估，通过评估后再提交给决策者和公众。

设立咨询建议机构，可以使思想库具备 3 个优势：其一，能够帮助思想库的管理部门形成恰切决策，确保决策符合思想库的宗旨和理念，符合社会发展的总体需要。其二，能够促进研究团队与上级管理部门之间的沟通。如马克斯·普朗克协会的科研人员和研究团队也有机会以个人身份向顾问委员会递交研究发现，从而保证科学研究成果能够直接呈现给咨询顾问部门，而咨询顾问部门能够客观实际地监督研究进程，向会长递交的报告中也能够客观地反映出研究的实际情况，既能保证科研信息向上及时、有效地传递，又能优化最高领导者花费在掌握研究动态的时间配置。其三，能够充分利用机构内部智慧。思想库的研究工作者中有来自各种不同学术背景的人才，而这些人的专业知识不仅能够用在专业研究中，通过咨询顾问机构的设立，还能够充分集合研究者的智慧，为机构自身的发展建言献策。

4. 监督部门

从现有资料看，在 15 家案例思想库中，只有马克斯·普朗克协会有监察人（Ombubsperson）制度，是针对科学研究的专门制度，而其他思想库的监察大多是针对财务状况。可以说，马克斯·普朗克协会的监察人制度是一种较为特别的监察制度。

马克斯·普朗克协会的监察人制度规定，从每个研究机构中挑选符合条件者担任监察人，在 3 个大部（section）① 中各挑选一名学术雇员（academic staff）担任监察人，由科学顾问委员会选举产生，每 3 年进行一次换届，也可能有人被重选连任。大部分监察人是各机构监察人的联系人，是任何被怀疑存在学术不当行为的人的直接联系人，每年以匿名的方式向会长汇报一次工作。监察人通常（被要求）具备在任何环境下对任何有关学术不端行为的迅速反应和咨询能力，有保密意识和保密责任；不受机构的管理、上级和同事的约束；不在机构任职，以避免发生角色职能冲突。

5. 决策研究人才培养部门

思想库的一个显著特色是，经过谨慎的研究和分析，向相关部门提供决策咨询，因此，思想库内部研究人才很多。通过创办人才培养机构，能够有效利

---

① 马克斯·普朗克协会的研究系统由 80 个研究机构组成，将 80 个机构分为生物学医学部、物理化学部、人文部 3 个部门。

用现有内部资源，保证人才开发的连续性，从而提高思想库人才的整体质量。一些思想库，特别是高端的思想库，如兰德公司、布鲁金斯学会等，都设有专门的人才培养机构。

兰德公司的帕迪兰德研究生院（Pardee RAND Graduate School）"直接由最高领导层管理，它是兰德公司的人才储备库，也是研究人员更新知识、提高业务能力的地方"。[①] 该研究生院的宗旨是培养高水平的、赋有创造力和鉴别力、运用广泛的跨学科知识和视角解决世界上复杂棘手问题的问题解决者[②]。除正式员工外，兰德公司研究生院从20多个国家招收100多名公共政策分析专业博士学位研究生。博士研究生参与研究，特别是决策咨询研究，在一定程度上，其是动态兼职员工，是公司发挥思想库职能的重要力量。所有的申请者必须已经获得通过认证的学校的学士学位，具有良好的沟通能力、逻辑推理能力和一定的技能。除学术方面的能力之外，帕迪兰德学院的学生还必须具有两种特性：热情和纪律。

布鲁金斯学会除五大研究部门之外，还有一个非常重要的培训部门——管理教育中心（the Center for Executive Education）。通过举办各种研讨班，为公共和私人部门的领导提供培训、进修的机会，研讨内容涉及内政方面许多问题，如公共管理、政府改革等。"学会组织著名的学者和前政府官员与项目成员进行面对面交流，并且组织项目成员参观政府行政机构、国会，与行政机构官员和国会议员进行交流"。[③]

设立教育机构，对学生来说，既能有机会在一定程度上参与研究项目中，直接接触到现实的项目工程；又能通过课堂，通过与研究团队、研究者的交流，学习到相关的理论知识。对思想库本身来说，能够吸纳在学术领域内具有发展潜力的年轻学生，储备未来人才，并且能够扩大学术领域内的影响；此外，研究者也能够在与学生的授受过程中获得"教学相长"的益处。

---

① PRGS. About PRGS［EB/OL］. PRGS. RAND.（2010－03－04）［2011－06－11］. http：//www. rand. org/about. html. .

② RAND. Admissions，PRGS［EB/OL］. PRGS. RAND.（s. d.）［2011－06－05］. http：//www. prgs. edu/admissions/.

③ 王莉丽，旋转门：美国思想库研究［M］. 北京：国家行政学院出版社. 2010；57.

本项目国外调研考察显示，与其他工程科技思想库相比，各国的工程院也都把人才培养和创造良好人才成长环境作为重要工作，并且积极为政府提供人才培养咨询建议，积极推动各种形式的人才培养活动项目。瑞典皇家工程院还专门设立学生委员会，把工程科技人才培养作为未来竞争力的重要因素。

6. 数据库建设

由于科学技术快速发展，数据和信息数量不断增长，政策研究更加复杂多变。面对海量的数据和信息，为进一步提高研究质量，著名工程科技思想库往往都建有丰富的数据库（见表6-8）。

表6-8 部分思想库数据库（文档中心）列表

思想库名称	数据库名称
兰德公司	Databases and Research Tools
美国工程技术认证委员会	Accreditation Statistics
世界工程组织联合会	Knowledge Base
美国国家科学院联合体	①Archives；②Research Center Library
英国工程技术协会	Library and Archives
世界卫生组织	WHO CC Database
马克斯·普朗克协会	Max Planck Digital Library
英国皇家工程院	Library

马克斯·普朗克协会的数字图书馆（Max Planck Digital Library，MPDL）是一个科学服务中心，致力于数字设施开发、建设和运行，以为协会各机构提供科学信息服务，并为学者们网络交流提供支持。数字图书馆成立以前，科学信息通过中心部门发布，现在可以统一发布、集中管理。数字图书馆可以为研究者提供更快捷、更全面的信息检索服务，确保协会的研究者们及时得到世界范围内的更精准、更全面的研究成果，而且还可以为管理和分析各方面出版物数据或信息提供帮助。数字图书馆的信息检索系统以及协会各研究机构的资料室一起，在为协会提供国际水平的信息服务方面扮演着重要的角色。

数据库信息能方便快捷地提供行业相关信息，推测行业的经济运营状况，对于相关需求分析，可以避免调查企业时投入大量的人力、物力、财力、时间，却不能让用户满意的情况出现。数据库建设对思想库学术研究的重要性，对高效管理的重要性，都不言而喻。例如，"911事件"后，反恐成为兰德公司的研究重点。事实上，该公司在1972年就开始建立恐怖事件数据库，目前该数据库已记录36000多个恐怖事件。丰富数据库，加强数据库建设，大大提高研究人员的研究速度和研究可靠性。

（三）组织结构调整

组织结构的设计与管理，实际上是一个动态过程，实践表明，组织结构的大变动虽不一定频繁，但小变动却是经常的。从权变的观点看，不存在一个普适的、理想的组织结构；恰当而有效的组织结构决定于一定时期内思想库所处的具体环境和多种影响因素，由于环境和因素是变化的，同一思想库在不同时期的组织结构也有不同。运行绩效良好的思想库往往会根据自身条件和特点，根据以往和将来业务定位与经营战略，考虑所处的环境，决定采用何种组织形式。

思想库的组织结构调整主要通过职能部门划分及部门关系设定来体现。职能部门是组织结构的主要组成部分，为适应迅速变化的市场和时代，著名思想库都根据实地、实时情况，增加或者削减职能部门，从而优化资源配置，增强对外界的迅速反应能力。

马克斯·普朗克协会下属的80个研究机构，不是同时设立的，而是根据时代要求和学术研究发展趋势、经一系列严格程序之后逐渐成立的。80个机构也并不固定不变，有些研究机构的研究领域已经渐渐退出学术研究主流，或者有些机构在接受研究评估的时候没有达到相应要求，协会则会考虑关闭或者合并机构，如协会中的湖沼生物学研究所后来被关闭和更新为进化生物学研究所。同理，为满足新的研究需要，还会成立新的研究机构，如2005年该协会与中国社会科学院合作，在上海成立计算机和理论生物学研究所（Institute for Computational and Theoretical Biology）。

兰德公司从20世纪90年代以来，对一些组织部门进行调整、合并和新建。1991年，成立教育与培训研究所，其任务是对教育的各个方面的问题进行分析研究；1992年，在荷兰莱顿设立公司欧洲总部，加强欧洲方面的研究；

随后又建立兰德卡塔尔政策研究所、兰德海湾国家政策研究所等，以突出中东问题的研究；2009 年 2 月，兰德在波士顿成立办公室，以扩大和加强在健康方面的影响力，促进和深化与马萨诸塞州东部地区的有关私立研究组织、大学及政府的合作。

（四）经验与启示

国外著名工程科技思想库的组织结构设计与调整方面积累的成功经验，可以给后起思想库建设提供有益的启示。

1. 董事会成员影响思想库的组织行为能力

董事会组成人员的学缘背景、学术经历和工作经验等，对思想库的学术威望与影响力的提升，对思想库项目与资金吸引能力的提高，都具有较大的影响。

2. 咨询机制及机构影响思想库潜在智慧的开发与利用

工程科技思想库最关键职能之一是科学研究和决策咨询，这不仅要求具有研究与咨询团队，还要求具有咨询机制及咨询机构，就研究选题、研究过程与研究结果提供科学建议。建设咨询机制及咨询机构，有利于充分开发与利用思想库潜在智慧。如：加拿大国家科学院理事会（Council of Canadian Academies）设有科学顾问委员会，现有成员共计 16 名，分别来自加拿大的不同区域，代表着不同的学科领域，主要职责是提供建议、评估咨询研究课题、审查鉴定研究报告等。

3. 跨学科合作有助于促进研究的深化与提高

根据现代科学知识增长趋势，自然科学知识和人文社会科学知识日趋融合已经是不争的事实。工程科技思想库要取得卓越的学术影响，需要通过跨领域合作来实现互通有无，不能仅仅局限于工程研究，还应注重同人文社会科学研究的融合。没有人文气息的工程科技思想库，没有人文社会科学研究做支持的工程科技思想库，不可能在信息的迅速增长带来知识的大爆炸时代，单独完成一项复杂的科研项目。

德国科学院有 1400 多位院士，其中包括自然科学、医学和社会科学、人文科学的著名学者。德国科学与工程院院士包括工程和自然科学、人文和社会科学。日本三菱综合研究所共有 3159 名成员，其中有人文社科背景者占 1/4，有理工科背景者占 3/4。

马克斯·普朗克协会为完成土地系统研究协作这一研究项目，集合了生物地球化学研究所、化学研究所、气象学研究所和波茨坦气候影响研究所等 4 个机构的研究资源共同开展研究。

兰德公司最开始是以军事合约起家，但是，现在研究系统已经涉及除军事以外的基础设施、安全、环境等多个领域，并设有民事司法研究所、兰德劳动力与人口研究所、兰德国家安全研究部（国防研究所）、兰德海湾国家政策研究所、兰德教育研究所、帕迪兰德研究生院、兰德健康研究所等机构，致力于各个领域研究。

2010 年，斯德哥尔摩环境研究所（SEI）改变以往的研究机构设置，重新设立跨学科研究机构主攻 4 个综合性研究主题，即减少气候风险（reducing climate risk）、环境系统治理（managing environmental system）、转变社会治理模式（transforming governance for sustainable livelihoods）和反思发展（rethinking development）。合并研究项目，开展跨学科研究，目的是适应现实世界的挑战，在多学科研究领域中抢占领先地位。

瑞典皇家工程科学院（IVA）高度重视"质量、能力、独立、多学科交叉"。美国和加拿大两国国家科学院与工程院都在组织力量从事软科学研究，特别是与自然科学、工程科学以及工程技术发展密切相关的人文科学、社会科学与行为科学研究，这有助于提高科技思想库或工程科技思想库的思想产出质量及其可操作性。

思想库的研究机构设置已经呈现多学科、多领域融合趋势，因为单一性质的思想库已经不能完成信息繁复庞杂的社会现状对知识研究的整合性要求。

4. 数据库建设有助于为研究提供信息服务与支撑

在当今世界，信息资源与能量资源、物质资源被并称为三大资源。信息对于工程科技思想库而言，是重要资源，更是重要支撑。国外著名工程科技思想库都非常重视数据库建设，并且依靠数据库信息服务与支撑现实高质量思想产出，形成在思想产业界的领导者地位。

5. 恰切的组织结构有助于思想库的发展

组织结构的高效运行是整个思想库正常稳定发展的必要基础。社会进步速度远远快于组织的改革更新速度，因此，国外著名工程科技思想库都会根据时代发展需要对其组织结构进行微调或改革。兰德公司的组织结构从 20 世纪 60 年代起进行过数次调整，直到 80 年代才形成比较固定的两个系统框架。这两个系统，一个是"学科系统"，一个是"技术系统"，保证机构对社会发展现状和前沿问题做出迅速反应。

大部分工程科技思想库采用了矩阵式组织结构，与之相匹配的，是权责清晰、分工明确、归属得当的组织管理制度。在组织内部制定严明的工作纲领，以保证项目领导人和职能领导人之间的权力平衡。从运行时效看，思想库内部层级设置宜少不宜多，各种人事关系和权责应尽量清晰，"员工们知道自己该向谁汇报，谁又该对他们汇报，以及每个人应该对什么样的结果负责"。[①] 马克斯·普朗克协会在其章程中对会员、主席、理事会、全体大会、秘书长、行政总部、执行委员会、科学委员会的职责权利进行详细的说明，对于特定的职位如科学顾问委员会、监察人的职责或行为准则开列单独的文本进行规定说明。欧洲工程师协会联盟在章程（Bylaws）中对全体大会、执行委员会的职责和权利，秘书处的工作范围，工作组的形成和解散，会员身份的认可和解除，会议召开的时间、周期，决策形成所需时间、过程等细则都有完善的规定。只有详细的可执行的制度，才能保证思想库内部的信息有序、快速地流动，也才能避免管理或汇报时关系的混乱。

在采用项目式组织结构的同时，著名的工程科技思想库都会注意不同项目组之间的沟通与合作。工程科技领域中的研究项目很多都需要跨机构、跨专业之间的合作，这对项目之间的沟通提出很高的要求。在美国国家科学院联合体中，为加强科学院、工程院、医学院之间的合作交流，使思想库研究人员的智慧得到最充分的发挥和利用，研究理事会的设立起到良好的联系沟通作用，对于合作研究起到有效的促进作用。

---

① 卢咏，成功智库的幕后英雄 [J]．社会观察，2006，(8)．

三、人力资源管理

思想库最重要的资源是人才，思想库竞争力、影响力由优秀人才决定，思想库影响力形成由人力资源有效管理决定。人力资源管理是组织或机构实现资源合理配置的主要措施，是组织或机构长盛不衰的重要保证，是思想库得以高效运行的强大支撑。有人将美国思想库比喻成"硕果累累的大树"，将人力资源管理和财政管理比喻成"粗壮的树干"，即"智库体系的强力支撑"①。思想库的人力资源管理由人员招聘与配置、人员培训与开发、人员激励机制等部分构成，虽然各部分工作侧重点不同，但它们组成一个共同的有机整体，保证思想库人力资源良性运作，促使思想库宗旨与使命的完成。

（一）人员招聘与配置

人员任用讲求人岗匹配，适岗适人。人员招聘关键是做好需求分析，即明确思想库到底需要什么人，需要多少人，对这些人有什么要求，以及通过什么渠道去寻找思想库所需要的这些人。通常工作流程包括需求分析、预算制定、招聘方案制定与实施、后续评估等系列步骤。

1. 全职人员招聘与配置

（1）招聘来源

思想库人员招聘可以分为内部招聘与外部招聘。内部招聘即组织内工作人员在组织内部的晋升、降级、平级调动或工作轮换；外部招聘即工作人员来源于其他组织，比如高校、政府、企业等。

内部招聘可帮助思想库更为系统地管理内部职位，清晰地梳理内部预备人选。思想库给员工提供晋升机会、工作调动等内部流动或激励机制，提高思想库员工士气，加强员工对组织的信任感，更好地发挥对组织的最大价值。外部招聘可以满足思想库对高质量人员的需求。工程科技思想库能产生广泛影响，与其工作人员来自广泛的外部组织有很大关系。许多思想库打破地域限制，从世界各地收罗研究人员，从而为思想库注入活力、提高组织效能、增强竞争

---

① 曾毅. 美国智库观察［J］. 决策, 2008,（5）：25 - 27.

力。美国国家科学院联合体所有院士来自于政府、高校、企业等机构。兰德公司有950名学术界、政府和实业界的专家，他们来自大学、教会、军界、政坛、科研单位、工业企业、民间团体等各类行业和部门。

通过采用内部与外部招聘，著名工程科技思想库的人员构成呈现出以下几个显著特征：

第一，行业领域的多元化。思想库相关人员，如学者、专家、研究人员等都打破行业束缚，来自大学、教会、军界、政界、科研单位、工业企业、民间团体等各类行业和部门。马克斯·普朗克协会的信托委员会成员来自政界、工业、科学、媒体及其他可支持机构发展的个人；加拿大科学技术创新委员会的人员涵盖企业、学院、政府等各个领域。

第二，学科结构的多元化。思想库的研究多为多领域、跨学科的研究，需要多学科的人才。思想库人员多为专长型与综合型结合，即一个多学科背景的组合。兰德公司聘请来自不同学科的人员，提供有效解决公共政策问题所需的全面而专业的知识；加拿大科学咨询委员会16名成员也具备不同学科背景；日本野村公司有6594名员工（含子公司），涉及经济、工程、环境、医学等专业；韩国科技政策研究院有150名研究人员，涉及经济、管理、社会科学、自然科学等专业；三菱综合研究所有3159名员工，人文社科类占1/4，理工科类占3/4；德国科学与工程院的362位院士学科背景包括工程、自然科学、人文和社会科学；德国科学院的1400多位院士中，包括自然科学、医学和社会科学、人文科学的著名学者。

第三，人员流动的活跃性。思想库既有兼职人员，也有全职人员；既有固定人员，也有临时人员。兼职人员包括来自世界各地、各行业的客座研究员、兼职专家等，他们有利于文化交流，为思想库发展注入新思想，增强思想库影响力。如：德国的咨询业实行人才流动政策，每年更新研究人员，更新率达10%，这种人才流动方式为研究所带来新鲜血液，保证研究所持续的活力，同时进一步强化研究所与外界的联系，开辟新的情报信息渠道①。马克斯·普朗

---

① 文城．德国咨询业的发展及其特点［EB/OL］．中国网专家博客．（2009－12－13）［2013－03－16］．http：//blog. china. com. cn/wencheng/art/2080971. html.

克协会每年都有新访问学者到研究机构来交流、深造，为机构文化交流带来活力。斯德哥尔摩环境研究所董事会成员由瑞典政府派遣，且任职年限不能超过4年。布鲁金斯学会理事会成员任期为3年，每年进行3次会面，以利于组织人员对政策的决策和思想的交流。美国思想库的"旋转门"机制[①]实现了人员从政府流向思想库、由思想库流向政府的双向变动，这种变动形成外交政策机构的一个非正式约束力量，不仅为思想库带来活力，而且也为美国政治注入活力。

（2）人员资质

把合适的员工招聘到合适的岗位上，是著名工程科技思想库都非常关注的一项基础性工作。对于思想库而言，仅仅根据知识水平进行人员招聘，并不能满足需求，因此，在人员招聘时，著名思想库通常都会考虑几个因素：第一，拟聘职位的基本任务，即"这个人要在该职位做些什么"；第二，工作所需的背景信息，例如受教育程度与工作经验等；第三，个性需求，如拟聘岗位是否需要人际交往；第四，部门管理风格。

本课题汇总了若干工程科技思想库人员招聘的条件要求（见表6-9）以及在任人员的实际资质（见表6-10）。

表6-9　工程科技思想库研究人员招聘要求汇总表

思想库名称	招聘要求			
	外在特征			内在特征
	学识	经验	技能	价值观、自我认知、品质及动机
弗雷泽研究所	高学历	政府、银行部门经验	特殊领域有一定的成果	
美国工程技术认证委员会	适宜的学位认可的资格	相关岗位的工作经验		有改进教育的兴趣
贝塔斯曼基金会	优秀的大学研究水平且为各领域的专家	至少5年工作经验国际经验	至少精通一门外语具有创新成果	良好的精神状态

---

① "旋转门"机制是指治理美国的精英人士在思想库、政府和工商界之间有规律的流动，他们的角色可以不断转换，就好比走旋转门一样。参见任晓：《美国思想库为何影响力大？》载《社会观察》2006年第8期。

思想库名称	招聘要求			
	外在特征			内在特征
	学识	经验	技能	价值观、自我认知、品质及动机
斯德哥尔摩环境研究所	相关学科研究生学位	广泛多样的国际经验、重视发展中国家战略筹款经验	英语口语书面能力研究能力课题执行能力	协作力、创造力
世界卫生组织	健康与管理相关本科	国内、国际层面经验		公共健康有兴趣
日本未来工学研究所	精通领域知识		决策执行力	对领域内容有兴趣

表 6-11　工程科技思想库任用人员资质

思想库名称	人员种类	学术背景及学术成果
弗雷泽研究所	高级研究员	如：麦克尔·沃克（Michael Walker），在西安大略大学获得博士学位；1974 年至 2005 年任弗雷泽研究所执行董事；曾在西安大略大学任教，曾在加拿大银行与联邦政府财政部任职；是著名经济学家，出版过 45 部经济学专著或编著，在加拿大、美国和欧洲各国经济学期刊上发表过论文；在弗雷泽研究所任执行董事期间，为振兴加拿大经济与市场竞争力出谋划策，影响很大
	研究员	如：布雷特·斯金纳（Brett J. Skinner），弗雷泽研究所健康政策研究所长，获得加拿大温莎大学的文学学士，并获得西安大略大学的哲学博士。在西安大略大学的政治学系和健康学系授课；同时还担任加拿大保险局地研究顾问；2003 年获得阿特拉斯经济研究基金会的安东尼费舍尔先生纪念奖；研究成果被许多思想库发表，成果也多被学术期刊采用
贝塔斯曼基金会	研究员	如：约拿逊·斯蒂芬（Jonathan Stevens），经济学家，在多个学术机构中做研究；在贝塔斯曼基金会多个机构担任过领导职务；且具有电视和广播访谈经验
斯德哥尔摩环境研究所	研究助理	如：阿道夫·阿夸叶（Adolf Akwei Acquaye），生命周期分析专业哲学博士，可持续发展工程专业哲学硕士；研究领域包括环境影响与生命周期建模、产品供应链、环境政策、可持续性消费与生产、资源有效开发、等等；有多种著述，如《爱尔兰建设部绿色气体排放分析》等

　　通过比较工程科技思想库人员招聘的条件要求或在任人员的实际资质可以发现，著名工程科技思想库的研究或管理人员具备以下特点：

第一，拥有深厚的学术背景。布鲁金斯学会现任的 200 多名研究人员中，高级研究人员有 50 多名；日本工程院中无论是日本籍院士还是外籍院士，都曾在工程研究领域或与工程有关的领域取得显著成绩；兰德公司的研究团队成员中，88% 的研究人员拥有高级学位，60% 获得博士学位或硕士学位。兰德公司研究生院从 20 多个国家招收 100 多名公共政策分析专业博士研究生，这些博士研究生参与研究、特别是决策咨询研究，在一定程度上是动态兼职员工，是公司发挥思想库职能的重要力量。不少研究人员还是本领域的资深专家人员，如：英国工程技术学会（IET）的政策研究课题组由高水平的技术专家、宏观政策专家等组成；英国国家工程实验室（NET）的 160 名员工中，75% 是职业工程师。许多研究人员在研究或实践中取得令人瞩目的成就，如：弗雷泽研究所在职 350 名研究员中，有 6 名研究员曾被授予诺贝尔奖。

第二，具有丰富的相关领域实践经验。工作经验丰富，知道如何与相关部门深入沟通，且占有广泛的社会资源，能顺利地将其观点推销给政策制定者。如，资深研究人员所做的研究学术价值很高，需要有高管经验的管理人员协助将其观点推销出去，这样才能更好地发挥学术价值，才更符合思想库宗旨。如，布鲁金斯学会的管理人员中不少学者被誉为"学术的实践者"（scholar practitioner），正是因为他们服务于政府部门和私人企业；学会董事会成员也多为商界和政界的精英人士。布鲁金斯学会理事会主席曾指出：布鲁金斯研究会产生影响力的一个重要途径是很多学者在政府任职，很多学者担任奥巴马政府的高层决策者①。再如，斯德哥尔摩环境研究所的 14 位董事会成员，均来自于政府部门。这些政府官员利用其娴熟的从政经验和广泛人脉，既增强思想库的影响力和声誉，又协助思想库招募人才、吸引资金。在这方面，美国思想库对其成员的政府工作经验要求很明显。美国政府体系相对于其他国家而言，开放度高，精英人士在思想库、政府和商界之间有规律的流动和转换角色，在这样的长期运作中，政府高官和思想库人才形成"旋转门"制度。思想库各类专家有可能会随着政府换届成为政策执行者，而政府高官则可能在离开政坛之后进入思想库成

---

① 佚名. 思想库的核心价值是什么？[EB/OL]. 中国思想库. (2010－09－07)[2011－06－07]. http://www.chinathinktank.cn/ShowArticle.asp?ArticleID=19104&ArticlePage=1.

为政策研究者，保存自己在政界的影响力，准备随时再通过"旋转门"东山再起。这种规律的流动和角色转换为美国思想库提供政府和银行经验的高官。

第三，重视深层次核心能力。20 世纪 70 年代，戴维·麦克兰德（David C. McClelland）提出，态度、价值观、自我形象、动机和特质等深层次特征，会影响人的工作绩效与生活质量，会将某一项工作（或某一个组织或某一种文化）中的表现优秀者和表现一般者区分开来，并呼吁将教育考试目标由考核心智（intelligence）转向考核能力（competence）[1]。赖尔·斯宾塞（Lyle M. Spencer）和西尼·斯宾塞（Signe M. Spencer）根据麦克兰德的主张，构造出一个能力冰山（the competence iceberg）或能力冰山模型[2]（the competence iceberg model；在中国，更多人习惯称之为"胜任力冰山模型"）。该模型受到学界广泛认同，并被各种社会组织（包括政府组织与非政府组织）运用于人员招聘与员工评价。斯宾塞冰山模型将胜任力分为表面的"冰山以上部分"和深藏的"冰山以下部分"：冰山以上部分包括基本知识、基本技能，是外在表现；而冰山以下部分，包括社会角色、自我形象、特质和动机，是人内在的、难以预测的部分。比较分析思想库人员招聘条件要求和现任人员实际资质描述可以发现：思想库对人员胜任能力要求既关注"冰山以上"部分，又关注"冰山以下"部分（见图 6 - 1）。

大部分思想库在实际招聘中，不仅仅关注学历和技能等表层条件，而且更关注特质与动机等深层潜质，因为员工的表层条件和深层潜质影响思想库的发展。美国工程技术认证委员会在人员招聘中要求应聘人员有改进教育的兴趣；世界卫生组织则要求应聘人员对公共健康具有兴趣；贝塔斯曼基金会提出应聘人员应具有良好的精神状态；斯德哥尔摩环境研究所提出工作人员应具备协作力和创造力。这些工程科技思想库重视的诸种潜在特征，驱动、决定和引导着员工对思想库做出贡献。

---

[1] David C. McClelland. Testing for Competence Rather Than for "Intelligence" [J]. American Psychologist, 1973 (January): 1 - 14.

[2] Lyle M. Spencer and Signe M. Spencer. Competence at Work: Models for Ssuperior Performance [M]. New York: John Wiley & Sons, Inc., 1993: 135 - 156.

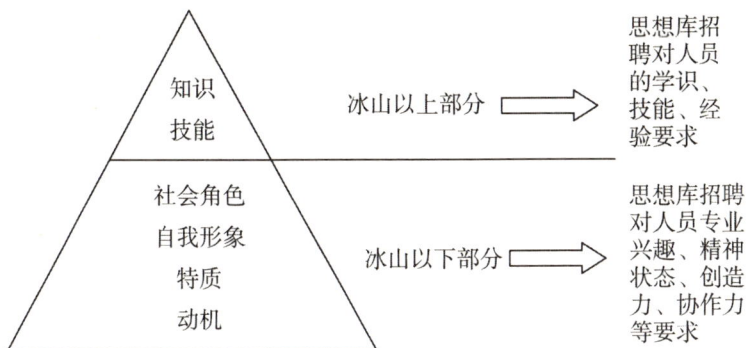

图 6-1　胜任力冰山模型

此外，具有较强的英语沟通交流能力也是著名工程科技思想库看重的一条标准。思想库要产生广泛的影响，需要借助具有广泛影响力的语言。英语作为国际交流语言，成为思想库人员不可或缺的一项基本要求。贝塔斯曼基金会、斯德哥尔摩环境研究所在招聘中明确提出掌握英语的要求。

当然，不同类型的思想库在招聘中也会有差别。学术型思想库如布鲁金斯学会和契约型思想库如兰德公司更注重人员的学历要求和科学研究方法，而政策型思想库如传统基金会更注重人员的意识形态。

（3）人员配置

思想库不仅重视研究团队专业的多样性，还讲求人员配置的科学性。

首先，研究人员与行政人员配置具有合理性与科学性。布鲁金斯学会在人员组合方面，坚持将专职研究人员与辅助人员比例设定在1∶2.5；兰德公司坚持认为"两个研究员不如一个研究员加半个秘书的效率高"；日本思想库为克服人浮于事的现象，在力求组织精简、人员精干、人员合理配置等方面，表现尤为突出。研究显示，在日本162个思想库中，20人以下的思想库占60%，100人以上的仅有10%；在大多数思想库中，研究人员占职员总数的50%以上，有的甚至高达80%以上，如未来工程学研究所占85%，日立综合计划研究所研究人员占该所工作人员的87%，都市体制研究所占83%；思想库日常行政事务工作由研究人员兼任，如日本情报系统研究所、地方行政系统研究所等思想库，只有1至2名行政职员①。

---

① 佚名. 美国思想库"中国十大谜思"其实有解［EB/OL］. 新华国际. 新华网.（2010-02-10）［2011-06-07］. http://news.xinhuanet.com/world/2010-02/10/content_12961543.htm.

其次，人岗配位具有合理性和科学性。思想库通常是根据职位特点、难易程度，及其对人员资格与条件的要求，选拔聘用最恰当的人上岗。不同岗位对人员教育程度、实践经验等方面要求不同，著名工程科技思想库往往都依据人员能力大小与水平高低，将他们安排在相应能级层次的岗位上，使个人能力水平与岗位要求相适应。如世界卫生组织对专业人员的资质要求与普通服务人员的资质要求不同：专业人员要发挥领导作用或者占据领导地位，要求具有本科或研究生学历、具有相关工作经验；普通服务人员的任务是协同合作并支持专业人员的相关工作，以及确保行政事务功能的正常发挥，要求具有中级的、技术或商业学校学历、会使用官方语言或第二种语言。

2. 兼职人员招聘与配置

人力资源流动的灵活性利于思想库影响力的发挥，人力资源过剩或人力不足两种情况的出现，都不利于思想库影响力发挥。国外思想库用人制度方面的一个突出特点就是灵活性。思想库人员中除了专职人员，还有临时人员。思想库对录用的研究人员大多实行合同制和聘任制，人员流动性强。除保持一些骨干人员外，不少人员是流动的。如：美国国家科学院联合体4个机构的领导人员为专职人员，所有院士均为兼职人员；而且4个机构都是非实体组织，没有内部固有院士，所有院士来自于政府、高校、企业等机构[①]。又如：兰德公司共有1700位员工，来自80多个国家，其中，华盛顿分部约400人；除正式员工外，兰德公司研究生院从20多个国家招收100多名公共政策分析专业博士研究生，让他们参与研究，特别是决策咨询研究，在一定程度上，是动态兼职员工，是公司发挥思想库职能的重要力量。

另外，许多工程科技思想库中，都由临时项目小组进行课题研究。人力、资金围绕研究项目进行，在一定程度上保证思想库科研资源的优化配置。美国许多思想库在申请项目时就将课题承担者的工资纳入预算，在开展课题研究过程中，课题负责人抽调来自不同专业领域的研究人员成立课题组，项目完成后

---

① NAS. National Academy of Sciences Members and Foreign Associates Elected ［EB/OL］. （2011 –05 – 03）［2011 –06 –04］. http：//www. nasonline. org/site/PageServer? pagename = News_ May_ 3_ 2011_ member_ election

课题组立即解散①。

思想库采用上述人员任用制度，表现出两大优势：首先，思想库可根据课题研究实际需要，灵活地从外部聘请高水平专家，他们和内部研究人员组成工作小组，课题结束后，研究小组人员也随之解散或更换。这样既保证研究成果的质量，也防止研究机构过度膨胀；既节约经费，又做到人尽其才。其次，这种人员流动机制可使思想库吸收"新鲜血液"，不断接受新观点和新方法，利于开拓研究思路，防止思想僵化，保持旺盛的创新能力。

（二）人员培训及交流

国外著名工程科技思想库不但重视高素质人才的吸引和选拔，而且十分重视研究人员的培养。这也是思想库保持竞争力、产生高质思想的有效措施。很多思想库对研究人员进行知识、技能和组织文化培训；很多思想库为年轻人提供"实习项目"，采取各种措施使初出茅庐的研究人员有机会结交前辈、进行实践、历练才干。著名工程科技思想库的人员培训途径不一，有的依托研究生院进行，有的施行国内多机构合作培训，有的走国际合作培训的路径。

1. 依托研究生院培训

思想库设立相关研究生院，主要为新生科研人员提供培训平台。如，兰德公司早在 1970 年就成立兰德研究生院，采用边干边学、理论与实践结合的教学方法，即所谓"在职法"（on – the – job），专门培养政策分析与研究等方面人才。这样培养出来的人才进入思想库后，不需再经熟悉阶段便可胜任研究工作。兰德研究生院利用自己独特的教学训练方法，成功地改变了一代美国人的决策素质，成为当今世界决策分析的最高学府。马克斯·普朗克协会下属研究机构设立的研究生院为人员培训，特别是新生科学研究人员的培训提供良好平台，让年轻学者迅速地成长。

2. 国内多机构合作培训

派员到相关机构进行学习实践。美国的思想库定期会把研究人员派到政府行政机构、国内外大学或思想库同行中进行学习、交流与访问活动，有的思想库

---

① 李建军，崔树义. 世界各国思想库研究［M］. 北京：人民出版社，2010：42.

还会为年轻人提供培训或实习项目，安排年轻人参与重大项目，使他们尽快成长起来①。如兰德公司把派研究人员去政府任职作为一种特殊的"进修"途径。

3. 国际合作培训

按研究目标派人员到国外思想库访学进修。兰德公司和伦敦国际战略研究所就定期互派访问学者；野村综合研究所和斯坦福研究所等思想库也经常进行人员交流。思想库与国外同行的交流机制，有利于缩小研究人员的认知差距，减少误解和偏见，有利于使思想库处于相同的国际质量与影响力维度。此外，一些著名工程科技思想库还让研究人员定期与政策负责人、政策规划小组接触，了解决策的具体程序。这种人才流动，不仅达到人尽其才、才尽其用的效果，而且能使思想库不断充实新鲜血液，增强活力。

（三）人员激励机制

国外著名工程科技思想库都采取多种激励机制，调动现有研究人员的积极性，吸引与留住优秀的研究人员。这些机构措施包括薪酬激励、绩效考核激励、培训发展激励、组织文化激励等多种形式。

1. 薪酬激励

著名工程科技思想库的薪酬通常由三部分组成：基本工资、可变薪水（激励）和间接薪水（福利）。一些思想库人员的薪酬体制不仅仅以职务、岗位与业绩作为薪酬均衡标准，而且考虑其他多种因素。如，世界卫生组织采取以胜任力为基础的薪酬模式，通过员工具备的知识、技能和对企业价值的认同程度来确定其薪酬水平。有以下几个方面值得注意：

其一是员工工资优厚。卡内基基金会为其高级研究员提供优厚的基本工资，其工资水平与美国大学终身教授的差不多。

其二是奖赏激励与业绩相联系。除提供优厚的工资外，一些思想库还把业绩与奖赏激励联系起来。兰德公司通过设立兰德总裁奖，表彰在工作中能够体现兰德公司两个核心价值观即质量和客观性的个人；马克斯·普朗克协会设立的"奥托·哈恩奖（Otto Hahn Medal）"主要面对青年学者，鼓励青年学者投

---

① 李建军，崔树义. 世界各国智库研究［M］. 北京：人民出版社，2010：42.

身科学研究；胡佛研究所给予那些对研究课题有兴趣的研究人员激励性经费，鼓励研究人员大胆冒险和尝试。

其三是提供丰富的福利。在福利方面，如美国的思想库，可以作为免税的"501（c）3"组织，享有免税政策。"501（c）3"是美国国内税收法（Internal Revenue Code，IRC）中的一项免税条款，适用于宗教、教育、慈善、科学、文学、公共安全、体育和社会工作等多个领域为促进公共利益而建立并运作的机构或组织。

2. 绩效考核激励

著名工程科技思想库都采用严格的、非官僚化的绩效考核标准，建立严格的人员绩效考核制度，通过系列制度规定为员工激励提供依据。

（1）采取多种评估方法

思想库对员工的工作目标、工作情况予以评估，提供坦诚、平等、透明的人员激励机制。卡内基基金会每年都要求员工进行自评，制订来年的工作目标和个人发展规划，由上属直接领导为其提供正式的面对面反馈；此外，采用组织考核运用的360度评估法，每年有"工作环境调查"员工在网上匿名填写有关机构管理方面的评价，给高层领导打分。这些数据通过咨询公司的专业分析后，由人力资源部召集全体员工公布结果，交流意见。各个职能部门（如图书馆和外联部）也定期进行调查，及时了解研究人员对其工作情况的反馈。评价体系都力求坦诚、平等和透明。

（2）以绩效考核为晋升、续聘或解聘依据

思想库将绩效考核作为员工晋升、续聘或解聘的依据。在美国一些工程科技思想库，若某些研究人员争取不到研究项目，或不能被吸收参与研究项目，意味着不能对思想库做出贡献，随时有被解雇的可能。斯坦福国际研究院（SRI International）早在1973年就制定了一套人员评价系统，按功能分为专业成绩、提升、委托关系、计划领导、系统管理5个项目，每个项目又分为6个等级，依次对每个研究人员进行考核，按考核结果决定研究人员的报酬、奖励，决定是否晋升或淘汰，决定是否继续聘用和获得研究经费。兰德公司对全体员工进行绩效考核，以研究成果与成果影响等社会效益为主，经济效益不纳入考核；但是，作为非营利性机构，公司坚持不挣钱也不赔钱（Nonprofit, neither make money nor lose money）原则，这个原则有时候影响员工考核。

3. 培训发展激励

一些国外著名工程科技思想库，把培训机会作为一种发展激励。兰德公司设立的帕迪兰德研究生院和马克斯·普朗克下属机构设立的研究生院，能够为本机构人员提供培训机会，为新生科学研究人员提供学习平台。进入研究生院学习深造，对于年轻研究人员来说是一种激励，这种激励可以促使年轻学者迅速地成长。

4. 组织文化激励

组织文化是组织在长期的生存和发展过程中所形成的、被多数成员接受、持有与遵循的由基本信念、价值理念和行为规范等多种要素构成的复杂性整体。组织文化中的价值理念、规章制度对于人员具有导向性、激励性、凝聚性与约束性。国外著名工程科技思想库都通过其独特的价值理念，营造独特的精神环境或氛围，以影响和激励全体员工，特别是研究人员。布鲁金斯学会不认为"真理和智慧只属于两党中的某一个党派"①，标榜其思想是建立于客观事实分析基础之上的，并不为某一个党派服务，且其研究人员强调思想的独立性，其成员从思想到行为，都受到学会这一核心价值观的影响。兰德公司作为高品质、客观和非党派的思想库，通过在员工行为准则中注入"我们为工作的质量和客观性而竭诚奉献"的核心价值观，激励公司员工成为"质量和客观性的个人"。美国工程技术认证委员会要求每一位志愿者和成员展现最高的专业主义、诚实和正直标准，还要求委员会提供的各种服务符合公正、公平和公开的标准，进而激励思想库人员完成应用科学、计算机、工程和技术教育的提升和改进的使命和目标。德国科学与工程院在政策咨询研究中，坚持真实、独立和透明的原则，强调在向政策制定者或社会提供的任何咨询意见时重视扎实的科学基础、独立、政治中立以及维护共同利益。

国外著名工程科技思想库不仅注重以奖励引导员工，也注重以惩罚机制防

---

① 王莉丽. 旋转门——美国思想库研究［M］. 北京：国家行政学院出版社，2010（5）.

止员工出现不端言行。日本工程院对成员提出要求："不能做出违反工程院规定和章程的行为，不能有损于工程院的声誉，否则将予以开除。"① 奖励与惩罚，其实都是激励，前者是正面激励，后者是负面激励，目的都是引导员工思维与行为健康发展。

（四）经验与启示

国外工程科技思想库在人力资源管理中积累了丰富的经验，这些经验具有多项启示和借鉴意义。

1. 关注深层特征，能使思想库具有持续创造力

工程科技思想库的生命力，在于源源不断产生有影响力的思想。思想库研究人员的表层特征，如学历、知识、技能等方面能力，并不能为其创造持续的、有影响力的思想，只有态度、价值观、动机和思维特质等深层特征，才会真正给思想库带来持续活力，使思想库依靠大思想在思想产业建立领导者地位。从工程科技思想库的人员招聘条件中可以看出，这种观点或认识已经成为主流。美国工程技术认证委员会在招聘中提出应聘人员应具有改进教育的兴趣；世界卫生组织则要求应聘人员应对公共健康具有兴趣；贝塔斯曼基金会提出应聘人员应具有良好的精神状态；斯德哥尔摩环境研究所提出工作人员应具备协作力和创造力。因此，工程科技思想库关注人员深层特征，往往能吸纳更多优秀人员，为思想库持续创造思想准备坚实的人力资源基础。

2. 重视实践经验，能使思想具备专业化优势

实践经验对思想库有效运转提供了重要支持。对于工程科技思想库来说，要发展成为有影响力的思想库，仅仅依靠其工作人员深厚的理论知识是不够的，还需要实践经验的强化和补充。因此，著名工程科技思想库在人员选拔和人员培养时都特别强调实践能力。一方面，在人员招聘时关注实践能力。弗雷泽研究所、布鲁金斯学会、世界卫生组织、斯德哥尔摩环境研究所、英国皇家工程院、贝塔斯曼研究会、世界工程组织联合会、兰德公司等工程科技思想库

---

① EAJ. Regular［EB/OL］. Membership. EAJ.（s. d.）［2013 - 0315］. http：//www. eaj. or. jp/eajmembershiplist/regular - e. html.

都要求拟聘人员具有某种实践经验，如：相关工作领域的国际经验、政府部门工作的经验、银行部门的任职经验、相关工程领域的卓越的实践经验等。另一方面，在员工培训时关注实践。要求员工到政府机构挂职，要求员工到产业机构实习，目的都是培养实践能力。工程科技思想库的存在目的在于研究工程科技领域特殊问题并解决工程科技问题，解决问题就要着眼于实践。因此，广泛的实践经验对于工程科技思想库来说意味着对广大社会资源的占有，意味着沟通渠道的优势，意味着学术思想价值顺利的推广，进而可以保证思想库各个部门顺利的运行，是提升思想库影响力的有效举措之一。

3. 重视研究人员多样性，能使思想库提升核心能力

思想库人员在学术背景、任职经验、国籍等方面具有多样性，有利于增强思想文化交流，有利于增强新思想生产能力，进而有利于增强思想库的影响力。大学、教会、军界、政界、科研单位、工业企业、民间团体等人员加入思想库或与思想库合作，可以为思想生产或合作生产提供良好基础。对作为思想工厂的工程科技思想库而言，以思想见长的人文社会科学研究人员必不可少。因此，一些著名工程科技思想库特别重视吸收人文与社会科学专家。加拿大国家工程院、美国工程院、斯坦福大学莫理逊人口与资源研究所都建议：国家科学院与工程院应组织力量从事软科学研究，特别是与自然科学、工程科学及工程技术发展密切相关的人文科学、社会科学与行为科学研究，这有助于提高科技思想库或工程科技思想库的思想产出质量。

4. 建立多元化激励措施，能使思想库具备发展动力

著名工程科技思想库的激励措施不是以职务、职位和内部均衡为标准，更多的是突出人员与思想库贡献的联系。首先，利用组织文化，特别是价值理念，给研究人员以精神激励。布鲁金斯学会标榜其思想是建立于客观事实分析基础之上，并不为某一个党派服务，且强调研究人员思想的独立性。其成员从思想到行为都受到该思想库核心价值观影响。其次，提供多样的培训机会，给研究人员以成长激励。兰德公司的帕迪兰德研究生院和马克斯·普朗克下属机构设立的研究生院，通过培训深造激励年轻学者迅速成长。最后，提供国内与国际合作培训机会，给员工以职业发展激励。综合而言，多元的激励措施既帮助研究人员个人成长，又促进思想库发展，能使思想库具备持续发展动力。

四、财务管理

国外著名思想库之所以能成为思想领袖，离不开高效的管理，包括高效的财务管理。财务管理指为达到特定目标而进行的包括资金筹集、资金运用和收益分配等多项内容的系列经济管理活动①。与企业相比，思想库有两大显著特征：一是不以营利为目的；二是国家、企业、个人等投入的资金主要目的不是获取经济利益。但在财务管理方面，思想库与企业有着相通之处，唯一的区别在于，衡量一家思想库成功与否的标准不是利润，而是影响力。根据本课题组所获资料，国外著名工程科技思想库在资金筹集、管理和使用等方面都积累了丰富经验，可资参考。

（一）资金筹集

资金是思想库赖以生存的条件，思想库要想得到发展，资金支持必不可少。资金筹集是思想库为满足自身生存和发展需要，从一定的渠道、采用特定的方式筹措所需资金的过程。如何扩大资金筹集的渠道，主动争取更多的资金支持，是决定思想库能否走向成功的关键因素②。

国外著名工程科技思想库资金筹集的方式大致有4种：一是获取政府拨款或资助。思想库在全球范围内的飞速发展是与各国政府高度重视咨询工作密不可分的，政府拨款和资助是美国国家科学院联合体、兰德公司、布鲁金斯学会、英国皇家工程院等的重要资金来源。二是获得捐赠。包括政府机构、研究机构、公司、企业、基金会、个人的捐赠。一些著名工程科技思想库，如兰德德公司、弗雷泽研究所，捐赠是其主要资金来源。三是赢利所得。包括举办各种形式的会议、活动获取收入，投资收入，出版物、项目收入，等等。对于贝塔斯曼基金会，赢利构成支撑资金的重要部分。四是开拓其他来源。包括会

---

① 葛文雷. 财务管理 ［M］. 上海：东华大学出版社，2003：1.

② Stone O. Capturing the Political Imagination – Think Tanks, and Public Policy ［M］. London：Frank Coas，1996.

费、资格认证费用等（见表 6 - 11）。

表 6 - 11　国外著名工程科技思想库资金来源

思想库名称	年度	政府	捐赠				会费	其他
			基金会	企业	个人	研究机构及非政府组织		
斯德哥尔摩环境研究所	2010	20%	1%	私人部门7%		15%		大学 4%，多边机构 17%，双边机构 36%
布鲁金斯学会	2010	79%	15%					出版收入 3%，其他 3%
弗雷泽研究所	2009		54%		12%	34%		
兰德公司	2010	83%						努力寻求慈善支持
马克思·普朗克协会	2009	84%						个人捐助，为单位或个人服务所得
美国国家科学院联合体	2006	75.9%						私人和非联邦资源24.1%
	2007	73.13%						私人和非联邦资源16.87%
	2008	78.5%						私人和非联邦资源21.5%
	2009	83.91%						私人和非联邦资源16.09%
	2010	84.06%						私人和非联邦资源15.94%
日本工学研究所	2010	委托91.2%	1.22%				1.5%	其它6%
英国工程技术学会	2011		8.13%				24.36%	知识分享45.24%，商业收入17.65%
英国皇家工程院	2010	国会63%	8.58%					委托合同19.31%，其它9.1%
贝塔斯曼基金会	2008		4.3%				9.8%	股份收入72%，证券投资收入13.9%

从表6-11可以看出，著名工程科技思想库的经费来源都是多种多样的，基本上没有一家只有单一来源，但不同的思想库资金筹集的主要渠道和方式却有所不同。

1. 政府拨款或资助

思想库从政府渠道获得的资金分为两类：一类是拨款，一类是资助。有的思想库隶属于政府首脑或政府部门，在政府决策中占有很重要的地位，其直接经济来源为国家拨款。如美国的总统科学委员会、国会研究部与国立社会经济研究所等。其中，国立社会经济研究所的经费中40%来源于政府资助。英国国家发展研究所2010年的经费中，有69%的来源于政府支持。日本工学研究所属日本文部科学省下属的科学技术厅管辖，2010年的经费中有91.2%来源于日本政府。

也有的思想库不直接隶属于政府或是执政党，主要接受政府的委托合同进行研究，政府以合同或拨款的形式提供资金。最具代表性的是美国的兰德公司。兰德公司主要接受美国国务院、国防部、能源部等部门的委托研究，以研究报告的形式提供成果，经费主要来自于与委托单位签订的研究合同收入。兰德公司和上述客户有着3~5年或每年更新的服务合同，合同额大都有数千万美元。美国国家科学院联合体2004~2010年提交给国会的年度报告中表明其资金来源主要有两种途径：美国政府机构、私人和非联邦资源；其中，2004~2010年，美国政府机构拨款或合同资金分别占当年总收入的83.4%、75.6%、75.9%、73.13%、78.5%、83.91%、84.06%。加拿大工程院与加拿大国家研究理事会的主要资金来源是政府研究资助，在过去10年中，共获得政府决策研究及研究管理资助3000万加元。英国商务、创新与技能部（BIS）是政府机构，与英国皇家学会、英国皇家工程院和英国社会科学院是重要的合作伙伴。英国商务、创新与技能部为英国皇家工程院提供研究经费资助，与2008年同期相比，2009年增加18%，达1210万英镑，在皇家工程院年度总收入中占63%[①]。德国的马克斯·普朗克协会2010年的经费中，84%来自于联邦政

---

① The Royal Academy of Engineering. Annual Report 2008/2009. ［EB/OL］. Annual Report. RAE. (s. d) ［2013-02-10］. http：//www. raeng. org. uk.

府和州政府资助。

2. 捐赠

捐赠包括基金会捐赠、个人捐赠、企业捐赠和研究机构及非政府组织捐赠，对一些著名工程科技思想库的运行起着至关重要的作用。

在兴起的初期，大多数工程科技思想库资金筹集依赖于国际基金会或是双边国际合作组织，如世界银行、联合国发展计划署、美国国际开发署和英国国际开发署（国际发展部）等，都在思想库资金筹集中发挥重要作用。目前，基金会是思想库获取资金支持的主要渠道，尤其是对美国工程科技思想库而言，在大多数情况下，基金会的捐赠超过公司的赞助。基金会已成为促进思想库建设的主要力量，有的思想库还成立专业核心研究团队去吸引基金会的支持。如：德国科学与工程院的经费主要有两个来源：一是公共机构的资助，特别是联邦政府和各州政府的资助；一是捐赠和项目赞助，汉莎、西门子、宝马、大众、因特尔、谷歌等一批国际知名企业都是其赞助商。

对于一部分思想库而言，捐赠是主要经费来源。加拿大弗雷泽研究所依靠成千上万个人、团体和基金会的贡献维持运营，其资金主要来源于个人、团体和基金会的捐赠，不接受政府的任何拨款；2010 年基金会捐赠、个人捐赠、研究机构及非政府组织所供资金分别占总收入的54%、12%、34%。兰德公司接受基金会和非营利组织、外国政府、私营企业和大学等机构捐赠的资金约占其总资金的20%，该公司 2009 年财政年度基于客户的收入为 2.36 亿美元。这些没有指定具体研究项目的捐款和投资收益，使兰德可以进行一些自主研究。世界卫生组织的主要资金来源是评定会费和自愿捐款（主要来源于会员国自愿捐款、联合国政府间组织、基金会、非政府组织、提供服务、利息收入、地方政府和城市机构、私营部门），从该机构 2006 年至 2015 年第十一个总体规划中显示，世界卫生组织的资金越来越多地来自自愿捐款。

3. 赢利所得

将思想库定义为非营利组织，是说思想库不以营利为目的，而不是说思想库绝对不能赢利。雄厚的经济基础，是思想库改善研究条件、提高研究质量与咨询服务质量的重要保障；赢利所得是经济基础的重要组成部分。赢利的主要途径有：出版收入、服务收入、活动所得。德国的贝塔斯曼基金会，每年的资金大概有超过多半来自其贝塔斯曼集团股份红利，还有少数是其证券投资所得，2008 年的股份红利占总收入的 72%，证券投资所得占 13.9%。瑞典皇家工程科学院的经费来源有 5 个，即项目经费、企业捐赠、会议中心服务收入、投资与服务收入、政府拨款或资助。整体地看，虽然赢利所得是一些思想库的主要资金来源，但是，完全依靠赢利所得生存的思想库数量不多。

4. 其他来源

国外有一些著名工程科技思想库，资金来源主要是会费和资格认证费。美国工程技术认证委员会的资金来源主要是申请认证的机构缴纳的认证费用。日本工程院有近 600 位会员，资金来源主要是个人会费和企业会费。欧洲工程师协会联盟的资金收入主要来源于会员国所缴会费、个人所缴工程师认证费、高等学校或相关机构所缴工程教育资格认证费用。

比较欧美发达国家工程科技思想库的资金筹集途径、过程与结果可以发现，欧洲思想库的资金筹集状况远远逊色于美国思想库；相对于欧洲来说，美国思想库资金筹集规模大，筹资状况良好。

欧洲工程科技思想库大都是非营利性组织，因此，其资金主要来自欧盟委员会资助、本国政府资助、私人捐助、信贷支持和合同研究所得。在大多数国家，政府资助是思想库的主要资金来源；2004 年，欧盟委员会曾拨出 200 多万英镑资助欧盟国家思想库。私人资助在英国、德国比较普遍，资助者多是跨国企业控股者，对企业拥有绝对控股权。在欧洲，大约有 25% 的思想库资金来自信贷，信贷资金主要用于一些核心项目研究。目前，合同研究比例越来越大，思想库通过特定研究项目来获取资金；项目赞助者包括欧盟委员会、各国政府机构、私人企业以及高等学校，而其资助通常只针对特定项目。除此之外，一些思想库还通过出版物销售、会议、课程培训和咨询服务等多种途径获取资金。总体说来，相对于美国同行而言，欧洲工程科技思想库的资金日趋拮据，大多数机构都经常处于预算危机之中。

美国工程科技思想库的资金主要来源于拨款、资助、捐赠和赢利活动所得。为避免来源单一和资金短缺问题，各个思想库都在努力开辟多种筹资渠道。官方思想库，如总统科学咨询委员会，或半官方思想库，如兰德公司、斯坦福国际研究院和哈德森研究所，每年都获取大量的政府拨款。非官方思想库，如传统基金会、布鲁金斯学会、美国企业研究所、卡内基国际和平基金会、战略与国际问题研究中心、城市研究所等，则更多地自筹经费；大型非官方思想库主要集中在华盛顿特区，由于接近美国权力中心，他们常常对决策层产生影响，这为筹资提供很多便利。大学依附型思想库，如哈佛大学的国际事务中心、美国乔治城大学的战略与国际问题研究中心、哥伦比亚大学的国际动态研究所、哈佛大学的国际事务研究中心等，经费主要来自校方拨款和基金会资助、企业资助或私人捐赠。总体地看，美国思想库的资金筹集状况要远远地优于欧洲思想库。

无论资金是来源于拨款、资助、捐赠，还是来源于赢利活动，在运行体制、研究过程与研究结果上，国外著名工程科技思想库都独立于拨款者、资助者与捐赠者，都不受拨款者、资助者与捐赠者权力或意志控制，不为拨款者、资助者与捐赠者充当代言者，而拨款者、资助者与捐助者也都不对思想库的研究过程与研究结果进行干预。换言之，在思想生产上，思想库具有充分独立性，不会也不必揣摩上意，而是站在促进社会与人的持续发展与改善的立场上独立自由地发表言论。正是因为如此，思想库才得以将更广泛的精英见识和民众意见导入立法与决策过程中，从而保证决策有足够的公共性和公众性。

（二）资金管理

资金管理是财务管理的主体环节与集中体现，对思想库的运行有着举足轻重的作用。只有采取有效的管理和控制措施，疏通资金流转环节，才能有效地推动与促进思想库的运行。因此，著名工程科技思想库都设有完备的财务管理机构，都建有严格的财务管理制度。

1. 财务管理机构设置

国外工程科技思想库都设有财务管理机构，负责编制财务预算、确定资金使用、审核账目，使资金得到良好管理，使思想库高效运转。著名工程科技思想库，如兰德公司、欧洲工程师协会联盟、日本工学研究所、英国工程技术学会等，财务管理机构一般由三部分组成：决策机构、执行机构、监督机构。

兰德公司资金管理的最高决策权在董事会，董事会有权决定如何使用各项资金。公司设有总财务长办公室，负责思想库运行所需资金的日常管理①。

欧洲工程师协会联盟执行委员会对财务管理享有最高行政权，负责向会员大会报告财务情况②。联盟设立财务总监，与秘书长协商批准经费开支事宜，负责把财务报表和预算提交至执行委员会、会员大会和其他内部审计师。在财务年度的下半年，和秘书处保持联络，以准备本年度的资产负债表、已修改过的预案和下一年的预算草案③。

日本工学研究所设有事业活动收支部、投资活动收支部和财务活动收支部3个资金管理部门。每年公布一系列关于资金管理的报告④。

英国工程技术学会设有专门的资金管理部门——财务及投资委员会。委员会负责与工作人员制定学会的金融框架、制定管理政策和计划、监督学会日常财务工作。具体事务包括：确定预算编制原则；审查预算草案；监测资金活动；为减轻金融风险提出及时行动，做出令人满意的选择；确保学会对储备基金和信托基金的投资进行合法有效的管理；审阅学会专业投资顾问提供的投资政策；监测由投资顾问管理的投资组合的表现；考虑投资策略的变化，为董事会提出适当的建议；为董事会变更投资顾问提供建议；审查重大内部投资项目；在董事会的要求下处理任何超出审计委员会范围的财务问题；向董事会报告；提名委员会成员人选⑤。

2. 健全的财务管理制度

财务管理制度是资金运转和财务管理活动的刚性保障，因此，国外著名工程科技思想库，如世界工程组织联合会、世界卫生组织、兰德公司等，大都建

① RAND Corporation. RAND Corporation Annual Report 2010［EB/OL］. Annual Report. RAND.（s. d.）［2013 – 01 – 11］. http：//www. rand. org/pubs/corporate_ pubs/CP1 – 2010. html.

② European Federation of National Engineering Associations. Committees.［EB/OL］. About us. EFNEA.（s. d.）［2011 – 12 – 10］. http：//www. feani. org/site/index. php？id =31

③ European Federation of National Engineering Associations .STATUES2001［EB/OL］. Statues. EFNEA.（s. d.）［2011 – 12 – 10］. http：//www. feani. org/site/index. php？id =34.

④ Institute for Future Technology. REPORT［EB/OL］.. Report. IFT.（s. d.）［2011 – 5 – 28］. ht-tp：//www. iftech. or. jp/profile/report_ main. htm.

⑤ Institution of Engineering and Technology. Executive team［EB/OL］. About us. Executive team.（s. d.）［2011 – 05 – 27］. http：//www. iftech. or. jp/profile/report_ main. htm.

有健全的财务管理制度。

世界工程组织联合会的财务管理制度明确规定 6 个阶段的资金管理职责。第一是编制预算。各部门编制预算，列出活动方案及大会期间的支出与一般的建议。预算编制由会计按照指示准备。至少在大会 6 个月前向秘书处提交，预算提案在大会召开前提前 3 个月分发给成员。第二是批准预算。审查预算在提交后一段时间内由执行局进行，之后由执行理事会和大会批准。其特殊之处在于，在大会规定的限制内，可对财务提出建议，并由执行局批准。第三是授权开支。管理局批准的预算支出，按照规定由执行理事与会计商定操作。第四是证明请求。获得授权同意的开支，要求证明合法或在标准程序下进行。所有的开支要求有支出的明细以及重大支出的收据，而且应有大会秘书、会计、主席的签名。第五是备存账目。各部门要以指定的方式开设账户，并提出 3 年内每个财政年度账目的核证副本给执行董事。第六是审核账目。审计账户所有账目和联邦资金要每年审计一次。

世界卫生组织对整体资金资源进行定期监测，并且发布监测或评估报告，以确保资金资源与规划预算一致；其财务管理制度及执行状况，在《财务报告》（双年度）、《规划预算：执行情况评估》（双年度）以及第十一个工作总规划中都有体现。双年度财务报告的编制，体现改进财务的透明性和可及性。作为组织责任和完整性整体框架的一个重要组成部分，财务报告可以帮助会员国及其合作伙伴看到他们提供的资金如何得到有效利用。另外，财务报告显示组织的资产和债务，对资金流动做出分析，可以让更多人了解组织的财务状况。第十一个工作总规划中指出，世界卫生组织的资金越来越多来源于自愿捐款，其中大多数用于指定项目和规划。规划还指出，世界卫生组织将与会员国一道提高非指定用途资金的比例，预算由各国掌握，各区域继续与会员国合作，确保至少 2% 的拨款预算用于研究。情况评估和中期审查是构成世卫组织以成果为基础的管理框架不可或缺的部分。各部门与各办事处还须对财务预算进行自我评估，表明是否在按计划努力实现预期目标、取得预期成果，这对提高组织的资金筹集与管理绩效都有至关重要的促进作用。

兰德公司根据资金来源差别，将公司资金分为永久受限资金、暂时受限资金、不受限资金3种，并在审慎风险约束内以多元化的资产配置来实现其长期回报目标。2010年和2009年，基于过去12个季度资金的平均市场价值失利情况，董事会指定基金转为不受限用途资金的百分比分别为4.5%和5.0%。根据美国《统一机构基金管理法案》，兰德在决定合理使用或积累捐助者限制的捐赠基金时考虑以下因素：该基金的期限和保值、兰德公司的使命、总体经济条件、通货膨胀和通货紧缩的可能影响、来自收入和投资升值的预计总回报、该组织的投资政策和兰德的其他资源①。

（三）资金使用

大多数工程科技思想库每年都会编制财务预算，公布收入状况，公布支出数量与支出流向，使财务公开、透明。在资金的使用上，国外著名工程科技思想库都重视对工程领域问题研究的投入，但是又有各自侧重关注点，凸显出各自的资金使用特色。

1. 预算编制

预算是行为计划的量化，这种量化有助于管理者协调、贯彻计划，是一种重要管理手段。财务预算是特定时期内现金收入测算和现金支出计划，包括现金预算、现金流量预计、各种日常业务费用预算和专门决策费用预算等多项内容。一个预算就是一种定量计划，用来协调和控制一定时期内资金资源的获得、配置和使用。大致来看，工程科技思想库的预算编制要经过5个步骤。

第一是准备（preparation）。预算准备在预算过程中属于规划阶段。通常，次年的预算规划都是参考前一年来设定的。一般而言，由思想库的财务管理机构组织编制预算。

第二是核定（approval）。组织预算核定的过程可以按照其规模的大小及复杂程度分开审核。与预算相关的人（执行部门或员工）都有机会审核预算初步分配情况，而最后核定权往往交予对组织负有责任的董事会或是全体

---

① RAND Corporation. RAND Corporation Annual Report 2010 [EB/OL]. RAND Reports and Bookstore Corporate Publications CP-1 (2010). (s.d.) [2011-06-04]. http://www.rand.org/pubs/corporate_pubs/CP1-2010.html.

大会。

第三是实施（implementation）。一旦预算被董事会批准，编制机构都会采取某种方式说明预算，让全体员工清楚地了解预算涵盖的项目、未来的目标、各部门的执行目标以及执行规制。

第四是监控（monitoring）。观测与审查预算是否对组织运行产生影响、产生什么影响与产生多大影响。检验一套预算是否对组织运行产生影响，有一种方法是建立中期报表制度，对原初规划与实际情况进行比较，以中期报表形式提交比较结果。

第五是预测（forecasting）。在审核中期报表时审视未来收入与支出可能发生的变化，如：募款数是否增加，募款难度是否增加，项目支出费用是否增多。预测是预算编制的最后一个环节，也是许多工程科技思想库预算编制中比较薄弱的一个环节。

2. 资金使用

工程科技思想库的资金只用于发展和研究，因此，大部分支出是项目研究及其成果传播所需费用（见表6-12）。

从表6-12可见，布鲁金斯学会的资金使用是依据不同的研究领域划分的。以2010年为例，外交政策占总支出的28%，经济研究26%，全球经济研究15%，城市政策研究14%。布鲁金斯学会把主要资金投放在外交政策和经济研究上，同时，在其他诸多领域也投放不少资金。从资金投放可以看出，学会具有雄厚的综合研究能力，同时又注重研究领域的主次，注重特色或优势领域。

斯德哥尔摩环境研究所2010年的资金支出中，针对不同区域投入的资金也有所差别，全球52%，欧洲20%，美国9%，亚洲11%，非洲6%，中东1%，南美与中美0.8%。该研究所资金使用与其组织性质及宗旨紧密相连，其资金使用中，全球、欧洲、美洲所占比重较大，非洲、中东占比重较小，表明地域发展水平对研究所的吸引力、思想库对地域发展潜力或思想产品潜在市场的关注程度、与思想库对其资金投入的比重分配三者之间存在正相关关系。

表 6 - 12　国外著名工程科技思想库资金使用表

思想库名称	年份	资金使用
布鲁金斯学会	2010	外交政策研究 28%，经济研究 26%，全球经济研究 15%，城市政策研究 14%，治理研究 6%，出版物 5%，高级经理人培训 2%，其他研究 1%
兰德公司	2010	研究费用 75%，管理费用 25%
美国国家科学院联合体	2009	短期限制净资金：工程教育前沿 4.89%，公众理解 5.53%，工程前沿 - 格兰杰基金 29.24%，工程伦理 5.8%，院长自由支配 28.26%
	2008	短期限制净资金：公众理解 5.91%，工程前沿 - 格兰杰基金 49.05%，工程伦理 11.26%，院长自由支配 1.39%
斯德哥尔摩环境研究所	2010	7 个工作地点财务使用比重：斯德哥尔摩 46%，纽约 20%，亚洲 7%，牛津 5%，塔林 4%，非洲 2% 不同地域资金使用比重：全球 52%，欧洲 20%，美国 9%，亚洲 11%，非洲 6%，中东 1%，南美与中美 0.8%
贝塔斯曼基金会	2008	项目支出占总支出的 77%
英国工程技术学会	2010	知识分享 61.13%，商业 15.59%，成员专业发展 11.13%，教育、政策意识 9.31%
英国皇家工程院	2010	84.87% 用于慈善活动支出：其中 61% 用于改善工程领域的供款，18% 用于吸引更多人参与到工程职业中，16% 用于有效地参与公共活动和公共政策，5% 用于加强工程院影响力

欧洲工程师协会联盟的资金使用与斯德哥尔摩环境研究所有一定的相似性，它作为区域性协会，需要综合考虑国民生产总值、人口、工程师数量、财政能力等因素，依据一些指标来确定不同会员的资金使用比重。

贝塔斯曼基金会的 2008 年资金使用中，主要是项目研究支出。围绕项目进行资金的分配，它执行自己的项目工作，为基金会项目和内部研究人员申请的项目提供资金，不向第三方的项目提供资金或者支持。

英国工程技术学会 2010 年的资金支出中，有 15.9% 的商业资金投入。学会较为重视成员的专业发展，最重视组织对公共政策的影响，2010 年在知识分享的投入资金高达 61.13%。

英国皇家工程院 2010 年的资金，84.87% 用于公益活动，其中的 61% 用于改善工程领域，18% 用于吸引更多人参与到工程职业中。此外，5% 用于加强工程院的影响力。资金支出流向显示，英国皇家工程院主要关注与研究对象在工程领域。

美国国家科学院联合体的资金使用分为长期限制净资金和短期限制净资金。2008 年与 2009 年短期限制净资金使用中，工程前沿－格兰杰基金所占比重最大，分别为 49.05%、29.24%，尽管 2009 年比 2008 年下降很多，但仍然是资金的投入重点。这说明美国国家科学院联合体的资金使用很大一部分用于支持基金项目。联合体对工程伦理也比较重视，把工程伦理列为单独的资金投入对象，且有稳定的资金投入。

（四）经验与启示

从现有资料看，国外著名工程科技思想库在财务管理上具有以下特点：第一，筹资渠道多，以政府拨款或资助为主，越来越重视吸引捐赠资金；第二，大都设置专门的财务管理机构，有健全的财务管理制度；第三，对工程前沿、工程伦理、工程专业发展、公共政策研究的资金投入较多；第四，财务管理的基本目标是实现收支平衡。从国外著名工程科技思想库财务管理实践中可以得出如下几点启示：

1. 加强与社会各界联系，可以使资金来源多样化

思想库是非营利性组织，资金来源的多元化能保证思想库不会在资金上依附于或受制于某个政府部门、某个政党或者某个财团等，在一定程度上保障思想库的独立性。在这种情况下，加强与社会各界联系，开辟多样化资金来源，对于思想库而言，其重要性不言而喻。一些著名工程科技思想库设有专门机构或专职人员负责筹资工作。马克斯·普朗克协会设有专门的筹资委员会负责筹资工作，他们凭借特有的社会影响多渠道地筹集资金，以维持自身的生存和发展，同时凭借筹集来的资金开展高质量的研究工作，服务社会、回报社会。因此，工程科技思想库若要永续生存，仅有政府拨款与资助远远不够，社会各界的资金支持十分重要。

2. 健全的财务管理部门和完备的财务管理制度，能促进财务良性发展

国外著名工程科技思想库都设有专门的财务管理机构与健全的财务管理制度，使思想库的资金得到良好的管理。世界工程组织联合会的 6 个阶段财务制度，世界卫生组织的双年度财务预算、报告与监测制度，都有效地促进与保障了资金高效使用。思想库的财务状况与运行状况密切相关，健全的管理部门和完备的财务管理制度是思想库的高效运转的经济保障。

3. 政府的法律与政策支持，是思想库积累发展资金的重要保障

思想库在全球范围内的飞速发展是与各国政府高度重视咨询工作密不可分的，各国政府都采取一系列的措施促使思想库的发展。美国政府制定《联邦税法》规定思想库可以免交所得税和财产税，可以接受基金会或其他组织与个人的捐赠，且私人或公司对非营利思想库的捐赠可以从他们应纳税额中扣除，这样的法律保障很好地确保了思想库的资金来源。美国联邦政府还专门设置国家科学基金会，每年掌握着十几亿美元以上的资金，大多数用于资助各思想库。相比之下，由于日本社会资金管理机制的限制，日本现行税制中没有和美国《联邦税法》相似的规定，因此，日本思想库长期以来无法享受接受捐款免税的优惠，发展受到很大限制。政府的法律与政策支持，是思想库积累发展资金、实现健康发展的重要保障。

五、项目研究

项目研究对于思想库来说至关重要，它是思想产出的途径，是为提供某项独特产品、服务或成果所做的临时性努力[①]。《宾大排行榜》近年各榜均指出，思想库是通过项目研究产出思想，通过思想影响公众与决策者。在工程科技思想库项目研究上，有很多方面值得深入研究，其中项目来源、项目管理和项目成果3个方面尤其值得重视。

（一）项目来源

国外思想库的研究项目，从来源看主要有三大类：自组项目；委托项目，即政府组织与非政府组织委托合同项目；申请项目，即政府组织与非政府组织（如产业实体、民间学会与民间基金会等）设立合同项目。

工程科技思想库既可以作为受委托者，接受来自政府、社会团体（如公职

---

① 美国项目管理协会. 项目管理知识体系指南（第3版）[M]. 王勇，张斌译. 北京：电子工业出版社，2009.

部门、大学、基金会、协会、企业等）、个人的委托项目，也可以作为委托者，将既定项目委托给其他研究机构或研究者个人。兰德公司作为受委托者，长期以来由美国国防部支持，从事短期或长期的有关国家安全问题的研究。此外，兰德公司利用慈善支持和自筹资金支持那些既不太新又不太急切而且暂无客户支持的项目。这些项目由兰德公司作为委托者发布，对于兰德公司而言是自组项目，对于研究者而言是委托项目。除承担大量委托项目和申请项目之外，兰德公司还会开发少量自组项目。在兰德公司研究项目中，5% 为自组项目，90% 为委托项目与申请项目。其委托项目不仅来自本国政府部门与军队部门（如美国空军、美国国防部等），而且还来自外国政府部门，如：2007 年，兰德公司接受中国天津滨海新区及其行政区天津经济技术开发区委托，开展一系列前瞻性决策研究，制定技术发展远景规划。2009 年，该公司提交结题成果《全球技术革命——天津滨海新区与天津经济开发区面临的新兴技术机遇》。

美国国家科学院联合体既承担委托项目，也开发自组项目。其中，委托项目大多数来自国会、政府机构和各种基金组织，自组项目有独立自组项目，也有与其他机构的合作项目。如：该机构 2010 年承担的委托项目中，"美国的气候选择"项目是美国国会委托、美国国家海洋和大气局出资的咨询项目；"深水层面的爆裂"项目是美国内务部委托并出资的咨询项目；"美国竞争力的投资"项目属于独立自组项目；"为更好的教师建立更好的数据库"项目是与美国联邦教育部等机构合作自组项目；"美国用盐量缩减"项目是与疾病控制和预防中心、美国食品和药物管理局、美国健康和人类服务部疾病预防和保健办公室等机构合作自组项目。在自组项目中，部分由本机构组织力量承担，部分委托其他机构承担，部分作为机构项目由机构外申请者承担。

有的思想库，如斯坦福国际研究院和哈佛大学肯尼迪学院，只承担委托项目和申请项目。

有的思想库，如贝塔斯曼基金会，只执行自组项目和内部成员申请项目，不支持第三方项目研究。因此，基金会不接受来自政府组织与其他组织的项目委托。目前该基金会执行的 60 多项项目研究，资金来源都是由基金会财务计划提供。

工程科技思想库的研究项目，包括"硬科学"研究项目和"软科学"研究项目。"硬科学"项目主要是指重视科学研究、技术开发与工程设计类项目；"软科学"项目主要是指决策咨询类项目。如：瑞典皇家工程院的咨询研究项目内容非常丰富，咨询项目得到政府部门、学术机构、企业等多方面支持，并且有多种经费来源渠道。

（二）项目管理

一个思想库要良好地运行，就需要对思想生产项目进行好的管理。根据美国项目管理学会在《项目管理知识体系指南》中的定义，项目管理是把各种知识、技能、手段和技术应用于项目活动之中，以达到项目过程与目标要求；项目管理通过应用和综合诸如启动、规划、实施、监视与控制和结尾等项目管理过程进行。讨论一个组织的项目管理时，通常会遇到两种情况：一种是作为项目发布者的项目管理，另一种是作为项目执行者的项目管理。国外著名工程科技思想库有的同时具有这两种身份，有的只具有其中一种身份，本报告主要讨论项目执行者的项目管理。

项目管理从根本上讲，目标是改善项目研究成果质量，并通过成果质量改善项目研究绩效。好的项目管理，在时间方面，可以加快项目进程，缩短项目工期；在资金方面，可以降低成本，减少实施中的风险，有效增加项目的价值以及提高思想库的应变能力。项目的一次性、独特性、目标的确定性及组织的临时性，使项目研究成为一种创新，使项目管理成为实现创新的管理。项目管理通常会经历 5 个基本过程：项目启动、项目规划、项目实施、项目控制和项目结尾[①]。

1. 项目启动

项目启动是项目管理的第一步，包括项目的选定、项目人员的确定、项目立项申请和项目融资等内容。通过启动过程，定义初步范围和落实初步财务资

---

① 美国项目管理协会. 项目管理知识体系指南（第 4 版）［M］. 王勇，张斌译. 北京：电子工业出版社，2009.

源，识别那些将相互作用并影响项目总体结果的内外部利益相关者，选定项目主管。一旦项目方案获得批准，项目也就得到正式授权。虽然项目管理团队可以协助编写项目方案，但对项目的批准和资助却是在项目边界之外进行的。

在开始项目之前，可以在更高层的组织计划中记录项目的总体要求；可以通过评价备选方案，确定新项目的可行性；可以提出明确的项目目标，并说明为什么某具体项目是满足相关需求的最佳选择。关于项目启动决策的文件还可以包括初步的项目范围描述、可交付成果、项目工期以及为进行投资分析所做的资源预测。启动过程也要授权项目主管为开展后续项目活动而动用组织资源。

工程科技思想库在项目启动过程中，通常首先明确界定项目的性质和目标，这样可以有效指导接下来的工作。接着制定项目方案，阐明项目的业务性质、运作方式、基本要求、行为规范等，这些对整个团队工作的进行有很好的指导和约束作用。通过评价备选方案，评估项目所涉及的资金资源等条件，对新项目做一个初步的预测。有时，还会为项目实施准备基本环境，或者为准备基本环境提供帮助与支持。

工程科技思想库在项目启动过程中，通常与利益相关者保持紧密联系，使委托人等利益相关者积极参与项目的启动，以便能更好地了解他们的需求，提高他们的主动意识，使他们更容易满意项目的执行。

2. 项目规划

项目启动之后，项目管理进入项目规划步骤。精心规划是项目获得成功的重要前提。项目规划涉及项目的各个方面，它是项目实施时各方面所做工作的安排计划，既考虑到项目的具体方面，也考虑到项目的整体性。

项目规划是明确项目进行中要做什么、由谁做、什么时间做以及如何做的具体方案①。项目规划是对未来的预测，确定要达到的目标，评估会遇到的问题，提出实现目标、解决问题的有效方案和手段，同时也是考虑如何分配时间、资金、资源的过程。由于项目管理具有多维性，需要通过多次反馈来做进一步分析。随着收集和掌握的项目信息或特性不断增多，项目在进行过程中可

---

① 吴永光. 项目管理中的项目规划研究——建筑工程项目规划［D］. 北京：对外经济贸易大学硕士学位论文，2003.

能还需要再进一步规划①。

工程科技思想库进行项目规划的目的是，制定用于指导项目实施的项目管理计划和项目文件。它不仅对项目高层管理者是一种指导性文件，对基层从事实际工作的员工也是一种具体而清晰的指导。不论项目大小，都需要有这样一个系统化的文件来提高管理水平和工作效率，最终为实现项目目标打下坚实的基础。通过项目规划，可以更清楚为什么要进行这个项目，制定预算包括估算项目实施所需要的各种资源；明确项目的目标和主要可交付成果，规划项目所需要达到的目标以及目标质量、项目的制约因素和假设前提；明确项目需要由哪些人组成什么样的部门来实施项目，可为各个工作单元分派人员并规定相应职责、确定工作内容、工作顺序及报酬等；确定项目的各项活动，估计各项活动所需时间，编制时间进度计划；评估及降低风险；有效利用资源等。

3. 项目实施

项目实施环节的管理主要包括环境管理和资源管理两个方面。

（1）项目实施环境管理

不管是自组项目还是委托项目或申请项目，高效的项目实施离不开有效的环境支持，国外著名工程科技思想库都十分重视对思想库项目实施硬环境和软环境的管理。

1）硬环境管理

为保证思想库组织研究结论的可靠性和高效性，必须先确保所需数据资料的可及性与信息系统的可靠性，因此，硬环境十分重要。图书馆、专业情报服务机构、计算机辅助系统是构成硬环境的三大核心要素。

国外著名工程科技思想库大都建有自己的图书馆，拥有丰富的图书、期刊、报纸以及其他各种文献、数据和资料。如兰德图书馆收藏有 5300 本图书、134000 份报告、3000 种期刊、4000 种地图，还有很多特殊形式的文件和缩微品。研究人员可以通过终端检索兰德图书馆的数据库和所有兰德出版物。数据库内容包括人口调查、健康、劳工、教育、统计和审计等综合信息和参考资

---

① 美国项目管理协会. 项目管理知识体系指南（第 4 版）［M］. 王勇，张斌译. 北京：电子工业出版社，2009.

料。兰德图书馆还与其他世界各地的图书馆建立馆际互借关系，可以检索其他主要图书馆的馆藏，满足用户的需求。

各国的工程科技思想库都设有专门情报服务机构。如：野村综合研究所在伦敦、华盛顿、纽约、新加坡及中国香港等地都设有各种事务所，负责搜集有关的信息和情报；国际应用系统分析研究所建有一个与 17 个成员国联网的计算机网络；斯坦福研究所不仅在国内的华盛顿、纽约、芝加哥、休斯敦等大城市设有分支机构，在国外的伦敦、巴黎、苏黎世、东京、米兰、马德里、斯德哥尔摩等地也建有分支机构，这些为数众多、分布极广的分支机构构成了斯坦福研究所的情报信息网络。

计算机辅助决策在咨询领域被广泛应用，著名工程科技思想库都建有计算机辅助系统。兰德公司的"兰德计算中心"20 世纪 80 年代初就已具有较高的硬件和软件水平。目前，有 1700 台微机、150 台 UNIX 工作站及文件服务器组成的计算机网，这些计算机与互联网互联，保证兰德的研究人员随时访问世界的其他资源，也允许外界访问兰德的资源。兰德的研究人员每人都能分配到一台微机和相应的软件来从事学习与研究工作。该中心有 100 多人的编制程序专家、系统分析专家、工程师、操作员和技术队伍，向研究人员提供程序准备、资料检索和处理等多种服务。高效率的资料检索、计算功能、语言翻译等，为兰德研究人员提供了工作的极大便利。咨询机构内部还有咨询。兰德公司1976 年创建了一个兰德数据统计小组，由 10 名博士组成，目的是"通过使该公司所有研究人员较容易获得满意的专业知识，提高兰德的研究质量"[①]。该组研究人员是各个不同领域的数据统计专家，他们给任何一位需要查阅数据统计的研究者免费提供适当的资料与咨询帮助。

2）软环境管理

工程科技思想库的软环境，即思想库所独有的组织文化、学术氛围、人才激励机制等，对思想库的持续发展有着重要的促进作用。胜任力冰山模型显示，决定个体行为和表现差别的关键，往往是海平面以下的那些能力或素质，

---

① 美国项目管理协会. 项目管理知识体系指南（第 3 版）［M］. 王勇，张斌译. 北京：电子工业出版社，2009.

它们对个体的发展更具重要性、更为持久①。工程科技思想库的软环境，尤其是独特的组织宗旨与价值取向，不仅可以吸引更多科学研究者参与研究或加入研究团队，而且对提高与改善研究者们海平面以下的能力或素质有直接的促进作用。

美国国家科学院联合体在其宗旨中指出，其研究不为任何政府或利益集团言说，只会站在国家乃至全人类发展的角度表达自己的咨询意见。这种独特的价值取向，为吸引更多优秀的科学研究者的加入提供了重要条件②。

布鲁金斯学会特别重视研究人员思想过程与结果的独立性。学会宣称不认为"真理和智慧只属于两党中的某一个党派"③，同时，学会标榜其思想都建立于客观事实分析的基础之上，并不为某一个党派服务。

兰德公司在员工的行为准则中规定："我们为工作的质量和客观性而竭诚奉献。兰德公司是高品质、客观和非党派的研究和分析的可靠来源，我们以保护它的名字和声誉作为我们共同的责任。"④

英国皇家工程院对人员提出，"所有院士在任何时候都要严格要求自己，以维护工程院的尊严和名誉"⑤，个人的行为并非仅仅代表自己，同时代表整个组织的形象。

日本工程院对成员提出，"不能做出违反工程院规定和章程的行为，不能有损于工程院的声誉，否则将予以开除"⑥。

美国工程技术认证委员会对每一位志愿者和成员提出，应该展现最高的专

---

① Lyle M. Spencer and Signe M. Spencer. Competence at Work: Models for Ssuperior Performance [M]. New York: John Wiley & Sons, Inc., 1993: 135 – 156.

② The National Academy . Who We Are [EB/OL]. Who We Are. (s. d.) [2011 – 1 – 15]. http://www. nationalacademies. org/about/whoweare/index. html.

③ 王莉丽. 旋转门——美国思想库研究 [M]. 北京: 国家行政学院出版社, 2010: 5.

④ RAND Corporation. RAND's Institutional Principles [EB/OL]. RAND About Institutional Principles. (2010 – 09 – 15) [2011 – 06 – 04]. http://www. rand. org/about/principles. html.

⑤ The Royal Academy of Engineering. The Fellowship > Council and Committees : Membership Committee. [EB/OL]. (s. d.) [2011 – 1 – 15]. http://www. raeng. org. uk/about/fellowship/council/membership. htm.

⑥ EAJ. Japanese Members [EB/OL]. EAJ. (s. d.) [2011 – 06 – 07.] http://www. eaj. or. jp/eajmembershiplist/regular – e. html.

业主义、诚实和正直标准，还要求提供的服务公正、公平和公开。其行为准则有利于该机构完成应用科学、计算机、工程和技术教育的提升和改进的使命和目标。

（2）项目实施资源管理

在项目实施过程中，充分优化项目人力和物质资源配置，有效地按照项目规划整合并实施项目活动，是思想库产出高质量思想成果的重要保证。在项目实施资源管理上，与物质资源配置优化相比，人力资源配置优化更能影响或决定资源管理的品质，对于提高项目的绩效起着至关重要的作用。

在组建项目管理人才中，著名工程科技思想库都特别注重选择任用具有专业管理、沟通和实际应用能力的研究人才，并且特别注重吸收外部研究与服务人才，特别是商界与政界精英。外部研究与服务人才，有的直接参与项目研究；有的不直接参与具体的项目研究，但是对于项目资金来源扩展、项目成果发布与推广有着不可忽视的作用。

布鲁金斯学会有很多项目管理人员被誉为"学术的实践者"，其董事会成员多为商界和政界的精英人士。该学会理事会主席指出，布鲁金斯学会的研究成果产生影响力的一个重要途径是很多学者在政府任职，其中，有很多学者担任奥巴马政府的高层决策者[①]。斯德哥尔摩环境研究所董事会的 14 位成员，均来自于政府部门，这些政府官员利用其娴熟的从政经验和广泛的人脉，既可以增强思想库成果的影响力和声誉，又可以协助项目组招募人才、吸引资金。

美国总统科学顾问委员会实行由总统任命一些特别助理的制度。这些助理每人能负责一个具体的项目领域，他们的任职时间可以是不定期的，也可以是短期的。他们在处理涉及其责任范围内的事务时可以找总统，这就给他们一种灵活性，一种组织内部的活力，有助于每个人就项目所涉问题形成与发表个人思想。

此外，项目实施人力资源管理还需要通过团队协作与高效运行实现项目目标。团队协作是项目成功的关键，高效的思想库项目管理者往往善于营造促进

---

① 佚名. 智库的核心价值是什么？［EB/OL］.（2010 - 09 - 07）［2011 - 06 - 07］. http：//www. chinathinktank. cn/ShowArticle. asp？ArticleID = 19104&ArticlePage = 1.

团队协作的环境，通过有效的沟通激活团队成员的合作意识，通过鼓动与激励维护团队成员的合作行动。

4. 项目监控

一般的项目监控主要包括进度监控、资源监控、质量监控、成本监控与风险监控几项内容①。从现有资料看，工程科技思想库的项目监控至少包括前4项内容。

进度监控是对项目及其各项任务进行监督和跟踪，将项目实际进度与计划进度进行比较，当实际进度超前或滞后于计划进度时视情况重新分配资源或修改项目计划。

资源监控主要是对项目的资源分配、跟踪、统计。若有异常，要及时采取添加或删减或重新分配资源等措施。

质量监控包括项目规划质量监控、项目实施过程质量监控和项目成果质量监控等多项内容或环节。其中，项目规划质量监控和项目成果质量监控，是国外思想库项目质量监控的两个重要环节。

一是项目规划质量监控。著名工程科技思想库都建有系列质量保障措施。如：加拿大工程院将面向政府的决策研究项目分为短期性（10年以内）规划项目、中期性（10年至20年之间）规划项目和长期性（20年以上）规划项目3类。短期规划项目采用计算机模拟法与专家组法确立；中期性规划项目采用德尔菲法确立；长期性规划项目采用专家组法、德尔菲法、计算机模拟法和情境创设法4种方式确立。

二是项目成果质量监控。著名工程科技思想库还建有严格的研究报告同行评阅制度，同一份报告需经若干同行专家评阅通过才能结题、提交、发布或出版。同行专家少则2~3人，多则10~15人。多数机构采用双盲评阅，评阅者主要为外机构专家。如：兰德公司不采用双盲评阅，允许本公司专家担任评阅人。同行专家评阅，不止考察专业质量，还考察主题与价值观等多方面内容。将评阅意见反馈给项目承担者与报告撰写者后，如果有批评意见或改进意见，

---

① 丁玉霞，邓家褆. 项目管理监控及可视化的研究［J］. 中国制造业信息化，2007，（4）.

项目承担者与报告撰写者必须逐条回应。兰德公司不给同行专家付评阅费,但专家们乐意做这种免费劳动,因为,被聘为决策研究成果评阅专家是一种荣誉。欧洲各国在战略咨询研究中,也都非常重视咨询研究的质量。德国把咨询建议的科学基础与是否代表最新科技水平作为最重要准则;瑞典强调高度重视"质量、能力、独立、多学科交叉"。

项目规划质量监控与项目成果质量监控,确保了思想库思想产出过程与结果都具有严谨性、关联性与可信度,使思想库更加有效地帮助政策制定者与公众处理日益增多的问题、参与者、竞争与冲突,并确立思想库的高端地位与影响力。

此外,国外思想库还重视成本监控,定时收集项目的实际成本数据,进行成本的实际值和计划值的动态比较,以便在成本失控前能及时采取纠偏措施。

5. 项目结题

对于工程科技思想库而言,项目结题是正式完结项目所涉活动,核心内容包括两项:检验成果和移交成果。

检验成果,是检验项目研究成果是否达到预期目标要求与质量要求。工程科技思想库的项目研究是思想生产,项目成果就是思想产品,因此,所获思想产品即新思想能够有效解决拟解决的问题,就达到既定质量要求。

移交成果,是向项目设立者移交通过检验的研究成果,或者向公众发布通过检验的研究成果。委托项目的成果提交给委托者,申请项目的成果提交给发放者,自组项目的成果直接通过公共媒体向公众发布。当然,一些委托项目与申请项目的成果,也经常通过公共媒体向公众发布,或由委托者或发放者发布,或经委托者或发放者授权由成果完成者发布。

(三)项目成果

国外著名工程科技思想库,特别是高端思想库,通过委托项目和自组项目研究,在事关国计民生的重要问题上产出许多思想成果,其中不少是重大思想成果,对政府决策与公众思想都产生重大影响。就项目成果管理而言,外国工程科技思想库在成果形式、成果发布和成果影响方面的做法值得关注。

1. 成果形式

美国国家科学院联合体项目成果以独立报告、小型报告、国会简报、国会委托报告等多种形式呈现，通过多条途径提交或发布。有的思想成果，特别是重大思想成果，以独立报告形式发布。如该机构发布的《怎样做一名科学工作者——研究中负责任的行为指南》（On Being a Scientist—A Guide to Responsible Conduct in Research）提出了负责任的科学研究行为标准，不仅被美国科学工作者看成行为标准，而且被全球科学工作者看成行为标准；再如该机构发布的《2020 年的工程师》（The Engineer of 2020—Visions of Engineering in the New Century）提出的工程发展蓝图和工程师素质结构等，不仅对美国教育政策与教育实践产生深远影响，而且在全球范围内受到工程界与教育界高度关注。有的思想成果，则作为小型报告，在期刊上发布。如该机构出版期刊《桥》，每期一个议题，围绕该议题，发表若干篇小型研究报告。涉及国家法律与国家政策的思想成果，以特别报告形式、通过政府途径传播，向政府部门或政府官员发布。此外，在一些重大议题上，该机构发布的决定和建议报告会被国会和政府事务办公室以国会简报形式发放给国会或国会官员。另外，国会还会委托美国国家科学院联合体就专门问题进行研究并提交研究报告，以国会委托报告形式印行这些研究报告，作为国会立法依据或参考。

兰德公司的项目成果呈现形式较多，仅《兰德摘要精华》中就提到专著、技术报告、会议记录、学位论文、临时文件、研究简报、工作论文、外部出版物和工作论文简报等 12 种形式。专著和技术报告是兰德公司呈现研究成果的主要形式。专著力求从各种角度全面地分析问题与解决问题。技术报告包括在有限范围内一个特定主题的研究结果，展示在研究中所采用的方法，提供文献资料、调查工具、对从业者或专业研究人员的指导方针、支持文件或初步交付的调查结果。学位论文主要展示帕迪兰德研究生院研究生的研究成果。临时文件包括政策问题的时评通报、新研究方法的讨论论文、会议上提交的工作文件或工作总结。研究简报是兰德公司发表的以研究政策为导向的摘要。工作论文的目的是分享作者的最新研究成果，并征求非正式的同行评审。外部出版物是兰德公司人员撰写的文章或专著，因为是委托或合同项目研究成果，不能由兰德公司公布。工作论文简报是受审工作文件的简短摘要①。

贝塔斯曼学会出版纸质年度报告、新闻杂志和免费刊物，还出版大量电子书籍、研究目录、背景资料，介绍研究课题、内容、方法。美国总统科学技术顾问委员会的成果呈现形式多为技术报告。英国工程技术学会项目成果的呈现形式主要有简报或者报告等。

2. 成果发布

项目成果发布对思想库非常重要，关系到项目成果是否被传播、能否被接受、能否被更好地运用。著名工程科技思想库都注重成果发布，在发布途径和发布方式选择上有许多值得关注之处。

（1）发布途径

著名工程科技思想库的项目成果主要通过会议、纸质出版物、广播、电视、网络等多种途径发布。

1）主办会议发布

会议是一种传递信息、交流意见、传播思想的面对面交流活动。召开会议，通过会议发布项目成果，可以形成直观的示范性和直接的感染性，使成果传播更加有效。

日本工学研究所通过多种会议发布项目研究最新进展或最终成果。主要有：报告会，向会员和顾客报告研究或调查结果；发布会，向一般公众发表研究成果；座谈会，和专家们探讨未来研究议题；研讨会，探讨某些问题的解决手段；研究会，就特定议题进行特别研究。该研究所认为，通过发布会可以有效地传达信息，通过讨论会可以进行有效的沟通，实现思想的传递②。

马克斯·普朗克协会的项目成果经常在相关的国际论坛、国际会议或者讨论会上汇报。如，2010年6月20~24日，在美国诺福克市第37届电气与电子工程师协会国际会议上，进行项目研究成果汇报展览。

---

① RAND Corporation. Selected RAND Abstracts：A Guide to RAND Publications. ［R/OL］. （s. d. ）［2011 - 06 - 12］. http：//www. rand. org/content/dam/rand/pubs/corporate_ pubs/2010/RAND_ CP593 - 2010. pdf.

② The Institute for Future Technology. Public Relations. ［EB/OL］. （s. d. ）［2011 - 5 - 28］. http：//www. iftech. or. jp/profile/public_ relations_ main. htm

2）发行纸质出版物

纸质出版物包括报纸、期刊、书籍等正式出版物，快报、年度报告等半正式出版物，以及手册、传单等非正式印刷品。

著名工程科技思想库发布项目成果时，广泛运用纸质媒介，出版或印行多种纸质出版物。当然，最常见的纸质出版物还是报纸、期刊与书籍。英国工程技术学会通过简报发布项目成果，内容涵盖通讯、教育、能源、健康与安全、信息技术、制造业等。弗雷泽研究所通过专门杂志发表研究成果，如出版《弗雷泽论坛》杂志，专门发布研究所的研究成果①。日本工学研究所出版几个定期刊物，如《通信：未来与现状》（月刊）和《研究成果概要》（年刊），也出版书籍，如《家庭自动化的产品责任》和《2030年的科学技术》等著作②。马克斯·普朗克协会的项目研究成果很多以论文的方式在学术期刊上发表。英国工程技术学会出版期刊、会议录、期刊全文数据库、知名文摘数据库，涵盖30多种学科领域。贝塔斯曼基金会建有出版社，出版大量书籍，发行多种期刊，书籍包括专著、研究目录、背景资料、年度报告等，期刊包括新闻杂志和免费刊物③。

一些工程科技思想库还散发非正式印刷品，介绍成果、传播思想。国际工程教育协会联盟通过广泛散发《新港宣言》④，呼吁工程教育工作者、工程管理人员和工程政策领导人采取谨慎的措施，实现工程教育课程全球化。

3）播发广播电视节目

兰德公司通过综合业务数字网线路，开辟新闻机构与兰德公司专家沟通渠道，以直播或录播方式播发电视采访或访谈，传播公司研究成果。不仅如此，兰德公司还建有兰德演播室，如圣塔莫尼卡兰德演播室和华盛顿兰德演播室。

---

① Fraserinstitute. About us > what we do [EB/OL]. (s. d.) [2011 - 06 - 4]. http：//www. fraser-institute. org/about - us/what - we - do. aspx.

② 注：日本工学研究所的所有出版物均为日语。

③ Bertelsmann - Stiftung. how we work [EB/OL]. foundation governance > how we work > principles of good practice. (s. d.) [2011 - 05 - 12]. http：//www. bertelsmann - stiftung. de/cps/rde/xchg/SID - D2AFDB0F - 32E3575C/bst_ engl/hs. xsl/90985. htm.

④ Ifees. Federation of Engineering Education Societies（IFEES）- publication [EB/OL]. (s. d.) [2011 - 06 - 4]. http：//globalhub. org/newportdeclaration.

贝塔斯曼基金会通过电视媒体，广泛传播基金会各机构的研究成果。基金会拥有 300 多家传媒公司，分布在全球 58 个国家，业务涵盖信息、教育和娱乐等多个领域。弗雷泽研究所也充分运用电视媒体传播研究成果。

4）通过网络发布非纸质文件

著名工程科技思想库几乎都利用网络发布项目研究成果。具体地讲，通过网络媒体发布项目成果有以下几种方式：

首先是专门的网站或频道。马克斯·普朗克协会的许多研究项目都建有专门的项目网站或频道，其研究成果通过专门的网站或频道公布①。

其次是网络（在线）出版。美国国家科学院联合体、加拿大科学院理事会，都采用网络出版形式发布项目研究成果，以非格式文本（html）与格式文本（pdf）发行期刊与书籍，方便无法或无力购买纸质文本的读者阅读或下载存档。一些出版物只有网络版。一些出版物，如《科学家行为守则》（On Being A Scientist：A Guide to Responsible Conduct in Research），既有网络版，也有纸质版。

再次是网络电视。英国工程技术学会通过网络电视（iet. tv）24 小时播出多媒体节目，及时传递学会的各类活动信息，并且传播讨论、讲座及学术会议的内容。美国国家科学院联合体也以视频形式与网络点播方式发布项目研究成果。

（2）发布方式

著名工程科技思想库项目研究成果发布主要采用 3 种方式：向政府提交报告、向委托者提交保密报告、自主公开发布。

1）向政府提交报告

以报告形式向政府机构或政府领导人提交项目研究成果，以通过成果影响政府决策。美国总统科学技术顾问委员会经常就科技议题向美国总统提交研究报告。美国国家科学院联合体也就多项议题向美国国会提交研究报告，其中，

---

① Max Planck Institute. PLASMA HEALTH CARE［EB/OL］.（s. d.）［2011 - 05 - 14］. Max Planck Institute. http：//www. mpe. mpg. de/theory/plasma - med/index. html.

有些成果作为立法依据或参考，有些成果直接转化为法案①。

2）向委托者提交保密报告

兰德公司承担空军委托项目，其中相当一部分是保密项目，其研究成果只能在特定安全机密级别下传播，因此，只采用保密报告形式提交给空军机构。美国国家科学院联合体一些项目的研究成果，也只能以保密报告形式提交给美国政府工作人员、美国国会工作人员或者是美国国会议员，或者只有这些人才可以获得与阅读这些报告。

3）自主公开发布

著名工程科技思想库只进行或大量进行非保密性项目，特别是非保密性公共议题项目研究。为影响公众思维与行为，思想库往往以各种形式、通过各种途径自主公开发布研究成果。

3. 成果影响

一个好的项目成果会给社会带来重大的影响，促进人类的发展和社会的进步。项目成果影响是否重大是决定工程科技思想库影响力的一个重要因素。对于高端工程科技思想库而言，项目成果直接影响力大小依次是：转化为法案，左右政府组织与推动政府组织决策，改变公众思维和行为，获得较多学术引用和好评。一般而言，项目研究成果直接转化为法案或法规，不仅可以使项目成果得到最好的利用，可以使工程科技思想库具有更大的影响力，而且可以为成果提供者获得政府更大的政策与资源支持，可以促进成果提供者持续发展。

六、思想的产出、传播和影响

工程科技思想库作为思想工厂（idea industry）的标志是新思想（new ideas），可以直接表现为政策建议，也可以表现为信息源或观念。本课题主要通过文献阅读、网络访谈与实地调研等方式，梳理著名工程科技思想库思想的产出、传播与影响的基本情况，以资借鉴。

---

① The National Academies. Who We Are［EB/OL］. Who We Are．（s. d.）［2011 - 05 - 12］. http：// www. nationalacademies. org/about/whoweare. html.

（一）思想的产出

思想是什么？具体思想的产出过程包括哪些步骤？有哪些常用的方法？它们各对思想的产出有什么潜在影响？思想产出的特点有哪些？这些都是本研究中需要回答的问题。

1. 思想生产是生产新思想

思想不同于议题（Issue）、项目（Program）、报告（Report）或政策（Policy），后四者是思想研发流程中常见的变迁形式。议题是要解决的问题，对问题展开研究，以期最终解决问题；项目是对选定的议题展开研究的组织形式，研究项目要产生研究成果（Outputs）；报告是研究成果的表现形式或载体形式之一，思想是其具体内容；思想可以直接表现为政策建议，也可以表现为信息源或观念。形成政策是思想产生影响（Impacts）的一种重要表现形式。

思想可分为大思想、小思想，还可以分为新思想、旧思想，但它们之所以可以被称作为思想库生产的思想，在于它是"新的"和"大的"。新思想是指思想库针对议题进行研究、在研究议题上提出的解决问题的新观念、新方法。大思想是能够改变世界的思想。大思想可以理解为新领域的开拓性思维，它初现端倪，或方兴未艾；大思想也可以理解为新社会经济环境、新技术政治背景下对重大问题解决方案的新思路，它或换景移步，或剑走偏锋；大思想还可以理解为是多个相关小思想的汇流成河，它千头万绪，各有适用，终不离同一个宗旨。而小思想，我们可以细化到每一个研究项目成果所展示的内容。无论大小思想，它的思想性在于它的"新"，而"新"的意义在于它能解决问题、创造价值。

2. 思想的产出过程

新思想是如何被思想库生产出来的呢？对于所有思想的产出过程而言，都不可避免地有 3 个阶段：一是选题的产出、形成或确定，二是选题确定后的研究过程，三是研究成果的形成和展示。

（1）选题的产生方式

选题的来源可分为两类：非顾主驱动的选题，研究自选问题；顾主驱动型的选题，由研究顾主提供问题。

不同类型选题的产出、形成或确定是通过不同的方法实现的。加拿大工程院主要采用专家组法（Expert Panels）、德尔菲法（Delphi Surveys）、计算机模拟法（Computer Modelling）、情境创设法（Scenario Creation）4 种方法来规划面向政府的不同的政策研究项目，这 4 种方法相互补充与印证。

专家组法，又称任务团队法或委员会法，用于决策研究规则制定、研究团队成员选择、研究项目与研究报告评审、研究报告与报告提要审定等环节，适用于短期性（10 年以内）规划项目。专家法有优点，也有不足。优点是使决策研究建立在当代最新思想之上；使决策研究具有可信度；可以吸纳政府成员参加；使决策研究具在针对性与关联性。不足是部分专家可能有偏见；专家选择标准不易把握；专家可能随大流而不表达个人见解。解决方法是构建弹性规则；在最大程度上保持专家多样性；同时启用两个专家组。

德尔菲法，用研究计划制定和研究项目确立等环节，通过两轮或多轮调查，获取可靠结果，适用于中期性（10 年至 20 年之间）规划项目。德尔菲法有优点，也有不足。优点是获取多人观点；融合多人观点。不足是问题程式化；问题在调查过程中发生变化；专家可能随大流。解决方法是使用经验丰富的项目管理者；请答卷者提供答案依据或理据；请答卷提供者解释答案之深层意义。

计算机模拟法，用于研究规划制定与研究项目确立等环节，通过动态与量化系统直指焦点问题或核心问题。计算机模拟法有优点，也有不足。优点是预测定量化；案例丰富；灵敏度高，方便结果评估。不足是变量与复杂关系不可知；长期预测过于依赖假设；安全感不真实。解决方法是根据不同假设运算多个案例；独立开发多组不同模型；对结果进行定性检测。

情境创设法，用于研究战略规划制定，通过想象与认知构造出未来事件，辅助科学方法，以为战略决策获得感性深度与感性认识，与其他方法配合起来，适用于长期性（20 年以上）规划项目。情境创设法有优点，也有不足。优点是在诸多不确定性因素中获得未来意识；有利于获得创造性与整合性思想；回避成见；便于对战略决策进行检测或评估。不足是关键性不确定因素难以确认；过度依赖参与者想象；结果定性化；战略易变。解决方法是确保焦点或核心问题合理；聘用经验丰富的协调者或管理者；采取深度重复创设优化结果。

（2）选题确定后的研究

国外著名工程科技思想库，不论是作为基层组织，还是作为联合型独立组织或是非联合型独立组织，在选题确定后的研究中，都遵循严谨的、以事实为基础的研究范式。一般说来，高端工程科技思想库均能采用有效措施保障思想产出过程与结果的"三性"，即严谨性、关联性与可信性（the 3Rs，即 rigor，relevance and reliability），均能有效帮助政策制定者与公众处理"四个更多"，即更多问题、参与者、竞争与冲突（the Four Mores，即 more issues，more actors，more competition，more conflicts）①。

兰德公司坚持高质量研究与分析标准及优秀的标示性研究和分析成果，在业内享有盛誉。兰德公司认为，以下 10 项标准有助于确保兰德通过客观、高质量的研究和分析完成其改善政策和决策的使命：问题应当精心拟定，研究目的应当明确；研究方法应该被精心设计和执行；研究应表现出对相关研究的了解；研究数据和信息是可获来源中的最优最佳者；假设应该明确而合理；研究成果应能更新知识并能承担重要政策问题；暗示和提议应有逻辑性，并为研究结果所确保，解释充分，告诫恰切；文件表述应该准确、易懂、结构明晰、语气平和；研究应引人注目、有用，并与利益相关者和决策者息息相关；研究应该具有客观性、独立性和平衡性②。同时，兰德公司还归纳出 3 项兰德特性的"优秀研究和分析的标志"：研究和分析应该是全面的、综合的；研究和分析有创新性；研究需经得起时间的检验③。

（3）思想的展示方式

思想的展示方式主要通过各种研究成果形式来发布和展示。按照国际发展研究中心（IDRC）的定义，研究成果是项目投入的具有即时性、可见性、具

---

① James G. McGann. The Global "Go – To Think Tanks"：The Leading Public Policy Research Organizations in the World 2008 ［R/OL］．（s. d.） ［2011 – 03 – 20］．http：//www. fpri. org/research/thinktanks/mcgann. globalgotothinktanks. pdf.

② RAND Corporation. Standards for High – Quality Research and Analysis ［EB/OL］．RAND Quality Standards Standards for High – Quality Research and Analysis.（2010 – 09 – 15）［2011 – 06 – 13］．

③ RAND Corporation. Hallmarks of Outstanding Research and Analysis ［EB/OL］．RAND》Quality Standards 》Hallmarks of Outstanding Research and Analysis.（2010 – 09 – 15）［2011 – 06 – 04］．

体性，并且是有形的结果，可以是实物产品、机构和业务的变化、通过项目或计划作为投入和活动的良好管理结果而取得的强化的技能和知识①。思想的展示方式多种多样，某个思想根据不同的展示需要可能有多种展示方式。如前所述，兰德公司仅在《兰德摘要精华》中提到的研究成果形式就达 12 种②。

此外，思想的展示方式也能反映出该思想的重要程度。国外著名工程科技思想库，特别是高端工程科技思想通过委托项目和自组项目研究，在国计民生重要问题上，产出许多思想成果，其中包括不少重大思想成果，有重大影响。如美国国家科学院联合体发布的《迎击风暴》（Rising above the Gathering Storm）、《怎样做一名科学工作者——研究中负责任的行为指南》《2020 年的工程师》等，在教育和科研领域产生了广泛影响。

3. 思想产出的特点

通过对一些工程科技思想库的综合考察，可以发现思想的产出具有以下五个共同特点：

（1）全球化环境产生复杂的国内国际新议题

随着科技的更新、全球化的发展，人们发现国内国际新议题日益复杂多变。有研究者认为，思想库可以按照"研究它、写下它、人们将发现它"的座右铭进行运营的日子已经一去不复返。现在思想库必须精干，成为政策公器③。麦克甘在《美国的思想库和政策决策：学者，顾问和倡导者》一书中探讨了影响思想库运行的多种环境力量：党派政治，自由主义和保守主义倡导团体的增长，捐助者的限制资助政策，专门化思想库的增长，国会和白宫狭隘而短期的取向，近似学科的暴政，以及每周 7 天每天 24 小时不间断播出的无时

① James G. McGann. Best Practices for Future and Evaluating Think Tanks & Policy Research［R/EB］. (e. d.)［2011-04-25］. http：//www. hewlett. org/uploads/files/BestPracticesforFundingandEvaluatingThinkTanks. pdf.

② RAND Corporation. Selected RAND Abstracts：A Guide to RAND Publications.［EB/OL］. (s. d.)［2011－06－12］. http：//www. rand. org/content/dam/rand/pubs/corporate_ pubs/2010/RAND_ CP593－2010. pdf.

③ James G. McGann. The Global "Go－To Think Tanks"：The Leading Public Policy Research Organizations in the World 2007［R/OL］. (s. d.)［2011－03－20］. http：//www. fpri. org/research/thinktanks/mc-gann. globalgotothinktanks. pdf.

不在的有线新闻网络，已经影响思想库提供独立的分析和建议的能力①。

在这样的环境下，必须对思想库研究选题进行集思广益，择善而从。如：卡托研究所作为最有创意的思想库之一，拥有的秘密武器便是"卡托安邦"（CATO UNBOUND）。卡托安邦是进行知识产权交易的虚拟场所，每月卡托安邦出具一篇由世界顶尖级思想家撰写的大图主题（big - picture topic）作为领头文章，并由同样卓越的另一位思想家作出评价或提出意见，除内部成员外，所有人都可对相关主题参与回应②。这种方式能激励和促进内部成员对"大思想"（big ideas）研究，是一种有利于收集更广大思想火花的方式。又如：兰德公司坚持"抛开政治不谈"（Politics Aside），让来自政府、企业和慈善事业的领袖云集兰德，讨论世界的关键性问题③。兰德公司的政策社团（RAND Policy Circle）也是选题来源之一。他们是由一群了解客观分析而无党派性公共政策研究价值的慈善个人组成。通过参与兰德政策团体，成员不断获得与兰德公司主要专家互动的机会，如政策论坛、圆桌讨论、启动智能早餐、私人活动和其他活动，并与其他社团成员合作。政策社团成员致力于"改变"、"帮助找到解决复杂且往往紧急的问题有效、持久的方案"、"确保研究成果得到广泛传播，到达目标受众，并产生影响"④。可以说，集思广益是出色思想库不可或缺的制胜先机。

集思广益之后还需择善而从。择善而从，一方面指对迫在眉睫的突发性重大议题给出优化解决方案，另一方面更侧重指对中期或长期的未来将要发生的重大问题提前进行研究分析。中国人说，"冰冻三尺，非一日之寒"；又说"养兵千日，用在一时"。对突发性重大议题能作出迅速、准确的分析和判断，并进而给出恰到好处的正确解决方案，既有赖于思想库研究者的超强研究实

① James G. McGann. Think Tanks and Policy Making in the U. S. : Academics, Advisors and Advocates [M]. New York, NY: Routledge, 2007.

② Cato Institute. ABOUT CATO UNBOUND [EB/OL]. (2011 - 03 - 07) [2011 - 06 - 17]. About Cato Unbound. (s. d.) [2011 - 03 - 20]. http://www. cato - unbound. org/about - cato - unbound - 2/.

③ RAND Corporation. Politics Aside 2010 — November 12 - 14, Santa Monica, California [EB/OL]. (2010 - 09 - 22) [2011 - 06 - 13]. RAND Politics Aside. http://www. rand. org/politicsaside. html.

④ RAND Corporation. About the RAND Policy Circle [EB/OL]. RAND Information for Donors Policy Circle. (2010 - 12 - 22) [2011 - 06 - 13]. http://www. rand. org/giving/policy_ circle. html.

力，更有赖于高瞻远瞩的思想战略、见微知著的敏感观察、未雨绸缪的提前研究。一言蔽之，出色的思想库总是对国内或国际复杂而多变的议题作出独立而超前的研究，为解决矛盾和冲突而孜孜不倦。

（2）资金来源决定研究选题范围，互动确定具体选题

工程科技思想库领导人对确定选题方式往往有了解和见地。美国国际战略研究中心总裁约翰·哈姆雷在被问到是如何确定研究选题时表示，"对于研究选题的确定，每个思想库是不同的"，国际战略研究中心"必须到市场上寻找资金"。他说："在国际战略研究中心，每个人都有责任去寻找资金支持我们机构的运转。作为总裁，我每天必须找到 10 万美金，我必须去寻找那些对我们的研究感兴趣，并且愿意提供资金支持的人。""我们大约有 38 个董事会成员，他们每个人都负有为中心提供资金、寻找资金的责任。通常每个董事会成员每年捐款 5 万美元，有时更多，大家都很清楚自己的责任。同时，董事会也负责把握整个机构的研究方向和运营，决定任命和罢免总裁"。他说："对我们来说，资金决定研究选题。这是非常重要的一点。思想库的研究选题永远跟随金钱，金钱决定选题。"①

一般说来，选题的来源有两种：委托或自定。有项目要求的资金，通常由投资者定出大的选题范围，或者具体要解决某个现实问题，因此选题基本上是被限定的，只在具体表述上可以通过沟通互动，而使选题更有意义或适用性。毫无疑问，不同的委托单位所委托的项目研究有其可以预见的、与其利益或发展相关的选题范围，自定项目的选题则体现思想库自身的发展战略。不论是委托项目还是自定项目的选题，其形成方式必然通过多种方式进行互动，如会议讨论、通讯交流等；人员组成方式则一般分为 3 种，即机构人员、外聘专家或两者兼备。

根据思想库的性质不同，各思想库委托项目或自定项目所占比例各有不同。如马克斯·普朗克协会是依附政府型的思想库，它的研究项目完全自定。弗雷泽研究所属于独立自主型思想库，它的选题全部自定。又如美国国家科学

---

① 王莉丽. 旋转门：美国思想库研究［M］. 北京：国家行政学院出版社，2010：210－211.

院联合体和兰德公司，分别属于准政府型和半独立型思想库，它们都从政府部门获得超过总经费80%的资金来源，它们的选题来源都分为委托项目、自定项目或申请项目。可以说，不论哪种类型的思想库，作为思想库独立性的体现之一的自定项目都是思想库必不可少的组成部分。

（3）思想库董事会或高级管理层为思想研究的整体方向掌舵

思想库这种思想产业的健康发展，实际上是需要投资者、政策决策者和思想库本身三方面的协同努力。投资者、决策者和思想库需要走到一起，制定支持机构适当混合（专门化/多元化）的政策，融资策略（短期/长期，一般业务/特定项目支持）和研究（现时/持久政策问题）①。思想库的使用者即政策决策者，最急切的需要是短期内即能解答的、与自身选择密切相关的政策思想成果。思想库的投资者要求有效地利用他们的资金，就对思想库作出窄化研究内容、缩短研究时间的要求。而思想库要想健康发展，不断满足客户的需求，并持续发挥自身优势和良性的作用，就必须兼顾基础性的研究和历时较长的研究——这个重任不得不落在思想库领袖或管理层（如董事会、总裁、咨询委员会等）的肩上。为思想库研究的整体方向掌舵，亦即"确保组织忠于它的使命"，成为工程科技思想库董事会法定角色的两大基本要求之一②。

关于思想库研究的整体方向问题，卡内基国际和平基金会总裁杰西卡·马秀丝认为，"问题的判断力、平衡问题的能力以及广阔的视野是最为重要的。这也是一个有着良好声誉的思想库与平庸思想库之间的区别所在。在卡内基，研究选题的确定通常是由一个管理团队来确定的，这个团队主要包括总裁、运营总监、三个负责研究项目的副总裁、一个负责公共关系和外部事物的副总裁组成。董事会在研究选题这个问题上，通常是负责总体上把握机构的发展方向。"③

---

① James G. McGann, Responding to 9/11: Are Think Tanks Thinking Outside the Box? [EB/OL]. Foreign Policy Research Institute. (2003 – 07 – 31) [2011 – 05 – 23]. http: //www. fpri. org/research/think-tanks/mcgann. 911thinktanks. pdf.

② R. Struyk. Managing Think Tanks: Practical Guidance for maturing Organizations [M]. 2nd ed. Budapest: Open Society Institute, 2006: 97.

③ 王莉丽. 旋转门：美国思想库研究 [M]. 北京：国家行政学院出版社, 2010. 12: 219 – 220.

兰德公司的咨询委员会也具有为思想研究的整体方向掌舵的功能。该咨询委员会主要由兰德公司内部 11 个部门的成员组成；既有来自公共部门的成员，也有来自私营部门的成员。这些成员多富个人魅力、实践经验、领导才能，并致力于超越党派冲突和政治意识形态。他们帮助兰德公司通过研究和分析改善政策和决策的使命，从整体上把握研究方向，并为具体的项目选题提供咨询参考意见[①]。

（4）思想研究过程和结果可以且必须保持独立

虽然思想库的资金来源在很大程度上决定了思想库的研究选题，但是思想研究的过程和结果仍然可能是独立的。里根政府白宫办公厅主任肯尼思·杜伯斯坦认为，"所有思想库寻找没有限制和附加条件的资金[②]"。美国国际战略研究中心总裁约翰·哈姆雷认为，"全权把握研究过程和结果"，可以保持思想研究的独立。他说："为保持独立性，我总是对提供我们研究资金的机构或者个人说：'我不保证你们研究结果，结果来自研究，你们可以参与研究过程，但我们不保证研究结果是你们所希望的。'当我们接受任何资金时，我们是全权把握研究过程和结果的。这之间并不矛盾。"[③] 卡内基国际和平基金会总裁杰西卡·马秀丝认为："首先，思想库不可能有绝对的独立，同时，任何一个提供金钱的捐赠者都不是那么重要，我们要明确这一点。其次，美国思想库发展 100 年了，在这个过程中形成一种共识，思想库的捐赠者们都认识到思想库研究的独立性，并且尊重这种独立性。在研究过程中，学者们按照自己的判断和分析来得出结论。"[④]

思想研究过程和结果必须保持独立，这是思想库作为知识与政策权力之间的桥梁功能所必须坚持的立场。研究表明，一些在政策制定方面起重大作用的思想库在从事研究时注重"三性"原则，即严谨性、关联性与可信性。兰德

① RAND Corporation. RAND Advisory Boards ［EB/OL］. RAND ＞＞ Information for Donors ＞＞ Advisory Boards. （2010 - 09 - 15）［2011 - 06 - 13］. http：//www. rand. org/giving/advisory - boards. html.

② 王莉丽. 旋转门：美国思想库研究 ［M］. 北京：国家行政学院出版社，2010：229.

③ 王莉丽. 旋转门：美国思想库研究 ［M］. 北京：国家行政学院出版社，2010：210 - 211.

④ 王莉丽. 旋转门：美国思想库研究 ［M］. 北京：国家行政学院出版社，2010：219.

公司的"高质量研究与分析标准"① 将这一原则体现得淋漓尽致，兰德公司也自诩"因独立于政治、商业压力的运作而广获尊崇"。只有将研究过程和结果保持"中立而不倚"，才能使思想库的发展如长青树般不断焕发勃勃生机。

（5）思想成果可以保密或公开，可能直接或间接与政策有关

思想成果的保密或公开，与相关项目本身的保密程度高度一致；而思想成果表现内容是直接或是间接地与政策有关，则取决于研究内容及研究机构与政府的关系。如兰德空军项目（PAF）与政府相关部门关系密切，研究涉及保密度较高的内容。它的研究成果通过非正式讨论、简报、出版物和互联网与空军部交流。兰德研究成果在遵守安全机密级别的前提下得到尽可能广泛的传播。这一政策受空军鼓励，它通过将兰德空军项目的研究工作发布到外部专业团体，可以与其他个人和团体验证其准确性和胜任能力，将使政府内外都能得益。多年来，兰德空军项目已成为数以千计的报告来源，它们已成为一般科学文献的一部分②。兰德公司大约95%的研究是非机密的研究，可以公开（无须任何成本，通过兰德网站即可免费下载）。现已有约一万篇文献在线开通。兰德还正在把他们整个60年的非机密的遗产搬上线。30年来，兰德向学界开放其档案，包括获得解密的文件和内部备忘录③。因此，在保护和不违背公众利益的前提下，思想成果可以保密或公开，可能直接或间接与政策有关。

（二）思想的传播

传播是人类运用符号并借助媒介来交流信息的行为与过程。思想的有效传播能在一定程度上提升思想的影响，更好地促进公共政策的形成和实施。

1. 思想的传播过程

从传播过程来看，思想的传播要素包括传播者、思想、媒介、受传者、反

---

① RAND Corporation. Standards for High – Quality Research and Analysis［EB/OL］. RAND Quality Standards Standards for High – Quality Research and Analysis. (2010 – 09 – 15)［2011 – 06 – 13］. http://www. rand. org/standards/standards_ high. html.

② RAND Corporation. About PAF Publications［EB/OL］. RAND Project AIR FORCE Publications. (2011 – 4 – 15)［201 – 06 – 24］. http://www. rand. org/paf/pubs. html.

③ RAND Corporation. Frequently Asked Questions［EB/OL］. RAND About FAQs. (2011 – 06 – 13)［2011 – 06 – 17］. http://www. rand. org/about/faq. html.

馈。思想的传播起点，即传播者，是思想库或思想库中的人。传播的内容是思想，媒介作为思想内容的载体，本身也蕴藏丰富的思想内容。受传者可以有多种分类法。反馈作为传播的一环，在思想的快速有效传播当中作用重大。

（1）思想的可传播性

思想的可传播性有两层含义，一是指思想被允许传播，二是指思想具有可信、有意义、新颖等特性，是保证思想得以传播的内在品性。思想被允许传播主要是指思想内容与国家法律、国家利益、思想库价值观等不发生直接抵触；同时也与思想所产生的前提要求相关，如产生该思想的研究项目不是保密性项目，没有保密要求或已超过保密时效。如果某项研究项目根据合同是要求保密的，那么它的研究成果即思想就不具有可传播性。第一层含义主要是涉及思想传播的外部环境和条件。第二层含义则主要涉及思想内在的品性。

思想传播的目的是要最有效地影响公众政策决策。一种思想可以写成报告，形成专著，缩写成政策简报或事实传单，也可能由专业人士发表成期刊学术论文、报纸杂志的评论，还可能作为证词，在会议中、电视上、广播中、网络上，以或通俗易懂或严谨科学的形式呈现给受众。进行思想传播的主体，不论是研究者个体、思想库机构或其他主体，其目的都是让所传播的思想恰当充分地到达受众，并为受众理解接受。

（2）思想的人际传播和大众传播

思想的传播渠道包括人际传播和大众传播两种。这两种传播渠道并立不相交，相互间的区别在于受传者的情况不同。人际传播的受传者是作为个体的个人，对于传播者来说，受传者是特定的；大众传播的受传者是作为群体的大众，对于传播者来说，受传者是不特定的[①]。不论采用哪些传播媒介、传播方式，思想的传播最终都是通过各层级的舆论来影响决策的。

按照社会学家约翰·加尔东的舆论社会分层理论，"舆论是由人们的社会地位所决定的，每一个社会公众都对政策问题有意见、看法、态度与主张，但

---

① 罗春明. 人际传播媒介论：对一种蓬勃兴起的传播媒介的评说 [J]. 西南师范大学学报（哲学社会科学版），1998，(5)：77-81.

是由于人们所处的社会地位不同，不同人的舆论对政策的影响力是不同的"①。加尔东把影响公共政策的舆论分为 3 个部分：核心舆论、中心舆论、边缘舆论。其中，核心舆论是指政策制定者的舆论；中心舆论是指经常能对政策施加影响的思想库、大众传媒、利益集团等精英舆论；边缘舆论是指普通公众的舆论。3 种舆论的判断标准是信息的获取量和渠道。处于核心地位的人充分占有信息，又是政策制定者，因此他们的舆论是核心舆论。处于中心地位的社会各界精英也有条件了解与政策相关的信息，也可以通过各种渠道表达意见，因而是中心舆论。而广大普通公众，既无法掌握大量政策信息，又缺少渠道表达观点，属于边缘舆论。

综合人际传播和大众传播两种渠道以及舆论影响的不同层次，我们绘制出思想传播过程的示意图如图 6-2 所示。

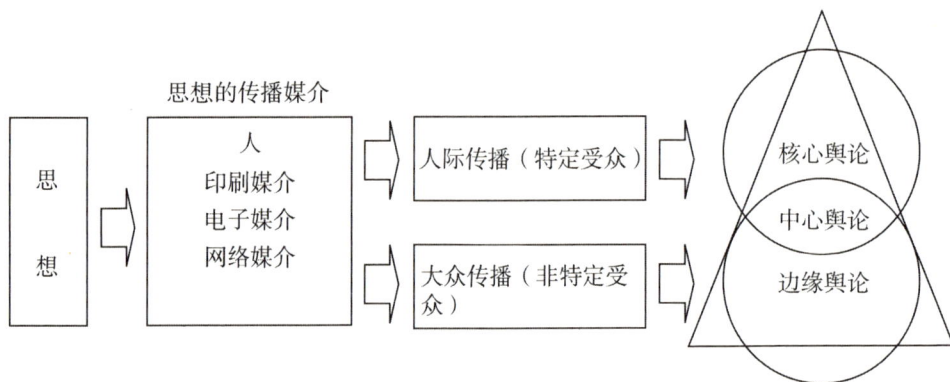

图 6-2　思想的传播过程

2. 思想传播的方式

思想具有可传播性，在其实际传播的过程中，往往以人或思想库组织作为传播起点，并借助于各种形式的媒介，如人、语言、印刷媒介、电子媒介、网络媒介等媒介，具体还可以是演说、书籍、报纸、杂志、电视、广播、互联网等，在人际或大众中间进行传播，进而影响包括核心受众、中心受众以及边缘受众在内的各类特定或非特定受众。

① J. Galtung. Foreign Policy Opinion as a Function of Social Position［J］. Journal of Peace Research，1964，1（3-4）：206-230.

从表6－13可以看到，常见或典型的思想传播方式大约有13种。

表6－13 思想的具体传播方式

序号	思想的具体传播方式	思想传播的起点	传播媒介	传播受众核心/中心/边缘	人际/大众传播
1	通过"旋转门"入朝为官	人	人/语言	核心受众	人际传播
2	在总统大选期间担任总统候选人	人	人/语言	核心受众	人际传播
3	给政府官员直接打电话	人	电子媒介	核心受众	人际传播
4	邀请政策制定者参加私人午餐或内部会议	人或思想库组织	人/语言	核心受众	人际传播
5	为政策制定者提供研究材料和政策简报	人或思想库组织	多种媒介	核心受众	人际传播
6	对政策制定者进行培训	人或思想库组织	多种媒介	核心受众	人际传播
7	参加国会听证	人或思想库组织	多种媒介	核心受众等	混合
8	举办公共论坛、专业讨论会	人或思想库组织	多种媒介	核心、中心受众	混合
9	举办纪念会、答谢会、募捐宣传会	思想库组织	多种媒介	核心、中心受众	混合
10	国际学者之间的学术交流	思想库组织	多种媒介	核心、中心受众	混合
11	出版书籍、政策简报、杂志、发表论文	人或思想库组织	印刷媒介	核心、中心、边缘受众	大众传播
12	在广播、电视媒体发表演讲、进行辩论或坐谈等	人或思想库组织	电子媒介	核心、中心、边缘受众	大众传播
13	通过网络媒介发布	人或思想库组织	网络媒介	核心、中心、边缘受众	大众传播

3. 思想传播的特点

（1）思想的可传播性决定思想传播的渠道和方式

一般说来，思想库为达到扩大影响的目的，对于思想的传播方式可谓是无所不用其极。但它的前提是该思想具有可传播性。只有具有可传播性的思想才可能通过各种渠道和方式传达到不同的受众。如果是保密性质的合同所产生的思想成果，那么该思想的传播途径通常只可能是人际传播渠道，具体的方式可能有秘密呈交报告、不公开的小型会议等；它的受众局限在较小的范围内，通常由合同载明。

（2）思想的传播对核心受众更多地采用人际传播渠道

思想的传播对核心受众更多地采用人际传播渠道，主要是因为这种渠道便于反馈交流，使对政策制定起关键或重要作用的人得以更充分、更全面地理解该思想。一般说来，人际传播渠道多针对核心受众和中心受众，而大众传播渠道则多针对中心受众和边缘受众，同时核心受众也在辐射范围内。可以说，要对政策决策产生高效影响，又快又准地达到传播主要目的，对核心受众采用人际传播渠道和方法是必不可少的。

（3）思想的重要性程度与思想传播方式的多样性关联

思想越是重要、思想传播的受众舆论越多，思想库针对该思想的传播所采取的传播方式就越多样。针对某个重要思想，思想库不仅动用所有的媒介，而且还利用一切有效的手段进行反复的、复合式的、多方位的传播。

4. 思想库的传播方式

思想库产生的思想需要通过各种方式传播出去，以达到影响决策、影响舆论、影响公众的目的。

唐纳德·E·阿伯尔森将思想库的传播方式分为公众和私人两类。公众的传播指把思想传播给广大公众而非仅指政策决策者，其方式有举办研讨会，举办讲座，在国会作证，发表文章或媒体评论，出版学术期刊、报纸、政策册子，出售录音磁带，在互联网上建立宣传主页，发起筹资运动等；私人的传播是仅把思想传播给政策决策者，其方式主要有思想库人员出任政府官员，加入总统候选人的竞选班子或新总统的过渡班子，保持与国会两院的沟通和联系，邀请政府官员参加思想库的会议、研讨会、课题组或筹资运动，接纳卸任的政府官员，邀请政府官员到思想库从事短期研究，为政府决策者准备政策稿子，为新上任的总统准备施政纲领，与决策者保持直接的联系等①。

王莉丽将美国的思想库传播方式归纳为人际传播、组织传播和大众传播3种。人际传播方式主要指思想库在舆论传播的过程中依靠人际关系网影响政策制定；组织传播指的是以组织为主体所从事的信息传播活动，美国思想库的组织传播主要是指组织外传播；大众传播是指职业工作者通过机器媒介向社会公众公开地、定期地传播各种信息的一种社会性信息交流活动②。

根据思想库在影响公共政策过程中所发挥的作用，也有人将思想库的传播分为4类：引导公众舆论、参与制定公共政策、参与国家法制建设、利用国际政策网络。引导公众舆论是指任何政策决策的制定都离不开一定的民众基础，民众作为政策决策的受众，直接影响着政策的最终实施及其效果。参与制定公共政策是指影响政策决策是思想库影响力的基本目标，参与制定公共政策通常可以使政策决策更具有民意代表性，更具有说服力，这也是思想库影响政策决策的绝佳途径。参与国家法制建设是指法治已经成为国际社会主旋律，同时也是各国国内社会主旋律，参与国家法律的制定与实施，无疑是思想库传播思想的又一途径。利用国际政策网络是指国际政策网络是由一系列拥有共同利益，并通过资源交换实现利益的行为体构成③。

（三）思想的影响

衡量一家思想库成功与否的标准不是利润，而是影响力。思想库作为"思想的生产工厂"④，评估思想的影响是衡量思想库影响力的重要途径之一。

1. 思想的影响与思想库的影响力之间的区别

要谈思想的影响和思想库的影响力两者之间的区别，先要从影响（IMPACT）说起。《大英百科全书》中对IMPACT的解释为"一个物体对另一个物

---

① Donald E. Abelson. Do Think Tanks Matter? Assessing The Impact of Public Policy Institutes ［M］. London：McGill - Queen's University Press，2002：78 - 79.

② 王莉丽. 旋转门：美国思想库研究 ［M］. 北京：国家行政学院出版社，2010：12.

③ 金芳，孙震海，国锋，等. 西方学者论智库 ［M］. 上海：上海社会科学院出版社，2010：102 - 108.

④ John C. Goodman What is A Think Tank ［EB/OL］. （2005 - 12 - 20）［2011 - 03 - 12］. NCPA. http：//www. ncpa. org/pub/ what - is - a - think - tank.

体的撞击，产生沟通接触的动力；一种力量使一个人（物）对另一人（物）印象深刻。"① 既可译为"影响"，也可译为"影响力"。然而从中文的语境来讲，"影响"和"影响力"的含义是有明显区别的。《辞海》《现代汉语词典》对"影响"的解释均为"对别人的思想或行动所起作用②"。《社会心理学词典》对"影响力"的解释是："指一个人在与他人交往过程中，影响和改变他人心理和行为的能力。"③

从以上定义可以看出，影响可能是潜隐不见的，也可能是显而易见的。影响力的产生则需要有影响的发出者、影响的接受者、交流的渠道、发出者具备的权力、信息等。这也意味着影响力作为一种能力，必有主体，即必然是个人或者法人，才可能拥有某种能力、某种程度的影响力。因此，有些思想可能会有影响，但是，生产它们的思想库却不一定有影响力。思想通过各种途径传达给接收者，使接收者在认知、倾向、意见、态度和信仰以及外表行为等方面发生符合思想本身目的的反应或变化，"思想的影响"就此产生。

思想的影响与思想库的影响力有什么关联呢？我们认为，持续的思想影响形成思想库的影响力。影响的持续性既包括某个具体思想在相对长的一段时间内持续地发挥其有效性、适用性，又包括某个思想库不断出具的多个思想都具有明显的有效性、适用性。麦克甘在评价思想库的有效性和影响力时指出，影响力指标包括："被政策制定者和民间社会组织考虑或采纳的建议；事件网络中心（issue network centrality）；对政党、候选人、过渡团队的咨询作用；被授予的奖励；在学术期刊、公众证词及媒体中公开发布或被公开引用，影响政策辩论和决策；群发和网址主导（listserv and web site dominance）；并成功应战国家官僚和民选官员传统的智慧和标准运作程序。"④ 由于思想的影响与思想

① Britannica. Dictionary ［EB／OL］. Britannica online. （s. d.）［2011 - 8 - 22］. http：／／www. britannica. com／bps／dictionary？ query = impact.

② 中国社会科学院语言研究所词典编辑室. 现代汉语词典［K］. 北京：商务印书馆，1996：1512.

③ 费穗宇，张潘仕. 社会心理学辞典［K］. 石家庄：河北人民出版社，1988：281.

④ James. G. McGann，THE GLOBAL "GO - TO THINK TANKS" 2010 The Leading Public Policy Research Organizations In The World ［R／EB］. （2011 - 02 - 25）［2011 - 03 - 25］. http：／／www. fpri. org／research／thinktanks／GlobalGoToThinkTanks2010. pdf.

库的影响力之间的密切联系，上述指标有几项也可以作为思想的影响指标，如被政策制定者和民间社会组织考虑或采纳的建议；被授予的奖励；在学术期刊、公众证词及媒体中公开发布或被公开引用，影响政策辩论和决策等。

2. 思想产生影响的两个要素

一种思想，不论是大思想，还是小思想，之所以能够形成影响，通常有两个不可或缺的要素。

其一是思想的高质量。如被调研机构，特别是高端机构通过委托项目和自组项目研究，在国计民生重要问题上均产出许多思想成果，其中包括不少重大思想成果，有重大影响。

其二是思想通过媒介来发挥它的影响。思想发挥影响的过程是思想通过媒介发挥其作用的过程，思想发挥影响的过程和特点与传播媒介和方式的使用呈一致性。针对不同传播受众的思想传播所产生的影响有着相应不同的影响特点。如针对核心舆论受众的影响通常直接、快速，而针对边缘舆论受众的影响则通常有滞后、扩散的效果。

3. 思想库影响力的评价

思想库的影响力可以从质和量两个方面来评价。近年来，借助于现代统计分析方法和数据库管理技术，以实证方法分析研究思想库的公共影响力成为西方思想库研究中的一个新领域。在美国宾夕法尼亚大学全球智库排名中，综合考虑了4类指标共25项，包括资源指标，如：机构人才数量、经费、关系网质量可靠性、资源调动能力等；效用指标，包括声誉、媒体文献引用数量和质量、学术水平等；输出指标，包括政策成果、出版成果、媒体成果、会议成果、人才成果等；影响力指标，包括决策团体影响力、政党影响力、媒介网络影响力等。

尽管不同学者可以从不同方面对思想库影响力做出不同的评价，但是正如麦克甘所指出的，智库的影响力不在于每年出版了多少本书，或是召开了多少场会议，而在于它们对媒体、公众和政府决策者的影响。进一步而言，思想库的研究成果也不完全等于思想库的影响力，因为研究成果（如研究报告、决策概要等）不一定包含（新）思想，影响决策者与公众的不是成果产量而是思想质量。在成果产量与思想质量的对决中，或在海量成果与伟大思想的对决中，能产生深远影响并能为思想库获得影响力的是思想质量或伟大思想。

七、国外著名思想库建设的借鉴意义

国外主要工程科技思想库建设与发展已经积累了丰富经验，对我国工程科技思想库的建设具有一定的启示。我国工程科技思想库要在推动政府决策过程与政策制定过程中发挥积极作用，必须在深刻把握本国国情的基础上，充分借鉴国外著名工程科技思想库建设的成功经验。

（一）定位的高端性，决定思想库的发展水平

定位包括领域定位、客户定位与目标定位，是决定思想库行动方向的重要依据。明确的定位是思想库生存与发展的重要前提。"清楚的使命感是构建长期性策略的基础，它为机构成员指引工作的方向，使整个机构能形成一体，朝共同目标前进，这可以说是组织成长演化的原动力[①]"。在国外众多工程科技思想库中，定位不明确的往往沦为末流甚至是无法生存，而定位明确的往往跃升为高端甚至世界顶级。

高端思想库的目标定位是"影响"。"影响"不止是学术引用，不止是公众喝彩，而是实实在在地被决策者们接受并采纳或吸收。如：马克斯·普朗克协会对本协会的目标陈述为"通过研究机构的运行来促进科学进步[②]"，并在研究中奉行"哈纳克准则[③]"；美国国家科学院联合体定位于在科学和政策之间搭建桥梁，促进环境和社会的可持续发展，并帮助人们战胜贫穷；兰德公司定位于促进政府政策与决策优化；加拿大工程院定位于促进政府决策优化和在加拿大工程科技咨询中发挥领导作用。具体到客户定位，斯坦福国际事务研究

---

① 詹姆斯·P·盖拉特. 21 世纪非营利组织管理 [M/OL]. 邓国胜，等译. 北京：中国人民大学出版社，2003：9.

② Max Planck Gesellschaft. Statutes of the Max Planck Society for the Advancement of Science [EB/OL]. Procedures_ and_ Regulations. MPG. (2010 - 06 - 17) [2011 - 06 - 01] http：//www. mpg. de/186606/Procedures_ and_ Regulations.

③ 准则的核心是马克斯·普朗克协会仅由世界一流研究者组成，他们自定研究主题，并有最好的工作条件，且自由选拔团队成员。

院一直重视获得更多与更高客户；美国国家科学院联合体重视为国会与国家机构服务，而美国国会也要求各类工程科技决策以国家科学院决策咨询意见为必然基础。可见，国外主要工程科技思想库定位高端，高端的定位又能有效地实现目标定位。

思想库定位的高端性，有利于思想库以研究项目凝聚研究团队并培育团队研究能力，有利于思想库以研究能力保障服务质量，有利于使研究能力培育与服务质量提高达成良性互动，从而使思想库发展水平得到有效提高，并使思想库层次得到有效提升。

（二）研究体制的合理性，决定思想库的生产实力

研究体制决定思想库生产方式，生产方式决定生产实力。合理的研究体制是保障思想库发挥生产实力的先决条件。

国外思想库运行过 3 种研究体制：职能式、项目式、矩阵式。职能式体制，按行政方式组织与管理研究团队，将团队成员编成一种科层式塔型结构，进行相关研究。项目式体制，以项目为中心组织与管理研究团队，在项目责任范围内给予项目团队充分自主权，以实现项目相关研究目标。矩阵式体制，在职能式体制的垂直团队结构上，叠加项目式体制的水平团队结构，项目研究事务由项目负责人管理，行政事务由职能部门领导管理。职能式体制因为过于行政化，与客户联系不紧密，对客户需求反应缓慢，不利于思想生产。项目式体制能有效保证每个项目团队致力于项目研究，有利于思想生产，但在同时运行多个研究项目时存在资源充分消耗，而且不同项目团队之间交流少而产生重复劳动，从而导致成本上升与绩效降低。矩阵式体制在最大程度上克服职能式与项目式两种体制的弱点，发挥两种体制的优势，有利于聚集研究人员优势，有利于多学科协作与互补，已经被实践证明为最合理的研究体制。

兰德公司、英国工程技术协会和美国布鲁金斯学会等有世界影响的思想库，都采用矩阵式研究体制。矩阵式研究体制能在最大程度上提高思想库生产实力，并且保障思想产品的新度、高度、广度与深度，对其发展成为世界一流思想库发挥了重要作用。

（三）财务管理的高效性，决定思想库的资金状况

资金状况与思想库的运行状况密切相关。财务管理决定思想库的资金状况，高效的财务管理体制决定思想库良好的资金运行，良好的资金运行在很大程度上保证了思想库的良性发展。

思想库财务管理体制包括资金筹集、资金管理制度和资金使用与分配3个方面。首先，国外主要工程科技思想库资金来源多样，如政府拨款、捐赠、赢利等多种渠道，在一定程度上保障思想库研究的独立性。其次，国外主要工程科技思想库建立科学高效的管理制度，各类财务管理机构相互协作，处理编制财务预算、确定资金使用、审核账目等事务，使思想库的资金得以良好的管理，促进思想库的快速、高效运转。再次，国外主要工程科技思想库的资金使用与分配都有自身的关注点，以用于自身的特色领域发展。其中，预算编制是最重要一环，主要包括5个步骤：准备、核定、实施、监测和预测。

兰德公司、布鲁金斯学会、英国工程技术学会等思想库都有合理的财务管理机构和富有自身特色的资金使用领域。高效的财务管理体制对优化思想库的资金运行、良性发展具有重要作用。

（四）研究团队的稳定性，决定思想库的核心能力

研究团队构成思想库的生产能力和竞争实力。研究团队不稳定与单薄的思想库，大多生产能力平平、竞争实力一般；研究团队稳定与雄厚的思想库，通常具有强大的能力与卓越的竞争实力。

高端思想库都有高效的研究团队建设机制。单职能型思想库，如兰德公司等，建立有开放的选聘机制、多样化的在职培训机制、缜密的业务质量评估机制和精准的绩效考评机制。多职能型工程科技思想库，如美国工程院和加拿大工程院等，不仅采取有效措施凝聚一大批既熟悉工程科技又熟悉决策咨询的双重专家和一批集工程科学家与战略科学家于一身的院士，而且组织工程科技专家从事软科学研究，特别是与自然科学、工程科学及工程技术发展密切相关的人文科学、社会科学与行为科学研究，培养出一大批双重专家和一批双重科学家。

重视研究团队建设的思想库，特别是高端思想库，或拥有稳定的与雄厚的

专职研究团队，或拥有以院士为核心的专兼职相结合的研究团队，因此，多拥有持续的研究能力与卓越的竞争能力。

（五）研究工作的独立性，决定思想库的产品层次

研究工作的独立性与思想产品的层次之间存在着紧密关联。独立性越低，产品层次越低；独立性越高，产品层次越高。

为保障研究工作的独立性，高端思想库不但从管理层面为研究人员提供相对宽松的研究软环境，而且往往要求研究人员具有高度的自主性与自由性，要求研究人员依据科学、尊重事实、坚守普适型价值观、站在推动社会持续发展与改善的立场上，自主探讨，自由思考，充分发现思想观点。在决策咨询中，高端思想库往往要求研究人员不琢磨委托者意图而投其所好，不为已有决策做辩护式论证，不为已有思想做追随式注解，通过自主研究与自由讨论甚至争论，获得以证据为基础（evidence - based）的观点、设想或建议，供决策者选择。

研究人员的自主性与自由性决定研究工作的独立性；研究工作的独立性决定思想库的产品层次。高端思想库采取多种措施建设宽松的研究软环境，如拒绝附带不当目的的合同项目与委托项目，拒绝包含不当条件的研究资助与研究捐款，以使研究人员不遭受信息封锁、思维限制、权力压迫与权威干预，使研究人员在最大程度上发挥自主性与自由性，从而使思想产品达到最高层次。

（六）质量监控的严格性，决定思想库的产品质量

有影响力的思想产品，不仅层次高，具有引领公众与指导决策者的高度与深度，而且质量高，具有与发挥引领和指导作用相适应的科学性、权威性及公信度。追求项目数量与成果产量的思想库，多无法形成实际的影响力而成为末流；注重产品质量的思想库，多通过质量获取强大的影响力而成为高端。

在思想产业中，一直存在海量成果和伟大思想的对决（large outputs vs big ideas that change the world），能产生深远影响并为思想库建立强大影响力的，往往不是成果数量，而是思想产品质量。高端思想库多建设有严格的质量监控制度，在项目规划和项目执行等多重环节上，保障其思想产品质量。首先是项目规划质量监控。加拿大工程院采用专家组法、德尔菲法、计算机模拟法和情

境创设法等方式确立重大长期性研究项目。其次是项目成果质量监控。兰德公司的"内部评审制"（或称"同行评审制"）尤为著名，通过使用领先的实验方法和严格审查达到最高的技术水平。弗雷泽研究所主要运用文献计量方法对项目成果进行评估，评估指标主要包括论文（或专著）的数量、科技论文的引证、引用率、平均被引次数等①。

严格的质量监控制度，保障思想库的产品质量，高质量的产品增强思想库的影响力，强大的影响力提升思想库的层次，这种良性循环不断推动思想库向高层次发展。

（七）交流合作的广泛性，决定思想库的影响力

思想的影响与影响力，来自学界的认可与引用，来自公众的理解与支持，来自决策者的认同与接受，而这一切都取决于思想成果的传播面积或范围。沟通渠道越多样，交流合作越广泛，成果的传播面积或范围就越大。

高端思想库都重视拓展内外关系，不仅与思想库或相关研究机构进行密切的交流与合作，而且与政界、军界、商界等保持密切的交往，不断延伸触角，以了解最新动态与把握更多机会，以拓展业务和提升影响力。同时，都注重拓展沟通渠道，充分利用书籍、报刊、网络、广播与电视等多样化公共沟通渠道，传播其思想，以使更多公众与决策者接触与认识其思想。美国工程院、加拿大工程院、斯坦福大学莫理逊人口与资源研究所，都建议组织力量从事软科学研究，特别是与自然科学、工程科学及工程技术发展密切相关的人文科学、社会科学与行为科学研究，并成立出版社，编辑出版工程科技决策研究报告、软科学期刊等，以提升研究质量，拓展沟通渠道，提升思想的影响与影响力。

高端思想库都拥有广泛的交流合作、多样的沟通渠道，因此，所产生的思想能及时为决策者、学界、公众所理解与接受，在最大程度上提升思想和思想库的影响力。

---

① Fraserinstitute. Research：Economic Freedom［EB/OL］. Research & News > topic（s. d.）［2011 – 06 – 5］. http：//www. fraserinstitute. org/research – news/research/topics – display. aspx？topic = 104&name = Economic + Freedom

附件：关于水资源系列战略咨询研究的回顾与思考

从 1999 年起，以钱正英院士为首的一批中国工程院院士，联合院外一大批知名专家，连续承担了 6 项以水资源及区域开发为主题的战略咨询研究项目，取得了丰硕的成果，并得到了国务院主要领导的高度重视，许多战略性及政策性建议被采纳汇入国务院及下属相关部委的决策应用。这 6 项系列咨询研究工作在中国工程院承担建设国家工程科技思想库的重大使命中，曾经发挥了重要的引领和示范作用。为了加强和建设好国家工程科技思想库，作为参加过水资源系列战略咨询研究的院士和专家们，谨以实事求是的态度，回顾过去 12 年来的工作过程，总结其中的成功经验，指出今后应继续改进的方向，以期对中国工程院今后还要进行的咨询研究工作乃至思想库的建设有所裨益。

一、水资源系列战略咨询研究的总体回顾

在中央对中国工程院"是中国工程科技领域最高的荣誉性、咨询性学术机构"的定位中，已经明确了咨询工作在中国工程院各项工作中的重要地位。中国工程院从 1994 年成立之后不久，就开展了少量咨询研究工作。1999 年启动的"中国可持续发展水资源战略研究"（以下简称"全国水资源"项目），开启了一系列大型战略性咨询研究工作的先河。

说到这项咨询研究工作，有必要回忆一下 1998 年在中国发生的长江流域和嫩江流域特大洪灾的情景。在严重的灾情及全民抗洪的巨大浪潮过去之后，人们纷纷出来总结回顾抗洪救灾的前因后果，反思我们历来在对待洪水灾害的认识和决策方面的是非曲直。中国工程院也曾经组织过这样具有反思性的学术活动。在这一轮初步反思之后，一部分在水利界及生态和环境界富有真知灼见的院士专家认为，还有必要再进一步总结应对特大洪灾乃至整个水资源问题的认识和实践，探索水资源可持续发展的战略性思路，为政府进行决策咨询。这个想法早在 1997 年就由张光斗老院士提出，后因发生了"98 洪灾"而后延。1998 年重新提出启动水资源战略咨询项目，经商定，由钱正英院士出任组长、张光斗院士任副组长，由当时的学部工作部协助，邀请各方专家，组成一个比较完整、相对庞大的、包括 43 位院士和 300 多位专家在内的咨询队伍。值得提出的是，这一项咨询研究工作，虽然是中国工程院主动开展咨询的，但一开

始就得到了政府的支持。当我们组织好队伍、准备好研究工作大纲后，1999年1月18日，时任国务院副总理的温家宝同志欣然应要求听取了整个项目组及各课题组的研究工作大纲汇报，这对于大家是很大的鼓舞。这项咨询研究工作用了一年半时间，中间经过多次分头调研、成果交流及汇总讨论，最后形成综合报告，并于2000年7月11日向温家宝副总理汇报，得到他的高度肯定，他认为这项研究的系列成果"内容丰富，观点鲜明，立意高远，是院士们、专家们多年理论研究和实践经验的总结，对各级政府决策具有重要的参考价值"。

第一项"全国水资源"咨询研究项目的成功，大大提高了院士专家们从事咨询研究工作的积极性，认为这样做可以直接体现知识的应用价值，真正为国家富强服务。不同学科专家在钱正英院士的引领下，共同切磋，很有收获，都希望这个队伍不要散。而且中央领导，特别是温家宝同志，在2001年元旦团拜会上向钱正英院士也表示了希望继续"合作"的愿望。于是，以钱正英院士为首的几位专家又一起研究，决定选择西北地区水资源问题作为主要对象，开展新一轮的咨询研究工作，成立了"西北地区水资源配置、生态环境建设和可持续发展战略研究"的咨询项目组（以下简称"西北水资源"项目），由钱正英院士任组长、沈国舫院士和潘家铮院士任副组长，并于2001年5月17日向温家宝副总理汇报了立项研究大纲。之所以当时选择西北地区水资源问题作为研究对象，主要是为了配合当时已经提上日程的"西部大开发"这项国家决策。西北水资源问题在第一个全国水资源咨询项目中有所涉及，但不够深，这次提出来要加以更深入的研究，并与当时提出的一系列"生态环境建设"任务相衔接，要更加体现可持续发展的导向。针对这项咨询任务，对研究队伍做了适当的调整，保留了部分原有骨干，增添了一些新的学科专家，特别是请到对黄土高原有过深入研究的中科院刘东生院士及其团队中的丁仲礼院士任自然环境演变课题组的正副组长，也请到了李东英院士、胡见义院士和邱定蕃院士任工矿课题组的正副组长，对整个咨询研究项目扩大研究领域和加大研究深度起了很好的作用。这一支包括35名院士和300多位专家在内的咨询研究队伍，对西北各省区作了广泛深入的考察调研。期间曾针对内蒙古草原生态问题及塔里木河断流等问题向中央呈送了专题报告，经过多次课题成果汇报交流和综合报告的研究讨论，到 2002 年末基本完成了研究任务。2003 年 1 月 20 日，温家宝同志和回良玉同志又亲自听取了咨询研究项目组的汇报，充分肯定了研究报告提出的"确立人与自然和谐共存的发展方针"和 10 项战略对策。温家宝同志在汇报后的讲话中充分肯定和赞扬了此次咨询研究成果。向中央汇报以后，项目组又组织研究队伍对西北地区的重点问题进行了专题回访和继续探讨，进一步修改完善了原来的研究报告初稿。到 2004 年 1 月正式结集出版，并曾到西北地区部分省区进行专题宣讲。

"西北水资源"咨询项目顺利完成以后，钱正英院士和一些核心成员商量，确定下一个咨询项目应配合中央关于"振兴东北老工业基地"的决策，以东北地区为主要研究对象。2004 年春，我们先到东北三省走了一圈了解情况并给各省政府打了招呼，4 月经国务院领导批示同意，正式启动了"东北地区有关水土资源配置、生态与环境保护和可持续发展的若干战略问题研究"咨询研究项目（以下简称"东北水资源"项目）。项目名称很长，包括了好几层意思。与西北地区不同，东北地区水热平衡比较好，是我国主要的有潜力继续发展农业的地区和主要的林区，而且工矿事业都比较发达，但面临资源枯竭、设施老化、污染严重、用地矛盾（特别是农业用地、湿地和林地之间）突出等诸多不可持续的问题。项目设置目标是试图解决好这些矛盾和问题，充分发挥东北地区的优势，走上可持续发展的道路。为了适应东北地区研究工作的需要，单独设立了林业课题组，并加强了湿地研究力量。项目中的东北地区包括东北三省及内蒙古东部 4 个盟（市）。项目组仍由钱正英院士任组长、沈国舫院士和石玉林院士为副组长。2004 年内项目组马不停蹄地连续对三省一区的主要有代表性地区进行了考察。2005 年又对煤炭资源枯竭的辽宁省抚顺市及吉林西部生态脆弱的白城市等地进行了进一步考察，并就抚顺市煤矿塌陷区修复及危旧房改造问题单独向国务院作了专门报告。2005 年，各课题组就研究成果进行了反复交流讨论，并就综合报告内容进行了深入的讨论，于年底形成报告文稿。2006 年 1 月 13 日，项目组向国务院汇报项目研究成果，温家宝总理、黄菊副总理和回良玉副总理仔细听取汇报并予以充分的肯定。项目研究的多项成果后来都纳入了中央和地方两级政府的政策和实践。

出于对国家粮食安全及保持 18 亿亩耕地的关切，项目组一些同志在完成了东北地区的研究之后，又把目光投向有着广阔滩涂土地资源的苏北地区，并派人做了一些前期调研工作。此时国家开发银行领导也表示了对类似战略咨询研究的浓厚兴趣。于是，中国工程院会同国家开发银行与江苏省政府主要领导商量，并得到他们明确的支持，三家一起于 2006 年成立了"江苏省沿海地区综合开发战略研究"咨询项目组（以下简称"江苏沿海"项目）。在这个项目中，水资源问题已不占主要地位，而能源电力问题、滩涂开发问题、港口建设问题等成为了主要的研究对象，这个研究项目具备了更多的区域综合开发研究的特征，因此在研究人员组成上有了较大的调整，在原有基本骨架之上又增加了能源和电力、港口与交通、滩涂和生物质等方面的院士专家，加上国家开发银行也加入了一些以区域经济研究为专长的专家。项目组领导除原来由钱正英院士当组长，沈国舫院士、石玉林院士当副组长外，又加上了国家开发银行的王大用（后期由庄来佑接任）和江苏省副省长毛伟明为副组长。项目组在 2007 年组织了多次对苏北地区的综合考察和专题考察调研，仍然按专题、课题和项目的顺序逐级反复提炼汇总，于 2008 年年初形成咨询研究综合报告。报告肯定了江苏沿海地区的区位优势，尤其在滩涂开发、新能源开发及港航建设（特别是连云港的发展）的前景，按照新型工业化和农业现代化的发展思路，有可能使江苏沿海地区成为东部地区新的经济增长点。2008 年 5 月 8 日，项目组向国务院汇报咨询研究成果，温家宝总理、李克强副总理听取了汇报并予以了肯定，当场指示国家发改委可以把江苏沿海地区纳入国家重点开发区域，并在会后得到了落实。

新疆的水资源问题一直是项目组核心成员关注的问题，在研究全国和西北地区水资源问题时，项目组就已对塔里木河下游断流问题提出了对策意见，部分得到了落实。2007 年，新疆经济社会发展问题提上了国务院的重要议程。温家宝总理在考察新疆时曾明确指示要请中国工程院研究新疆水资源的可持续发展战略问题。应水利部及新疆维吾尔自治区人民政府的邀请，中国工程院又成立了"新疆可持续发展中有关水资源的战略研究"咨询项目组（以下简称"新疆水资源"项目），基本上是西北水资源项目的原班人马，由钱正英院士任组长，沈国舫、潘家铮和石玉林三位院士任副组长，开始了咨询研究工作。由于新疆水资源问题涉及与境外水资源的关系问题，因此还专门设立了一个研究国外干旱区水资源问题的独立专题组。项目组在 2008～2009 年间组织了多次综合及专题考察，特别对农业用水、城市用水、工矿用水及生态用水的关系以及自治区内的调水问题予以特别的关注。经多次反复讨论探索，对新疆水资源管理调配中的一些特点和难点问题有了清晰的认识，并对新疆用水格局的战略性调整提出了明确的意见。项目研究综合报告于 2009 年 11 月形成。由于当时新疆形势的特殊情况，提出不再向国务院领导直接口头汇报，而改用书面报告形式提供给国务院各部委去新疆调研时参考，其中有关新疆建设兵团在新形势下的发展方向和用水结构问题在后来得到了专项的落实。

2010 年春节期间，浙江省委及省政府主要领导根据浙江省发展海洋经济的需要，专门请当时已 87 岁高龄的钱正英院士再次出山，带领队伍对此进行咨询研究。钱正英院士在征得原项目组核心成员的一致赞同后，又启动了由中国工程院、国家开发银行和浙江省人民政府共同主持的"浙江沿海及海岛综合开发战略研究"咨询项目（以下简称"浙江沿海"项目）。项目组由钱正英院士任组长，沈国舫、潘家铮、石玉林、庄来佑（国家开发银行原总经济师）和陈敏尔（浙江省常务副省长）任副组长。项目组基本上沿用了江苏省沿海项目的原班人马，加强了海洋生态、海岛开发和以核能为主的新能源开发的研究力量。项目组在 2010 年内进行了多次综合和专题的考察调研，在考察中看到了舟山市作为浙江省乃至整个东部地区处于前沿的特殊发展优势，以及浙江省开发以核能为主的新能源的地理优势，经反复讨论，到 2010 年年底取得共识，并于 2011 年年初形成综合研究报告。2011 年 4 月 1 日，温家宝总理和李克强副总理共同听取了项目组汇报，并充分肯定了咨询研究报告的主要结论和建议。咨询研究项目促进了国务院对浙江省发展海洋经济规划的批复，也促进了国务院关于建设舟山群岛新区的决定。

从以上对 6 个水资源系列战略咨询项目的总体回顾可以看到，这个咨询项目组基本队伍一直延续下来，始终关注水资源、生态环境保护和建设、区域综合开发中的一些重大战略问题，同时也一直得到国务院主要领导的支持。所有咨询项目的结论和建议，都纳入了政府的视野，积极影响了政府的系列决策，同时也成为国家发改委和各相关部委及地方政府进行规划制定及政策形成的重要依据。可以说，水资源系列咨询研究项目在实现政府的科学、民主决策方面发挥了很好的作用。

二、各个战略咨询研究项目的核心内容及效果评价

水资源系列战略咨询研究，从 1999 年开始延续到 2011 年，一共实施了 6 个项目，这 6 个项目既具有针对性、战略性、综合性等共同性质，又根据不同的研究对象而各有特色。在对这 6 个项目的立项背景及实施过程进行总体回顾的基础上，下面将分别阐述各个项目的核心内容及效果评价。

（一）中国可持续发展水资源战略研究

1. 立项背景及工作进程

这个咨询项目起始于 1999 年 1 月，其立项背景已如前述。项目组组织涵盖了地理、地质、气象、水文、农业、水利、土地、林业与生态建设、环境保护、城市建设、社会经济等 10 多个学科的 43 位院士和 300 多位院外专家，组成了 9 个课题组。经过一年多的紧张工作，提出了 9 个课题报告，并在此基础上经过反复交流讨论汇总，提出了项目综合报告，并于 2000 年 7 月 11 日向时任国务院副总理的温家宝同志和有关中央部委领导做了汇报。

2. 主要研究内容和结论

项目组在全面分析评价中国水资源现状和供需关系发展趋势的基础上，分别对防洪减灾、农业需水、城市用水、生态建设与水资源保护利用及水污染防治等方面的问题进行了深入的探讨，还对干旱缺水的北方地区、极度干旱的西北内陆河流域地区及水能资源丰富的西南地区水资源问题进行了专门探讨。在项目综合报告中提出了"以水资源的可持续利用支持我国社会经济的可持续发展"的总体战略。为此要从 8 个方面实行战略性的转变：

（1）防洪减灾——要从无序、无节制地与洪水争地转变为有序、可持续地与洪水协调共处的战略；要从以建设防洪工程体系为主的战略转变为在防洪

工程体系的基础上建成全面的防洪减灾工作体系。

（2）农业用水——要从传统的粗放型灌溉农业和旱地雨养农业转变为以建设节水高效的现代灌溉农业和现代旱地农业为目标的农业用水战略。

（3）城市和工业用水——要从不重视节水、治污和不注意开发非传统水资源转变为节流优先、治污为本、多渠道开源的城市水资源可持续利用战略。

（4）防污减灾——要从以末端治理为主转变为以源头控制为主的综合治污战略。

（5）生态环境建设——要从不重视生态环境用水转变为保证生态环境用水的水资源配置战略。

（6）水资源的供需平衡——要从单纯地以需定供转变为在加强需水管理基础上的水资源供需平衡战略。

（7）北方的水资源问题——要从以超采地下水和利用未经处理的污水维持经济增长转变为：在大力节水治污和合理利用当地水资源的基础上，采取南水北调的战略措施，保证北方地区社会经济的可持续增长。但经过专题论证，否定了当时大肆宣传的、从西藏调水的"大西线方案"的工程可行性。

（8）西部地区的水资源问题——要从缺乏生态环境意识的低水平开发转变为与生态环境建设相协调的水资源开发战略。

为了实现以上转变，项目综合报告中提出必须进行的三项改革，即水资源管理体制的改革、水资源投资机制的改革、水价政策的改革。

项目综合报告在最后的结论中认为："当我国人口增至 16 亿时，我国的人均水资源量将降到 1760 立方米（而且分布极不均衡），已经接近国际公认的水资源紧张标准，水资源的形势十分严峻。同时，防洪减灾的任务也十分繁重。经过对防洪、农业、工业、城乡生活、生态环境等各方面情况的分析认为，在加强管理、加大投入、合理配置、高效利用和注重保护的前提下，我国有条件在人与环境协调共处的基础上，实现第三步战略目标和社会经济的可持续发展。"

3. 咨询项目的主要效果

在听取项目成果汇报以后，温家宝同志对这个全国水资源战略咨询项目的成果作了高度的评价，认为"中国工程院紧紧抓住这个关系国计民生的大问题，从民族生存发展和综合国力竞争的高度来研究中国水资源战略，体现了院士们、专家们忧国忧民的责任感和振兴中华的强烈愿望"。温家宝副总理还指示国务院办公厅以《参阅文件》形式印发项目综合报告，并把此研究成果中的重要观点应用到当时正在进行的"十五"计划制定和重大经济决策中去。

这个报告同时也得到了参加会议的各部委领导的认可。水利部汪恕诚部长把此誉为水利战略研究的最高水平，要全部落实到第十个五年计划的水利工作中去。他还要求把研究报告作为干部培训教材，水利系统的干部要人手一册，组织学习。

从实际层面看，中国水资源战略研究报告也起到了很大的作用。当时在中国研究水资源问题的不止这一个项目，但后来大家都承认这个研究报告代表了当时的最高水平。报告对中国水资源问题科学而明晰的分析以及水资源总体战略的提出都起到了引领作用。而其下一层次的人与洪水协调共处的防洪减灾战略，节水高效的农业用水战略，节流优先、治污为本、多渠道开源的城市用水战略，以源头控制为主的综合防污战略，以及保证生态用水的水资源配置战略等都得到了水利界和学界的普遍认可。当时在国内关于南水北调如何上马问题正争论不休，而咨询研究报告在肯定南水北调必要性的基础上，提出东线和中线可以同时先上，西线还要抓紧做前期工作，大西线在当代没有工程可行性。这个结论实际上帮助了政府加快作出工程上马的决策，对开展南水北调工作起了促进作用。另外，这个研究报告理清了生态建设和水资源之间的复杂关系，明确了生态用水的概念及计量原则，对有关学界也是一个很好的推动。

项目组研究成果形成了一套九卷的研究专集，2001年由中国水利水电出版社出版。

（二）西北地区水资源配置、生态环境建设和可持续发展战略研究

1. 立项背景及工作进程

本项目研究的立项背景已如前述，项目研究的西北地区包括新疆、青海、甘肃、宁夏、陕西和内蒙古等省、自治区范围内的内陆河流域和黄河流域。全区域土地总面积345万平方公里，跨干旱、半干旱和半湿润区。

本项目组织了涵盖地理、地质、气象、水文、农业、林业、草业、牧业、水利、土地、水土保持、生态、环境、城市建设、历史、考古、社会经济以及石油、天然气、煤炭、冶金等 20 多个学科 35 位院士和近 300 位院外专家，并有西北六省、自治区 130 多位有关领导和专家参与，组成了 9 个课题组。

从 2001 年 5 月项目正式启动至 2003 年 1 月向国务院汇报以及随后近 1 年的专题回访，这期间项目组组织了 8 次综合考察和若干次专题考察，足迹踏遍 6 个省区。每次考察结束与地方交换意见后，项目办公室都组织提出了专家考察报告集，作为阶段性成果。

2. 主要研究内容和结论

考察过程中发现 3 个突出问题：第一个问题是内蒙古草原的生态危机。我们看到了"赤地千里，寸草不生，触目惊心，惨不忍睹"的情景，写了《关于抢救内蒙古高原生态环境报告》送交国务院，温家宝同志立即批复内蒙古自治区领导及有关部门，建议中提出的重要措施，得到落实，产生了良好的效果。第二个问题是塔里木河断流问题。考察中我们看到塔里木河下游在大西海子水库以下 300 公里河段断流，两岸胡杨林大片死亡，尾闾台特玛湖干涸，走廊两侧沙漠逐渐靠近，有完全合拢的危险。必须抢救，使塔河合理恢复到达台特玛湖。为此，在调研过程中，即向国务院报告，并要求水利部组织考察，提出方案。建议得到水利部和自治区的重视，并经国务院批准并拨专款实施。第三个问题是在调研过程中看到了新疆生产建设兵团大面积开荒过程中已经产生与地方争水争地的矛盾。钱正英院士独自与兵团领导交换调整"屯垦戍边"的意见，并上书党中央、国务院，到了 2007 年开展"新疆水资源"项目时中央、兵团、自治区各方都取得了一致意见。写入了"新疆水资源"项目的综合报告。

对西北干旱区极为重要的生态环境与社会经济用水合理比例问题，项目组研究结果得出："在西北内陆干旱区，生态环境和社会经济系统的耗水以各占 50% 为宜"的科学结论，指导了干旱区的水资源配置。

项目组在 9 个课题报告的基础上形成项目的综合报告。综合报告在分析西北地区生态环境出现的种种问题之后认为，"本区生态环境的主要危机综合表现为土地荒漠化",并提出解决矛盾的方针与战略对策的建议。

综合报告指出,如何解决发展社会经济与保护生态环境的矛盾?根本的原则和出路只能是坚决确立人与自然和谐共存的发展方针。只有在人与自然和谐共存中,人类才能得到持续发展。在西北地区,这个方针具有十分迫切的现实意义。如果不认识和及时地贯彻这个方针,西北地区的社会经济发展将不可能持续进行。报告又深刻地指出,西北地区生态环境危机的深层次原因是:人类占用了过多的自然资源。由于人口增加过快,而生产方式落后,造成对自然资源主要是水、土、林、草等过度利用,以致破坏。综合报告进一步阐述了人与自然和谐共存的方针现实的可行性和主要内容,着重提出必须以水资源的可持续利用支撑社会经济的可持续发展。为此必须要统筹全局,合理安排生态环境建设,坚决调整产业结构和转变经济增长方式,建设高效节水防污的经济与社会。

"人与自然和谐共存的发展方针"的提出有其深远的影响,远远超出了报告范围,也远远超出了"西北地区"的范围,它在中国社会引起强烈的反响。这是人类认识自然、探索人与自然关系、摆正人类在自然界中的位置至关重要的观点,这是人类认识史上的一次进展、一次飞跃。"人与自然和谐共存的发展方针"得到了中央的认可,作为科学发展观的一个组成部分,绝非偶然,而是必然的结果,钱正英院士对此做出了卓越的贡献。

综合报告对西北地区可持续发展的战略对策提出 10 项建议。

(1) 加强水资源的统一管理;

(2) 干旱和半干旱区的植被建设以封育为主,退耕退牧还林还草;

(3) 防沙治沙重点是防治原有耕地、草地、林地的沙化;

(4) 加强农业基础地位,增加对农牧业的资金投入;

(5) 因地制宜地保证粮食供需平衡;

(6) 发展工矿业,推进城镇化;

(7) 在加快发展经济的同时,坚决防治水环境污染;

(8) 实施少生快富的人口政策,消除贫困;

(9) 抓紧前期工作,建设"南水北调"的西线工程;

（10）建立西北地区生态环境建设的部门协调机制。

3. 咨询项目的主要效果

2003 年 1 月，温家宝同志再次召开包括回良玉同志在内的 19 个部委和西北六省区领导同志参加的汇报会，听取项目组汇报。温家宝同志指出："参加研究的院士和专家们，从民族的历史和综合国力竞争的战略高度，审视我国西北地区可持续发展问题，站得高、看得远，充分体现了我国广大科技工作者忧国忧民的历史责任感和振兴中华的强烈愿望。对这份经过长时间研究的重大成果，一定要应用好。"他要国务院办公厅将成果汇报印发各地区各部门，同时希望新闻宣传单位采取各种生动活泼的形式宣传此项科研成果。

2003 年 8 月，国务院在"非典"疫情后举办第一次学习讲座，温总理请钱正英院士做了学习汇报。

"西北水资源"咨询项目的成果曾在中国工程院组织的工程科技论坛上专门做过宣讲，还到宁夏、甘肃两省区做过专题报告。咨询报告中重点提出的"人和自然和谐共存"的观点，得到了广泛的响应，对当时正在进行的草原沙漠化防治、塔里木河断流整治及三北防护林体系建设等项目都产生了积极的影响。

时隔 8 年后的 2011 年 4 月，温家宝总理在"浙江沿海"项目汇报会上对"西北水资源"项目讲了以下的话，"为保障西部地区经济和社会可持续发展，必须确立人与自然和谐共存的关系，必须以水资源的可持续的利用支撑经济和社会的可持续发展等重要观点，提出了西北地区生态建设、水资源合理配置和高效利用的 10 项战略……这些咨询意见对西北地区经济社会可持续发展具有重要的指导意义，为中央制定和完善西部大开发政策发挥了重要作用"。

目前，项目组的研究成果已经形成了一套共 10 卷的研究专集，由科学出版社出版。

（三）东北地区有关水土资源配置、生态与环境保护和可持续发展的若干战略问题研究

1. 立项背景及工作进程

本项目研究的立项背景已如前述，项目研究的东北地区范围包括：辽宁省、吉林省、黑龙江省和内蒙古自治区东四盟市（赤峰市、通辽市、兴安盟和呼伦贝尔市）。土地面积约 124 万平方公里。把内蒙古自治区东四盟市纳入东北地区对研究区域经济和社会发展具有重要意义。

本项目在"西北水资源"项目基础上，继续组织地理、地质、气象、水文、水资源、水利工程、土地、水土保持、草业、农业、牧业、林业、生态、环境、城镇建设、社会经济以及石油、天然气、煤炭、冶金等 20 个学科的 31 位院士和 260 多位院外专家，成立了 10 个课题组。

从 2004 年 4 月经国务院批准启动，至 2006 年 1 月向国务院汇报以及汇报后的回访，项目组织了 5 次综合考察和若干次专题考察，并由项目办公室编集了专家报告集作为阶段性调研成果。在辽宁省抚顺市调研时，项目组发现煤炭职工棚户区极度贫困状况，为此，项目组商请了国务院负责扶贫工作的胡富国和杨贵同志做了专门调查，调查报告由项目组报国务院，得到批准支持，实施了抚顺市棚户区的改造，随后扩展到整个东北地区棚户区的改造。辽宁省委和省政府为此向项目组专门发了感谢信。另外，对抚顺市的地质灾害整治，又请了地质专家徐瑞春同志带领一个小组去抚顺，继续进行一段时间的后续工作，包括对地质灾害整治、煤炭资源的挖潜、露天开采的大煤坑改造为公园的计划进行调研，这些研究材料都交给当地政府，以资参考。

2. 主要研究内容和结论

咨询研究的综合报告分析了东北地区资源与环境问题，指出由于长期实行粗放的以牺牲资源和环境为代价的发展模式，已经造成严重的资源和环境危机，原来的经济增长方式已不可能持续发展。指出振兴东北老工业基地的唯一选择是建设资源节约、环境友好型的经济与社会。这是统筹人与自然和谐发展的必然选择。在综合报告和向国务院汇报稿中提出的结论与建议是：

（1）东北地区过去的垦荒，实际上占用了林、草、湿地，目前的生态与环境状况已到临界状态。今后的土地利用的总体格局应当是：耕地总量不再增加，林、草、湿地不再减少，城市和工矿用地合理控制。

建议从现在起，立即"刹车"，不再继续扩大耕地。要使东北的广大干部和群众都明确认识和改善林、草湿地的重要性，绝不可自毁"长城"。

（2）即使耕地总量不再增加，东北地区仍有巨大的农业振兴潜力。为了解决粮食生产和农民增收的矛盾，应当在大力发展水稻生产的基础上，建设国家商品粮生产基地；并建设肉乳生产基地、农畜产品加工基地和东北亚农产品贸易中心。

建议将三江平原和松嫩平原的综合治理以及黑土保护工程列为建设国家商品粮基地的重大措施。

（3）必须进一步采取措施，在确保森林资源得到休养生息的同时，全面实施森林的科学经营和管理，实现森林资源的可持续利用和林区经济社会的可持续发展。为此要实施以政企分开为中心的林区体制改革及延长天然林保护工程的实施期限。

（4）对城市的水源危机，应首先完善本身的基础设施，大幅减少供水管网的漏损，保证污水处理厂的建成和正常运行，提高污水处理后的回用率，在此基础上，考虑建设地表水源工程。对由于采煤而遭受严重地质灾害的城市，建议以抚顺市为试点，实施以工代赈的地质灾害修复工程。

（5）加强地质勘探，提高资源保证程度。同时要充分利用地缘优势，开发利用国外矿产资源，建议国家给予关怀与支持。

（6）将保护水环境、防治水污染作为保持老工业基地可持续发展的关键性任务。建议以辽宁、吉林、黑龙江三省的大城市和石油化工、冶金、造纸、酿造、医药等行业作为当前防治污染的重点。

（7）为解决西辽河流域的生态危机，应坚决转变农业的发展方向，保护并适当改善湿地。应农牧结合，以牧为主；农业以雨养农业为主，在缺水地区不应种植水稻；林业应以自然封育为主。

（8）水资源配置应为人与自然的和谐发展创造条件。建议加强对水资源的统一规划和管理，强化流域机构的职能；并加强对自然灾害的监测、预报和防御工作。

以上8项建议都是将内蒙古自治区东四盟市纳入统一考虑的。鉴于内蒙古自治区东四盟市在自然环境和资源条件与辽宁、吉林、黑龙江三省的密切联系，建议纳入东北地区的老工业基地的振兴规划，给予同等优惠政策。

3. 咨询项目的主要效果

2006 年 1 月 13 日国务院总理温家宝同志在国务院召开有黄菊副总理、回良玉副总理、中国工程院徐匡迪院长和 11 个部委及辽宁、吉林、黑龙江、内蒙古四省区领导参加的汇报会，听取项目组的汇报。温家宝总理给予充分肯定，指出："一要加强水资源的节约和保护；二要切实加强对耕地的保护与建设；三是加强生态建设和环境保护。着力解决好重化工、城市大型矿区的污染问题；加大老矿区塌陷等问题的治理力度"。根据温总理讲话精神，项目组对东北各省的重点问题进行了专题回访和研究。

这个咨询项目的研究成果为国家发改委及东北四省区的发展提供了重要的科学依据。后期的发展实践表明，无论是该地区工矿业的发展，水利、农业和林业等事业的发展，还是在生态保护和环境污染防治等方面，都是和项目研究成果所指出的原则和建议相符的。

时隔 6 年，在 2011 年 4 月 1 日"浙江沿海"项目向国务院汇报时温家宝总理提到"东北水资源"项目时，再次指出："这项研究紧紧围绕中央振兴东北地区老工业基地这一重大战略，抓住东北地区水土资源配置、生态环境、可持续发展这一主题，从水污染治理、湿地保护、提高农业综合生产能力等七个方向进行分析研究，提出一系列重要的思想和对策，2006 年 2 月国务院办公厅《政务情况交流》将钱正英同志的汇报和项目综合报告印发各地区、各部门"。

项目组的研究成果形成了一套共 10 卷的研究专集。2007 年由科学出版社出版。

（四）江苏省沿海地区综合开发战略研究

1. 立项背景及工作进程

此项目研究的立项背景已如前述，研究工作范围包括江苏省沿海的连云港市、盐城市和南通市。

江苏省沿海地区区位条件独特，自然条件优越，是我国东部难得的一块蕴藏着巨大发展潜力的宝地。由于诸多原因，该地区在江苏省内属于欠发达地区。然而，随着长三角地区以及江苏省域经济形势的发展，江苏沿海地区开发已然蓄势待发。江苏省委、省政府也不失时机地将这项工作提上了重要的议事日程，并勾画了"依港兴工、以工兴市"的发展路线图。但是，如何根据自身的优势高水平开发，避免低水平的重复；如何把握发展方向，避免成为发达地区转移污染工业的受害者，避免无序开发造成不良后果等问题，仍是江苏沿海地区发展中迫切需要解决的战略性问题。

该项目就是在这样的背景下，由钱正英院士建议立项的。立项之前，清华大学雷志栋教授等赴江苏沿海地区进行预调研。在初步调研基础上，2006 年 9 月 12 日，钱正英院士一行专程到南京与时任江苏省委书记的李源潮同志、江苏省长的梁保华同志等交换了意见。经协商确定，由中国工程院、国家开发银行和江苏省人民政府联合立项，研究江苏沿海地区综合发展战略。为做好立项准备工作，2006 年 9 月 30 日，项目组组长钱正英院士主持召开了立项工作会议，听取国家开发银行、江苏省人民政府等对立项的意见和建议，形成了立项建议书。

2. 主要研究内容和结论

"江苏沿海"战略研究项目下设 11 个课题，分别是：

（1）连云港核电基地建设和相应的电网布局。主要研究内容包括：江苏省国民经济发展和电力需求预测，全省电源发展规划，核电厂址资源，连云港核电基地建设的必要性，核电机组的选型和建设进度安排，电网布局，以及电力南送的过江通道问题等。

（2）风电建设。主要研究内容包括风能资源调研与评估，省内风能产业发展分析，沿海地区风能开发利用分析。

（3）农业秸秆的合理利用与生物质能源基地建设的可能性。主要研究内容包括江苏沿海地区生物质能源基地建设的条件，秸秆综合利用战略，生物质能源基地建设，以及政策保障和配套环境建设。

（4）天然气的综合利用与石油储备。主要研究内容包括江苏沿海地区石油、天然气利用与石油战略储备的必要性、有利条件、总体思路和初步设想，以及落实总体思路和初步设想的措施。

（5）滩涂资源评价与合理开发利用。主要研究内容包括江苏沿海滩涂资源的分布及其演变规律，滩涂资源开发利用的历史和现状，国外滩涂资源开发利用的成功经验，江苏沿海滩涂资源开发的重要意义，开发的方案设想，开发的环境影响。

（6）水土资源合理利用与农业综合发展。主要研究内容包括现状与问题分析，土地资源开发与合理利用，水资源合理配置，农业发展战略，城乡协调发展战略。

（7）城镇发展与空间布局。主要研究内容包括江苏沿海地区发展现状，沿海地区城镇发展的条件、定位及战略构想，沿海地区城镇空间布局结构。

（8）水利工程布局。主要研究内容包括江苏沿海地区水利工程布局现状评价与规划定位，淡水资源的保障，防灾减灾能力的提高，水资源保护与水环境改善。

（9）交通、港口与综合运输。港口布局方面的主要研究内容包括海岸演变与冲淤特征，建港条件分析，沿海港口现状与已有规划，地区工业布局对港口的要求，港口布局及实施意见，重化工深水大港选址建议；综合交通网建设方面的主要研究内容包括交通现状及主要问题，产业综合发展对交通网建设的要求，交通网布局方案，近期建设重点。

（10）生态与环境预测与保护。主要研究内容包括沿海生态与环境现状及评价，沿海污染源调研与分析，沿海环境容量分析，沿海开发对生态和环境的影响评价，沿海生态与环境的保护战略。

（11）工业发展与布局。主要研究内容包括现状及影响因素分析，工业发展重点，工业布局方案，政策和措施。

项目主要研究结论是，建议将江苏沿海地区设为国家重点开发区域，将该地区建设成为我国东部地区新的经济增长点和全面实践科学发展观的示范区。为此需要开展的工作包括：①加快连云港发展，即把连云港作为陇海经济带重要的出海口，加大港口建设的力度，结合 30 万吨级油码头，建设 1000 万吨炼油和 100 万吨乙烯的大型石化基地和国家战略石油储备基地，同时设立连云港保税港区；②实施大规模沿海滩涂围垦工程，通过科学论证，实现近期开发270 万亩、远期达到 700 万亩的目标；③加快发展现代农业，建设现代农业示范区；④坚持走新型工业化道路，设立国家级循环经济试点园区；⑤建设新能源基地；⑥加强环境保护。

3. 咨询项目的主要效果

2008 年 5 月 8 日，温家宝总理在国务院主持会议，李克强副总理、马凯国务委员、国家有关部委以及江苏省的领导同志听取了江苏沿海地区综合发展战略研究的成果汇报，温家宝总理在讲话中肯定了项目研究的成果对国家和江苏省的发展及战略布局有重要的参考价值，会议决定将江苏省沿海地区开发纳入长三角地区改革开放和经济社会发展的总体布局，在此基础上再进一步制定江苏沿海地区综合开发战略规划。

2009 年 6 月 10 日，国务院常务会议审议并原则通过《江苏沿海地区发展规划》，江苏沿海地区发展上升为国家战略。江苏沿海地区综合开发战略研究的主要成果在《江苏沿海地区发展规划》中得到了充分的体现。

此后不久，江苏省成立了沿海地区发展领导小组，统一领导江苏沿海地区发展的规划管理、政策研究、统筹协调、重大项目推进和资金筹措等；与此同时，省委省政府还在南京召开了全省沿海地区发展工作会议，对贯彻实施国家批准的《江苏沿海地区发展规划》进行了全面部署。2010 年以后，《江苏沿海滩涂围垦及开发利用规划纲要》等专项规划以及重大基础设施建设和基干产业发展的三年实施方案出台；江苏省沿海开发集团有限公司成立，统筹省级沿海开发重点项目建设；连云港市全面推进"一体两翼"组合大港、"一纵一横"产业走廊、"一心三极"海滨城市布局，开工建设 30 万吨级航道，建成 30 万吨级矿石码头和东疏港公路、南疏港公路等一批重点工程。

项目研究成果形成了一套 12 卷的研究专集，2008 年由江苏人民出版社出版。

（五）新疆可持续发展中有关水资源的战略研究

1. 立项背景与工作进程

新疆维吾尔自治区位于我国西北边陲，气候上属温带干旱地区，水资源是当地绿洲经济乃至整个经济社会发展的支柱。随着近年的快速发展，水资源开发利用中各种问题十分突出。

2007 年 8 月下旬，水利部陈雷部长和中央政治局委员、新疆维吾尔自治区党委书记王乐泉同志先后向钱正英院士传达了温家宝总理8月中旬在视察新疆期间就新疆水利建设的指示，应在中国工程院"西北地区水资源配置、生态环境建设和可持续发展战略研究"项目基础上，设立一个后续项目，研究新疆水资源可持续利用的有关问题。钱正英院士当即组织中国工程院水资源战略研究项目组成员学习了温总理在新疆的讲话，并听取了水利部和新疆水利厅关于新疆水资源、水利建设及急待解决问题的报告。根据国务院领导指示，中国工程院自2007年9月，正式组建项目组，开展"新疆可持续发展中有关水资源的战略研究"的咨询项目研究工作。

项目研究的学科范围涵盖了地质、地理、气象、水文水资源、水利工程、水文地质、土地资源、生态、环境、农业、林业、工矿、能源、城市等多种专业，共有17位院士、100多位专家参与项目研究，由钱正英院士任项目组组长，沈国舫院士、石玉林院士任副组长。自2007年9月至2009年5月，共组织了4次项目综合考察，各课题组分别进行了涵盖全疆的实地调研。2009年10月基本完成了项目研究任务。

2. 主要研究内容

新疆可持续发展中有关水资源的战略研究项目下设8个课题和1个专题，分别是：

（1）自然环境历史演化、人类活动影响及气候变化。主要研究内容有新疆的气候环境及变化趋势，新疆的冰川水资源及其变化，全球升温对新疆水资源的影响，新疆沙漠、湖泊、绿洲的形成和演变，环境变化、人类活动与丝绸之路古文明的兴衰等。

（2）水资源供需发展趋势、优化配置和可持续利用。主要研究内容有新疆水资源开发利用现状评价，新疆水资源总体配置，生态需水与经济社会需水，分区水资源配置，地下水资源利用等。

（3）人工绿洲建设、盐碱地改良与农牧业可持续发展。主要研究内容有绿洲的状况与绿洲生态系统稳定性分析，绿洲与耕地的发展规模，农业结构调整与布局，建设现代绿洲农业生产体系，大力发展以农产品为原料的加工业，壮大县域经济等。

（4）天然绿洲保护与河、湖、湿地系统的配置。主要研究内容有新疆自然生态现状的总体评估，沙漠自然属性和绿洲的保护，河湖湿地系统的稳定改善，实施重点生态保护工程，自然生态保护的水资源配置等。

（5）城镇布局与可持续发展。主要研究内容有新疆城镇发展的特征分析，新疆城镇发展的条件、趋势与存在的主要问题，城镇发展主要对策等。

（6）工矿能源业用水和可持续发展。主要研究内容有能源化工工业的现状与发展分析，非能源矿产资源的发展，纺织工业的振兴和发展等。

（7）水污染防治。主要研究内容有新疆水体水质的现状，新疆水污染治理现状与分析，新疆水污染防治对策建议等。

（8）重大水利工程布局。主要研究内容有新疆水利工程现状与评价；经济社会发展和生态环境保护对水利工程建设的要求，水利工程建设总体布局，重大水利工程，水资源管理与水利工程管理等。

（9）国外干旱区水源利用及经验教训（专题）。主要研究为两河流域与中亚水资源利用与生态演变分析，国外干旱区水资源利用及经济效益分析等。

3. 主要结论和建议

项目研究的主要结论：

（1）新疆与世界上同类干旱区的一些地方相比，水资源相对丰富，可以支持社会经济的可持续发展，但必须贯彻落实科学发展观。

（2）新疆水利建设取得了显著的成绩。存在的主要问题是：水资源开发利用过度，生态环境进一步恶化，用水效益不高。考虑到未来气候变化的不确定性，需警惕今后可能存在的隐忧。

（3）无序开荒、灌溉面积过度扩张造成了农业用水量过大、用水比例过高，是水资源开发利用过度的根本原因。

（4）解决问题的根本出路是进行经济结构的调整：发展节水高效的现代农业，减少农业用水；加快工业化、城市化的进程；实现水资源利用的战略转移。

（5）额尔齐斯河与伊犁河按已定规划，分别向天山北坡（包括克拉玛依）调水25亿立方米和15亿立方米；吐哈盆地和塔里木盆地应立足当地水资源，跨流域调水方案成本过高，经济上不可行。水资源配置中，应首先满足河湖湿地生态系统的修复与保护。

（6）水利工作必须转变发展方式，以提高用水效率和效益、保护水环境为目标，从传统的以供水管理为主转向以需水管理为基础，实行水资源的最严格管理。

（7）新疆水环境极为脆弱，应严格防止走我国东中部一些地区"先污染后治理"的老路。

项目研究提出了水资源配置利用的战略转变：

（1）从经济用水为主转变为经济社会与生态用水并重。

（2）从农业用水为主转变为工农、城乡用水并重。

（3）从粗放型传统灌溉农业转变为集约型现代灌溉农业。

（4）建设节水、防污型社会，实现水资源的可持续利用。

（5）严格保护浅层地下水，并建立以深层地下水为主的水资源储备制度。

（6）大力推进水利基础设施建设。

（7）从传统的以供水管理为主向以需水管理为基础的转变。

（8）协调国内国外关系，实施互利双赢的国际河流分水战略。

项目研究的主要建议：

（1）新疆的耕地政策应与其他省（区、市）不同。新疆目前水资源已过度开发，生态环境已十分脆弱，新疆的耕地总量需适当压缩。新疆的粮食应自给有余，不宜作为国家粮食基地。

（2）对新疆森林覆盖率的考核，应与其他省有所不同。新疆的山区要严格执行天然林和天然草地的保护政策。新疆平原的水资源有限，人工绿洲面积不能过大，林木覆盖率相对于整个广袤的平原区比例非常小，不能笼统地要求提高平原森林覆盖率。

（3）采取扎实措施推进现代化农业建设。建议国家和自治区在资金投入和政策方面采取有力措施：加强农村基础设施建设，争取到2020年全疆基本实现节水农业和中低产田的改造；建设具有新疆特色的现代食品加工业与纺织工业；加强小城镇的基础建设，壮大县域经济。建议将南疆的喀什、和田、克州列为国家扶贫开发试验示范区。

（4）建立严格的水资源管理制度，全面有序安排水利建设。当前水利部门的要务是实行严格的水资源管理。建议水利工程建设优先安排民生水利工程、节水工程、生态保护工程（艾比湖治理工程、塔河治理二期工程）、引额调水工程等。建议改变中央投资用于开源、地方投资用于节水的状况。积极有序地安排山区控制性水库工程。水利工程建设应向南疆三地州倾斜，减少地方分摊配套资金的份额。建议在吐鲁番、哈密、昌吉进行农业用水的水权置换，以推进工业化和城市化进程。

（5）统筹规划吐哈、准东和伊犁煤田的开发。吐哈煤田水资源紧缺，不宜发展煤化工。准东煤田应在国家统筹下，有序、分期地进行综合开发，防止一哄而起，造成不应有的损失。伊犁煤田的当地水资源丰富，可以发展煤化工。建议国家统筹审定三大煤田的发展方向和近期开发的综合规划。新疆煤炭开发的主要制约因素是铁路，建议纳入全国铁路网规划。

（6）加强对非能源矿产资源的勘探和开发。新疆是我国最具潜力的矿产资源集中区之一，但已有勘探工作薄弱，建议加强对非能源矿产资源的勘探和开发。

（7）大力加强对旅游、文化等第三产业的指导和支持。新疆拥有独特的自然风光、浓郁的民族风情、厚重的历史文化积淀，建议有关部门加强对新疆旅游、文化等第三产业的指导和支持。

（8）加强开发利用太阳能的研究。新疆具有极为丰富的太阳能，建议建立国家级的太阳能研究基地。

（9）研究兵团的发展方向。兵团在新疆具有特殊重要的作川，建议中央军委和国务院专题研究兵团在新形势下的发展问题。

（10）加强人才培训。新疆提升经济层次的关键是人才，建议国家加大对新疆教育的支持和人才的培训。

4. 咨询项目的主要效果

新疆水资源咨询研究项目成果得到了中央和地方政府的充分肯定，其主要结论和建议均已作为主要参考，纳入了新疆当前工作的规划和实施中。

2008 年 6 月项目组在新疆进行综合考察期间，就喀什市老城区的改造问题进行了讨论，讨论结果上报国务院并被采纳，当即推动了老城区的改造项目。

项目综合报告的"汇报稿"于 2009 年 10 月 30 日正式上报国务院，密切配合了 2009 年 11 月上旬国务院新疆经济工作调研组的工作。

2010 年 11 月 16 日，由钱正英院士主持、项目组主要成员参加，在中国工程院召开新闻媒体记者招待会，由沈国舫院士、石玉林院士等介绍项目研究的主要成果，并就当时国内热议的"海水入疆"问题回答记者的提问，起到了以正视听和纠偏的作用，主要媒体进行了报道，发挥了重要的作用和影响。

受钱正英院士委托，石玉林院士、雷志栋院士、杨诗秀教授、冯杰博士赴乌鲁木齐，于 2010 年 12 月 1 日向新疆维吾尔自治区新任党委书记张春贤同志全面汇报项目研究成果。在交流座谈中，张春贤书记指出："报告立足新疆实际，资料翔实，视点开阔、起点较高，符合科学发展观。报告与中央新疆工作座谈会精神和自治区党委、政府的一系列决策部署是一致的，为新疆水资源可持续发展提供了理论支撑。我们要用好报告的调研成果，将报告提出的战略性建议运用到新疆经济社会发展中，在编制'十二五'规划时要充分吸纳，用好这一成果。"

此项目研究成果的出版工作现正在进行中。

（六）浙江沿海及海岛综合开发战略研究

1. 立项背景及工作进程

此项目立项背景已如前述，项目研究范围覆盖浙江省沿海 7 个（地）市。立项后参照江苏沿海项目的做法，在项目组下设了 12 个课题组，研究内容包括：地质与气象环境、水旱灾害防治与水资源配置、农业与海洋渔业发展战略、港口交通、能源与电力发展、滩涂与海岛开发、小岛开发、生态保育战略、环境污染防治战略、水利工程布局、产业发展与经济结构调整。

这个项目 2010 年 2 月立项以后，于 3 ~ 4 月就首先组织了一个规模较大的综合考察组，由钱正英院士带领各课题组的院士专家，跑遍了浙江沿海的 6 个地市。后来钱正英院士又单独带少数专家考察了舟山群岛，其他各课题组也多次分别组织考察了相关区域。5 月份以后，咨询项目进入课题研究成果交流阶段，11 月份以后又进入了对咨询项目综合报告初稿的反复讨论和修改阶段。所有讨论都吸收了各课题组主要专家及浙江省相关部门领导和专家参加。于 2011 年 3 月间，综合报告最后基本定稿，钱正英院士还在此基础上反复斟酌，多次召集项目组组长及工作组主要成员一起讨论研究，直到形成最后的向国务院汇报稿。

2. 主要研究内容和结论

浙江沿海项目的主要出发点是国家对发展海洋经济有明确的需求，而浙江省在社会经济发展已经取得重大进步的基础上，面对人多地少、能源短缺及环境失调的突出矛盾，对开发海洋空间、发展海洋经济有强烈的愿望，却苦于缺乏新的思路及上升为国家战略项目的宏观构想。项目组各路专家通过调查研究，在反复探讨的过程中，提出很多好的意见。经钱正英院士的总结提炼，明确了浙江省具有两大独特优势，即广阔的海洋空间，尤其是众多的海岛及其区位优势，还有浙江沿海地理条件适于发展"以核能为主，辅以抽水蓄能及风能利用"的新能源发展优势。同时，浙江省又必须认真对待处理好开发与生态环境保护之间的矛盾，把科学发展真正落到实处。在此基础上，项目组提出了五项主要结论和七项主要建议，其中突出了"建设舟山群岛新区"和"建设以核电为主的清洁能源示范省"作为加快转变发展方式的着力点，建议列入国家"十二五"规划。主要结论和建议内容如下：

项目研究的主要结论：

（1）有序开发海岛，进一步开发海洋，扩大发展空间；改造提升一、二产业，大力发展三产，全面调整经济结构，提升产业发展水平。将"建设舟山群岛新区"和"建设以核电为主的清洁能源示范省"作为加快转变发展方式的两大着力点。

（2）力争用 20 年左右时间，将本区建设成为工业重塑、技术创新、环境保护、社会进步的典范地区，带动全省，率先实现小康。

（3）以沿海交通大通道为主轴线，以杭州、宁波、温州等都市区为核心，以舟山群岛新区为新的增长点，以若干沿海战略性发展点及海岛为支点，逐步形成"一带三核、一区多点"的综合开发空间格局。

（4）顺应自然规律，科学合理地开发利用滩涂和小岛资源，对于破解浙江人多地少的困局有重要意义。进一步完善综合交通运输体系，提高水资源配置效率、加强防灾减灾体系建设，是综合开发的重要保障。要大力发展海水淡化产业，保障海岛建设的淡水需求。

（5）建立与完善由滩涂、湿地、沿海防护林、平原绿化和山地森林组成的多重生态防线；沿岸新围垦的土地，要按照农、工、生态"三三制"的比例配置土地资源，保障生态保育用地。将环境保护作为推进经济发展方式转变的重要动力，大力推行清洁生产，坚决防治污染。

项目研究的主要建议：

（1）将浙江省舟山群岛新区开发与浙江省清洁能源发展纳入国家"十二五"规划。其中对于舟山群岛新区的建设，建议浙江省在广泛征求国内外专家咨询的基础上，加快制定总体规划和相应的开放开发政策，报国务院审批。对于清洁能源示范省，建议国务院及有关部门在规划、项目、政策和体制机制等方面给予重点支持。

（2）调整耕地和基本农田保护政策。确保口粮自给的关键是在保证耕地底线1890万亩的基础上，保证在沿海平原区确保1500万亩的水稻播种面积和750万吨的粮食总产，要防止对耕地"占优补劣"。为此，应明确对沿海平原和海岛耕地保护的不同要求。考虑到海岛上无论是海水淡化或是陆地引水都不足以支持农业发展，建议在舟山群岛只保留少量耕地，并引导陆地的工业和人口向海岛转移。

（3）保护舟山渔场。在开发利用海洋资源中，开发港航资源和保护渔业资源是有矛盾的。因此，必须统筹规划海洋功能区，划定范围，保护舟山渔场。对于陆地的沿海港湾，应开发港航资源。

（4）在舟山的开发和发展清洁能源中，研究吸引民间资本参与的政策和机制，充分发挥浙江民营经济发达、民间资金充裕的优势，在浙江建立核电开发机构，允许进行吸引民资参与海洋开发的改革试点。

（5）对于综合开发的规划要开展战略环评，制定防治污染的总体规划和若干专项规划并严格实施，决不允许重复"先污染、后治理"的错误。节能减排及生态环境保护的工作业绩应纳入各级政府的绩效考核体系。针对突出问题提出切实有效的控制措施。严格控制重污染产业的发展，加快淘汰落后产能和工艺。提高对生态环境保护的宣传教育力度，鼓励公众参与。

（6）滩涂和小岛是浙江省极为可贵的土地潜在资源，应由省统一规划，加强管理，有序开发。

（7）加强人才培养，强化科技创新。发展海洋经济及新一轮开发沿海地区是一项崭新的工作，需要有一套新的发展思路和科学技术来支撑。鼓励科技创新和培养创新型科技及管理人才实为当务之急，需高度重视。

3. 咨询项目的主要效果

由于此咨询项目研究始终是和浙江省的海洋经济发展规划同步进行的。许多新的想法和提法一经出现，就很快被吸收到省发展规划中去，这种互动是很明显的。项目对浙江省沿海及海岛地区的深刻分析及8项结论和建议，在2011年4月1日向国务院的汇报会上，得到了温家宝总理以及国家发改委和相关部门领导的充分肯定。几乎同时"浙江省海洋经济发展示范区"也得到了批准认可，国家发改委在事前对浙江省沿海进行调研时已经参考了由中国工程院咨询研究项目提供的一些主要结论建议。在国务院听取项目汇报后不久，又正式批复了建设舟山新区的事项，把它作为继上海浦东、天津滨海、重庆两江之后的第四个国家级新区。项目大大提高了浙江沿海发展在国家战略中的地位。至于关于浙江沿海核电的发展，由于日本福岛核电事故的突发，出于保障国土安全的原因而要求放缓发展的步伐，把重心放在如何确保核电站的安全运行上来，这是当前明智的选择。但从长远来看，并不能改变浙江沿海发展核电的优势潜力。待核电堆型及建设安全保障等一系列科技问题得到充分解决之后，这个优势仍会全面地展示出来。

由于工作的需要，"浙江沿海及海岛综合开发战略研究"项目研究的历时并不长，但工作的强度比较高。许多老院士老专家，包括项目组组长，时年87岁的钱正英院士，核电材料专题组组长，时年90岁的李东英院士，还有一批年过70或接近80的老院士、老专家，不辞辛劳，亲临实地考察，反复思考探讨，撰写研究报告，其为国为民的精神情操，确实可敬可佩。温家宝总理在听取汇报后的讲话中特别表扬了参加咨询研究的院士、专家们，"体现了忧国忧民的高度责任感和振兴中华的强烈愿望"，"体现了科学严谨、求真务实的治学精神"，"体现了很强的团结协作精神"，所有这些话都给参加咨询研究工作的院士专家极大的鼓舞和鞭策。

目前，此项目研究成果的出版工作正在进行中。

三、水资源系列战略咨询研究的基本经验

从 1999 年起始的水资源系列战略咨询研究，历经 6 个大项目的 12 年工作期间，从最初的摸索推进到后期比较成熟的组织运行，积累了丰富的经验。有一些经验实际上早已通过各种形式，传输或影响到中国工程院的其他项目咨询工作。尽管如此，还是有必要把这些经验通过分析研究汇总提炼出来，以便于能更好地、自觉地运用到今后的咨询工作中去。

（一）咨询研究项目的选定

中国工程院的咨询研究项目，在形式上有主动咨询项目和委托（被动）咨询项目之分。所谓主动咨询项目主要是院士们根据国家、区域或行业的客观需要主动提出的项目；而委托（被动）咨询项目则是由有咨询需求的单位（区域或部门）向中国工程院及其学部提出来的项目。从上述立项背景情况来看，在 6 项水资源系列咨询研究中，两种形式都有，而且原则上没有什么大区别。因为主动咨询研究项目是认真研究了真实的客观需求后提出来的，一经提出来就会马上得到需求者（国务院，省区或部门）的响应，所谓一拍即合。而委托咨询项目当然来自于客观需求，但这种咨询需求是否适合于由中国工程院来承担，需要经过一定的考量。考量后如果认为是合适的，而且是力所能及的，那也可以产生一拍即合的效果。在这里咨询者和被咨询者有一个互动的过程。

实质性问题在于哪些项目是适合于由中国工程院来进行咨询研究的。我们认为由中国工程院主持实施的咨询研究项目，应当具有以下几个特征：第一，它应该是有实质性的客观需求的，也就是说，有问题需要解决或者有歧见需要

统一，或者有意向需要论证定位；第二，它应该是一个有战略性、方针性需求的，而不是一个十分具体的纯技术性层次的项目；第三，它应该是一个比较综合性的、工程性的项目，适合于中国工程院运用其工程科技多学科交叉优势来解决处置的项目。我们理解的工程性项目是一个具有明确对象的需要多项工程科技集成，与经济社会问题密切结合而进行研究的项目。我们可以把这些特征归结为针对性（problem oriented）、战略性（strategic）和综合性（comprehensive）。有时我们还提出要有前瞻性（forward sighted），而这个要求是和"战略性"密切联系的，是可以包容在战略性含义之中的。

由于战略性范畴层次的不同，因此咨询研究项目也可以有不同的层次，因此而产生需要动员几个学部的院士专家共同进行的院级重大项目，以及以某一学部院士专家为主进行的学部级项目。更小范畴层次的问题往往缺乏战略性内涵而需要具体解决局部的工艺和技术问题，可能不是中国工程院从事的咨询研究工作的主要方向。

中国工程院水资源系列咨询研究项目都是以大范围、全局性战略问题作为研究对象的，也是多学科综合研究的范例，因此一直都是中国工程院院级重大咨询研究项目。以钱正英院士为首的这支咨询专家队伍每次立新的项目都要经过认真研究掂量，认识项目的意义、战略需求和实施的可行性，经多次集体论证才能确定立项。

（二）咨询研究队伍的组织

在立项之后，如何组织好咨询研究专家队伍，是咨询研究工作成败的一个重要关键。组织队伍首先应起始于对咨询项目研究的课题分解，因为任何一个较大尺度的带有战略性的咨询研究项目，都必然要在解决一系列不同领域工程科技问题集成的基础上才能完成。把咨询研究项目适当地分解成若干必要的课题领域，这是重要的一步。而各课题为了完成其研究任务又往往需要再分解成为若干个具体专题，以便于发挥各专业人员的作用，打好解决问题的专业基础。就这样，项目—课题—专题的咨询研究组织结构就逐步形成了。我们是经历了 1~2 次咨询研究工作过程才逐步明确了这样一个组织结构，并逐步把它固定下来的。

　　组织结构确定之后，就要有相应的人员配备。项目组要有正、副组长作为推进咨询研究工作的总指挥。项目组往往设顾问组，以便于使一些层次很高但工作太忙，或因年龄高而精力有限的院士专家，或在战略层面从系统角度需要征询的一些院士专家发挥顾问的作用。项目下设若干个课题组，选聘合适的课题组长十分关键。他们应该是各个领域的领头专家，有学识、有威望，也有组织能力。至于课题组以下专题组的研究工作，委托课题组长来组织即可，因为每一个高层次的院士专家一般都有一批熟悉的专业合作者，其手下也都有一个中青年专家的梯队提供支持。

　　因此，这样的咨询研究队伍就必然是一个多学科共事合作的、老中青多层次结合的专家队伍。在这里，我们认为还有几点需要注意。第一，课题组结构是按需而定的，因而不能保证每一个课题组长都由中国工程院院士来担任，中国工程院有些学科（主要指二级学科）的院士有空缺。这时就要聘请院外适当的专家来担任。第二，由于咨询工作的需要，有时有必要聘请中国科学院院士或社科方面的专家来任课题组长。水资源系列咨询队伍有多次都聘请了中科院院士（如地质专家刘东生院士、刘嘉麒院士，水资源专家刘昌明院士及电力专家周孝信院士）和国家开发银行经济学专家来担任课题组长，起到了很好的作用。与地方合作的项目请地方上的专家担任课题组副组长，也收到了很好的效果。第三，要注意院士专家梯队的稳定和逐步更替。最典型的是水资源（水文）方面我们有三位不同年龄段的院士（徐乾清、陈志恺、王浩），先后更替出任课题组长，城规方面也有周干峙院士从课题组长逐步退居顾问，而邵益生从助手逐步成为副组长、组长的过程。

　　以上所说的大多是属于点"将"的范畴，而咨询研究队伍必须要有帅，当然也要有兵。一个大的咨询研究队伍必须有帅，我们这个水资源咨询研究队伍的"帅"就是钱正英院士（由于这个问题的突出重要性，我们将要在下面单独一节进行讨论）。当然咨询研究队伍也必须有兵，那就是项目或课题层次的工作班子（可称为工作组）。因为院士和大专家们都很忙，有的年龄已偏高，必须要有一些精力充沛的年轻人来支撑做一些具体工作，如资料收集及整理工作，按专家指点做一些初稿的撰写工作，文字及演示文件的整理工作，咨询经费使用的一些程序性工作，等等。

我们希望所有参加中国工程院咨询研究工作的人员，不论上下老少，除了学术上的需求外，都要对这项工作有充分的认识，工作有热情，精力肯付出，彼此能协作，也能把参与咨询研究工作过程作为一个自己学习提高的过程。一支高层次素质优良的、多学科配合的、老中青结合的咨询研究工作队伍是咨询研究工作成功的保障。

（三）咨询研究过程的把握和学术民主的实践

一项重大的咨询研究工作在立项完成之后，往往要经过确定研究工作大纲、展开调查研究、专题及课题层次的研究成果讨论和交流、项目综合报告的起草和讨论、综合研究报告和课题研究报告的定稿、汇报总结和出版推广等阶段。这样的工作流程也是经过多次摸索形成的。

1. 研究工作大纲的确定

在大项目立项通过以后，课题组的结构与分工已经明确，接着是各课题组要提出课题研究工作大纲，包括研究工作的背景、目标、思路（或技术路线）、工作方法、专业组结构及人员分工、工作进程及成果预期等内容。这个工作大纲需要在课题组内仔细讨论后确定，问题较复杂时，也需要由项目组召开课题组组长联席会议来讨论和交流。研究工作大纲制定得是否成功，与后面的各项工作能否顺利进行密切相关。因此，在咨询研究项目运作的初期，应该在这方面花必要的精力和时间，不要过于放手。

2. 调查研究工作的开展

咨询研究项目及各课题组研究工作大纲确定以后，就要开展各个层次的调研工作。很明显，这是搞好咨询研究工作的基础。调查研究工作首先要做的是现有相关资料的收集，这是由中国工程院咨询研究工作的性质所决定的。咨询研究工作不是一切从头开始，而是必须利用好前人已经积累的全部相关知识。各位咨询专家实际上是带着他全部知识积累来参与工作的，但也必须重视相关最新资料的收集，以满足咨询工作的需要。在收集资料的同时，还要进行实地考察。水资源系列咨询研究工作的一条成功经验是，在调研工作阶段之初，首先要组织一次全项目组的综合考察工作。从西北水资源项目开始，我们做的每一个咨询研究项目都组织了这样比较庞大的、长途跋涉的综合考察工作。现在看来，进行综合考察有以下几个好处：第一，全项目组包括各课题组主要人员都对项目研究对象有全面的、形象的认识；第二，通过考察可以对研究区域或领域存在什么优势和问题有比较清楚的认识；第三，考察过程也是进一步收集材料、与基层科技人员对接以及各课题之间相互了解的过程；第四，综合考察有助于加深或修正在立项时对各个层次研究对象的基本认识，有利于进一步确立研究重点，也有利于各课题进一步深化调研工作。我们的综合考察基本上采用"大集体、小自由"的工作方式，即基本上是项目组集体行动，共同听取情况介绍及现场考察，同时也允许个别课题组在某个节点上对其特别感兴趣的对象和问题进行单独考察和接触。这样做可以使综合考察工作取得更广泛的成效。在项目组综合考察之后，各课题组也要相继根据自己课题的需要分头进行单独的考察调研。这项工作有时还要反复进行，直到弄清问题的本质和明确解决问题的途径为止。

3. 专题及课题层次的研究成果形成

在调研工作的基础上，各课题及其专题就要经过分析研讨逐级起草研究报告的初稿。项目组在这个阶段就要不失时机地组织各课题研究报告初稿的讨论和交流。这是一个很重要的阶段，通过全项目组（包括项目顾问、各课题组组长、骨干及工作组主要人员）集中听取各课题组的研究成果汇报，并对其进行评议，不但可以把握住各课题组的研究方向，而且可以在各课题组之间实现相互启发，主动对接，对各课题组的研究工作都能起到督促、推动作用。这是一个实施学术民主的好场所，也是相互学习的好机会。在对各课题组研究报告的评议过程中，要鼓励专家们能提出不同的意见和见解，项目组长们在这个过程中应当起到关键的作用。对于问题比较多的课题组，我们的项目组长钱正英院士有时还要与课题组长进行直接的对话（有时是个别谈话），坦率地指出问题所在及努力方向。

4. 综合报告的形成及全部研究成果的完成

咨询研究项目的完成要经过"自下而上"及"自上而下"两个步骤。作为研究报告的初稿，是自下而上的，即按"专题—课题—项目"的顺序逐级完成的，而作为全部研究成果，则又是自上而下先完成项目综合报告定稿，然后再按综合报告的基调完成课题报告的定稿。至于专题研究报告，则由于它的基础性和参考性，可以单独定稿，在观点上和数据上不一定和项目及课题完全保持一致。在这个过程中，项目综合研究报告的形成无疑是关键的一步，因为主要的判断、主要的观点、主要的结论和主要的建议都有待在项目综合研究报告中确定。水资源系列咨询研究项目在这个阶段都是要下很大工夫的。一个综合研究报告，从初稿提出到最后定稿，往往要经过多次集体讨论，一些主要论点和结论都要经过反复推敲。在集体讨论过程中，充分发扬学术民主，院士专家们可以畅所欲言、自由争论，往往能迸发出集体智慧的火花，形成咨询报告中的亮点。而在这个过程中，项目组长特别是钱正英院士始终起着关键的引导作用。每次讨论会她的总结发言往往对全体项目组成员起到澄清观点、突出重点、明确结论的战略思维导向作用，使大家心悦诚服。如此，一个项目的综合研究报告往往要经过多次讨论，反复修改，直到最后定稿时已经并不清楚究竟是第几稿了。难能可贵的是，水资源系列咨询项目的综合研究报告都是项目组长钱正英院士亲自动手主持修改的，有一些关键段落都是她亲笔所写，她也会要求我们几个副组长或骨干人员对各自熟悉的关键段落亲自执笔起草或修改定稿。

5. 汇报总结和出版推广

待项目综合研究报告及各课题组研究报告完成之后，就进入汇报总结阶段。由于国务院领导的重视，水资源系列咨询研究项目的 6 个项目，除新疆水资源项目的特殊情况外，都是向国务院领导直接汇报的。第一、第二个水资源项目，从立项到最后出成果一共向温家宝同志各汇报了两次，以后各项目都是在最后成果形成后向国务院领导汇报。听汇报的有总理、主管副总理，还有各综合部门和相关部门的主要领导和有关地方领导。在口头汇报的同时还提供书面的项目综合研究报告全文（一般是提前呈送），因此每次汇报会实际上成为一个向中央、部门和地方在情况分析、观点论述及政策建议等方面的全面决策咨询过程。当然，在汇报之后，根据中央领导的指示，还要把咨询研究报告分送到相关部门，有些内容还由中央批转直接分发到下属部门参考。除了这个官方渠道，项目组还通过出版研究报告、组织专题工程科技论坛，甚至到基层直接宣讲的形式来扩大咨询研究项目的影响。对咨询研究报告的出版工作必须认真对待，要通过它来扩大影响，并立此存照，为后续相关工作打下现阶段的基础；另外，往往在最后的出版阶段又会发现一些细部的不协调、不确切等问题（往往发生在课题组研究报告层次），需要认真修改加工。

（四）战略思维和战略科学家的核心作用

水资源系列咨询项目取得成功的关键都是在于它们紧扣国计民生，而且渗透着关系全局的战略思维。无论是关于全国水资源的发展战略、人与自然要和谐共处的战略方针，还是各个区域发展的战略定位，新疆水资源必须采取农业用水、工矿业用水、生活用水和生态用水的战略性调整等，无不闪耀着咨询研究中战略思维的光芒。可以说，正确的（即科学的、符合客观实际的）战略思维是咨询研究工作的灵魂。

运用战略思维来进行咨询研究，对每个参加咨询研究工作的院士和专家都是一个很高的要求。而对于一个大的咨询项目来说，就要求有久经考验的战略科学家来发挥领军作用。钱正英院士在水资源系列咨询研究工作中正是发挥着战略科学家的作用。项目组成员在总结这十几年所从事的咨询研究工作时，几乎一致肯定地提出钱正英院士发挥了重大的引领作用。钱正英院士作为战略科学家具有以下卓越的资质和特色：强烈的爱国爱人民的热忱，长久而宽广的政治阅历，深厚的专业实践基础和广博的知识面，再加上她以其年迈之身仍不辞辛劳乐于亲自调查研究，又热心好学，作风民主，知人善任，善于发挥集体智慧，善于认知和汲取新生事物和新生理念。正是这样，她才能充分胜任这个战略科学家的角色，带领一大批院士专家（通常是几十名院士及几百名专家）出色地完成了一个又一个战略咨询研究工作任务。

从这个角度看，中国工程院要建设好工程科技思想库、完成好战略咨询研究工作的任务，就必须培养好一代又一代的战略科学家。当选中国工程院院士对本人来说都是学术人生的重点里程碑，但那也只是学术界对其在一定学科范围内（一般是二级学科）成为领头人物的承认，离成为战略科学家还有一个相当大的距离。当选院士之后，对院士们提出了更高的要求，除了学术引领、道德楷模、培养后人等光荣任务，还希望有一些院士逐步向战略科学家的方向发展，在更大的领域（大学科或跨学科）发挥更大的作用。这就要求院士们除在本学科发挥作用之外，进一步扩大知识面，关心国家经济和社会大事，勤于调查研究，培育战略思维，承担更多更高层次的战略咨询研究工作。钱正英院士正是大家学习的榜样。

总而言之，水资源系列咨询研究工作，经历了 6 个项目、12 年的里程，通过摸索总结，取得了一些成功的经验，可以成为中国工程院开展咨询研究工作集体财富的一部分。当然，水资源系列咨询研究工作在工作过程中也存在这样或那样的不足之处，如对某些项目成果的推广宣传工作还不够，对有些项目还需要进行跟踪调查并逐步形成咨询系列，个别课题研究报告还有内容欠于推敲、文字不够精炼的毛病，等等。水资源系列咨询研究工作只是中国工程院咨询研究工作的一个局部，在中国工程院发展的历史长河中，还处于发展的初期阶段。我们在这里总结经验，更着眼于展望未来，希望今后中国工程院在咨询研究工作中能够用科学咨询支撑科学决策，用科学决策引领科学发展，站在前人的肩膀上，更上一层楼，发挥更大更强的作用。

（本附件由沈国舫院士、石玉林院士和雷志栋院士执笔）